Introduction to Applied Analysis
応用解析概論

桑村雅隆 著
Masataka Kuwamura

裳華房

まえがき

　本書は，常微分方程式，ベクトル解析，複素関数，フーリエ解析とラプラス変換，偏微分方程式について平易にまとめたものである．各章は基本的に独立しているので，どの章からでも読むことができる．ただし，第5章の偏微分方程式は第1章，第2章，第4章の基本的な結果を利用している．式番号は各項目ごとに独立しており，式番号による式の引用は可能な限り避けるようにした．また，本書を読むために必要となる微分積分と線形代数の基本事項のうち，忘れがちになるものを巻末の付録としてまとめた．本書の内容に関しては，クライツィグによる「技術者のための高等数学」のシリーズ（培風館）が標準的な教科書としてよく知られている．本書は，このシリーズで取り扱われている項目のうち，解析学に関する最も重要な基本事項を選んで，コンパクトにまとめたものといえるだろう．

　各章は発展的な内容を扱う補遺を除けば50ページ程度の分量にとどめた．応用上役に立つと思われる解析学の基本的な概念や手法を限られた時間内で習得することが目的であるので，数学的な技術を要する証明は割愛し，直観にもとづく議論や具体的な計算を通した説明を中心にした．一般的な理工系の学生にとって，具体的な問題に対して適用可能な解析の手法を検討する上では，そのような説明を理解しておけば十分であると思われる．検討した手法を実際に適用したときに生じる技術的で詳細な問題に対しては，本書のような概説書ではなく，その手法に関する専門書を読んで対応していけばよいだろう．

　本書の執筆にあたり，多くの入門書や専門書を参考にさせて頂きました．また，本書の出版までお世話頂いた（株）裳華房の亀井祐樹氏に厚くお礼申し上げます．

2018年9月

桑村雅隆

目　次

第 1 章　常微分方程式

1. 微分方程式の初等解法 ……………………………………………… *1*
2. 定数係数の 2 階線形微分方程式 …………………………………… *8*
3. 定数係数の 2 次元線形連立微分方程式 …………………………… *12*
4. 非同次線形微分方程式 ……………………………………………… *16*
5. 微分方程式の級数解法 ……………………………………………… *23*
6. 微分方程式の解の存在と一意性 …………………………………… *25*
7. 流れとベクトル場 …………………………………………………… *30*
   練習問題 ……………………………………………………………… *35*
   補遺 1　行列の指数関数 …………………………………………… *36*
   補遺 2　線形微分方程式の解空間 ………………………………… *40*
   補遺 3　積分可能な 1 階微分方程式 ……………………………… *43*

第 2 章　ベクトル解析

1. 曲線と曲面 …………………………………………………………… *49*
2. スカラー場とベクトル場 …………………………………………… *51*
3. 方向微分と勾配 ……………………………………………………… *54*
4. 発散と回転 …………………………………………………………… *58*
5. 線積分 ………………………………………………………………… *65*
6. 面積分 ………………………………………………………………… *73*
7. 積分定理 ……………………………………………………………… *79*
8. スカラーポテンシャルとベクトルポテンシャル ………………… *88*
   練習問題 ……………………………………………………………… *92*
   補遺 1　微分形式 …………………………………………………… *93*
   補遺 2　曲線と曲面の曲率 ………………………………………… *102*
   補遺 3　電磁ポテンシャル ………………………………………… *110*

第3章　複素関数

1. 複素数 ……………………………………………………………… *114*
2. 複素微分 …………………………………………………………… *118*
3. べき級数と初等関数 ……………………………………………… *120*
4. 複素積分 …………………………………………………………… *128*
5. コーシーの積分定理 ……………………………………………… *133*
6. 正則関数の解析性 ………………………………………………… *139*
7. ローラン展開 ……………………………………………………… *143*
8. 留数定理と偏角の原理 …………………………………………… *147*
   練習問題 …………………………………………………………… *157*
   補遺 1　ディリクレ積分 ………………………………………… *158*
   補遺 2　等角写像 ………………………………………………… *161*
   補遺 3　調和関数と複素ポテンシャル ………………………… *163*
   補遺 4　リーマン面 ……………………………………………… *167*

第4章　フーリエ解析とラプラス変換

1. 内積空間と正規直交系 …………………………………………… *171*
2. フーリエ級数 ……………………………………………………… *178*
3. フーリエ正弦展開と余弦展開 …………………………………… *185*
4. 複素フーリエ級数 ………………………………………………… *188*
5. 一般の周期をもつ周期関数のフーリエ級数展開 ……………… *192*
6. フーリエ変換 ……………………………………………………… *193*
7. フーリエ変換の性質 ……………………………………………… *196*
8. ラプラス変換 ……………………………………………………… *198*
9. デルタ関数と関数の弱微分 ……………………………………… *206*
10. ラプラス変換の応用 ……………………………………………… *210*
    練習問題 …………………………………………………………… *216*

第5章　偏微分方程式

1. 波動方程式 ………………………………………………………… *218*
2. 拡散方程式 ………………………………………………………… *228*
3. ラプラス方程式 …………………………………………………… *236*
4. 差分法 ……………………………………………………………… *246*
   練習問題 …………………………………………………………… *253*
   補遺 1　円形膜の振動とベッセル関数 ………………………… *254*

補遺 2 拡散方程式の数値解法プログラム ……………………………………… 258

付録　微分積分と線形代数の復習
1 ベクトルの外積 …………………………………………………… 262
2 平面の方程式 ……………………………………………………… 264
3 ベクトルの線形独立性 …………………………………………… 265
4 行列の標準化 ……………………………………………………… 266
5 テイラー展開とオイラーの公式 ………………………………… 268
6 偏微分 ……………………………………………………………… 269
7 重積分 ……………………………………………………………… 273

問題の略解とヒント ……………………………………………………… 280
索引 ………………………………………………………………………… 293

Chapter 1 常微分方程式

　本章では，常微分方程式の基本事項を説明する．理解と計算のしやすさを考慮して，主に 2 階の常微分方程式と 2 次元の連立常微分方程式を扱うが，一般の n 階および n 次元の場合も同様に扱うことができる．また，常微分方程式の解の性質を理解するときに役立つ流れとベクトル場の考え方についても述べる．

1 微分方程式の初等解法

　高校までに学んだ方程式は，1 次方程式

$$2x + 1 = 3$$

のように，解は「数」になるものであった．微分方程式とは，解が「関数」になるような方程式である．例えば，

$$\frac{dy}{dx} = 2x + 1$$

をみたす x の関数 $y = y(x)$ を求めることは，最も簡単な微分方程式の問題である．この解は，容易にわかるように

$$y(x) = x^2 + x + C$$

である．ここで，C は任意の定数である．したがって，微分方程式の解には，任意定数の分だけの自由度がある．このような解を微分方程式の**一般解**という．

任意定数の値をただ 1 通りに決めるためには，何らかの条件が必要になる．例えば，

$$x=0 \text{ のとき } y=-1$$

という条件をつけると，この条件をみたす解は

$$y(x) = x^2 + x - 1$$

という特定の決まった関数になる．このような条件を**初期条件**という．また，微分方程式をみたす特定の解を**特殊解**という．

1.1 変数分離法

微分方程式
$$\frac{dy}{dx} + ay = 0 \qquad (a \text{ は定数}) \tag{1}$$

をみたす x の関数 $y = y(x)$ を求めよう．上式の両辺を y で割ると

$$\frac{1}{y} \cdot \frac{dy}{dx} = -a$$

この両辺を x で積分すると

$$\int \frac{1}{y} \cdot \frac{dy}{dx}\, dx = -a \int dx$$

となるが，左辺は x から y への置換積分の形だから

$$\int \frac{1}{y}\, dy = -a \int dx \tag{2}$$

となる．両辺の不定積分を計算して

$$\log|y| = -ax + C \qquad (C \text{ は任意定数})$$

上式を y について解くと

$$|y| = e^{-ax+C} = e^C e^{-ax} \qquad \therefore \quad y = \pm e^C e^{-ax}$$

ここで，$\pm e^C$ は任意の定数であるから，これを改めて C とおくと

$$y = Ce^{-ax} \quad (C \text{ は任意定数}) \tag{3}$$

を得る．これが方程式 (1) の解である．逆に，式 (3) が方程式 (1) をみたすことは容易に確かめられる．以上をまとめると，

> **定理 1.1** 微分方程式
> $$\frac{dy}{dx} + ay = 0$$
> の一般解は
> $$y(x) = Ce^{-ax} \quad (C \text{ は任意定数})$$
> で与えられる．とくに，初期条件 $y(x_0) = y_0$ をみたす解は
> $$y(x) = e^{-a(x-x_0)}y_0$$
> で与えられる．

✔ **注意 1.1** 式 (1) から式 (2) への変形は，次のように考えてもよい．式 (1) より

$$\frac{dy}{y} = -a\,dx$$

である．ここで，左辺は y だけの式，右辺は x だけの式であり変数 y と x が分離される（**変数分離法**）．この両辺に積分記号をかぶせて

$$\int \frac{1}{y}\,dy = -a \int dx$$

を得る．一般に

$$\frac{dy}{dx} = P(x)Q(y)$$

の形の微分方程式は

$$\frac{dy}{Q(y)} = P(x)dx \quad \therefore \quad \int \frac{dy}{Q(y)} = \int P(x)dx$$

のようにして解く．

> **例題 1.1** 微分方程式 $y' = \dfrac{y-1}{x}$ を解け．また，$y(1) = -1$ をみたす解を求めよ．

[**解**] $\dfrac{dy}{dx} = \dfrac{y-1}{x}$ より

$$\dfrac{1}{y-1}\,dy = \dfrac{1}{x}\,dx \quad \therefore \quad \int \dfrac{dy}{y-1} = \int \dfrac{dx}{x}$$

両辺の不定積分を計算すると

$$\log|y-1| = \log|x| + C \quad \therefore \quad \log\left|\dfrac{y-1}{x}\right| = C$$

これより $\left|\dfrac{y-1}{x}\right| = e^C$, すなわち $\dfrac{y-1}{x} = \pm e^C$ を得る. よって, $\pm e^C$ を改めて C とおくと $\dfrac{y-1}{x} = C$ を得る. したがって, 一般解は

$$y = Cx + 1 \quad (C \text{ は任意定数})$$

で与えられる. また, $y(1) = -1$ をみたす解は, 上式において $x = 1$, $y = -1$ とおくと, $-1 = C + 1$ より $C = -2$ であるから, $y = -2x + 1$ である. ◆

問 1.1 次の微分方程式を解け.
(1) $y' + \dfrac{y}{x} = 0$ (2) $y' = y - y^2$ (3) $y' + xy = x$

問 1.2 xy 平面上の曲線 $y = y(x)$ は, 点 $(1,2)$ を通り, 微分方程式 $yy' = -x$ をみたすという. この曲線を求めよ.

1.2 定数変化法

定数変化法とよばれる微分方程式の解法を具体例を通して説明しよう.

例題 1.2 微分方程式 $\dfrac{dy}{dx} = y + x$ を解け.

[**解**] 微分方程式

$$\dfrac{dy}{dx} = y + x \tag{1}$$

は変数分離形 $\dfrac{dy}{dx} = P(x)Q(y)$ の形に直せない. そこで, いったん補助問題

$$\dfrac{dy}{dx} = y$$

を考える. この解は, 定理 1.1 より

$$y(x) = Ce^x \quad (C \text{ は任意定数})$$

である．ここで，定数 C を関数 $C(x)$ と考えて

$$y(x) = C(x)e^x \tag{2}$$

とおく（**定数変化法**）．これを式 (1) へ代入すると

$$\frac{dy}{dx} = \frac{d}{dx}(C(x)e^x) = C'(x)e^x + C(x)e^x$$

$$y + x = C(x)e^x + x$$

であるから，$C'(x) = xe^{-x}$ を得る．よって，

$$C(x) = \int xe^{-x}dx = x(-e^{-x}) - \int (x)'(-e^{-x})dx$$

$$= -xe^{-x} + \int e^{-x}dx = -xe^{-x} - e^{-x} + C$$

したがって，式 (2) より

$$y(x) = (-xe^{-x} - e^{-x} + C)e^x = -x - 1 + Ce^x \quad (C \text{ は任意定数})$$

を得る．これが方程式 (1) の一般解である．実際，上式が方程式 (1) をみたすことは容易に確かめられる．◆

問 1.3 次の微分方程式を解け．
(1) $y' + \dfrac{y}{x} = x + 1$ (2) $y' + y = e^{-x}$

例題 1.3 微分方程式 $\dfrac{dy}{dx} + ay = f(x)$ の一般解を求めよ．また，初期条件 $y(x_0) = y_0$ をみたす解を求めよ．

［解］定数変化法を用いる．定理 1.1 より

$$\frac{dy}{dx} + ay = 0$$

の解は，$y(x) = Ce^{-ax}$ である．よって，

$$y(x) = C(x)e^{-ax}$$

とおき，これをもとの方程式へ代入して計算すると，$C'(x) = e^{ax}f(x)$ より

$$C(x) = \int_{x_0}^{x} e^{as}f(s)ds + C \quad (C \text{ は任意定数})$$

となる．したがって，求める一般解は

$$\begin{aligned}y(x) &= \left(\int_{x_0}^{x} e^{as}f(s)ds + C\right)e^{-ax} \\ &= Ce^{-ax} + \int_{x_0}^{x} e^{-a(x-s)}f(s)ds \end{aligned} \quad (3)$$

である．また，初期条件 $y(x_0) = y_0$ をみたす解は，上式で $x = x_0$ とおくと $y_0 = Ce^{-ax_0}$ より，$C = e^{ax_0}y_0$ であるから

$$y(x) = e^{-a(x-x_0)}y_0 + \int_{x_0}^{x} e^{-a(x-s)}f(s)ds. \qquad \blacklozenge$$

問 1.4 微分方程式 $y' + y = \sin x$, $y(0) = -1/2$ を解け．

✓ 注意 1.2 微分方程式の解法には様々な種類のものがある．詳しくは常微分方程式の本を参照してほしい．

1.3 簡単な応用例

微分方程式は，自然科学や工学など多くの分野でいろいろな現象を記述するのに用いられている．

例題 1.4 温められた物体を一定の温度の部屋に放置したとき，物体の温度の下降する割合は室温との差に比例するという．室温は常に 15°C とし，時刻 t における温度を $u = u(t)$ とするとき，次の問いに答えよ．
(1) 比例定数を k として，u のみたす微分方程式をつくれ．
(2) $t = 0$ における温度を u_0 とするとき，u を求めよ．ただし，$u_0 > 15$ とする．

[**解**] (1) 温度の下降する割合は $\dfrac{du}{dt}$ であるから，求める微分方程式は

$$\frac{du}{dt} = -k(u - 15) \quad (k \text{ は正の定数}).$$

(2) 上式より
$$\frac{du}{u-15} = -k dt$$
この両辺を積分して
$$\int \frac{du}{u-15} = -k \int dt$$
これより，$\log|u-15| = -kt + C$ となる．よって，
$$u - 15 = \pm e^{-kt+C} = \pm e^C e^{-kt}$$

ここで，$\pm e^C$ を改めて C とおくと $u = Ce^{-kt} + 15$ を得る．$t = 0$ のとき $u = u_0$ であるから，$u_0 = Ce^0 + 15$ より $C = u_0 - 15$ である．よって，$u = (u_0 - 15)e^{-kt} + 15$ である．◆

問 1.5 気温 20°C の空気中に 50°C の物体を放置しておくと，物体の温度はだんだん 20°C（気温）に近づいていく．ここでは，物体の温度の下降する割合は，気温との温度差に比例するものとする．いま，物体の温度が 50°C から 40°C になるのに 1 時間かかったとすれば，さらに 1 時間後（観察開始から 2 時間後）には何 °C になるか．

例題 1.5 曲線 $y = f(x)$ 上の任意の点 $P(x, y)$ における接線と x 軸との交点を T とするとき，線分 PT は y 軸で 2 等分されるという（図 1.1）．このような曲線のうち点 $(1, 2)$ を通るものを求めよ．

[**解**] 曲線上の点 $P(x, y)$ における接線の方程式は
$$Y - y = y'(X - x)$$
である．$Y = 0$ とおくと $X = x - y/y'$ となる．これが点 T の x 座標であり，条件から
$$x - \frac{y}{y'} = -x$$

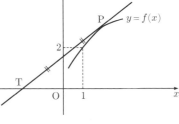

図 1.1

これより $y' = \dfrac{y}{2x}$，すなわち $\dfrac{dy}{dx} = \dfrac{y}{2x}$ を得る．よって
$$\frac{dy}{y} = \frac{1}{2} \cdot \frac{dx}{x}$$

両辺を積分すると
$$\int \frac{dy}{y} = \frac{1}{2} \int \frac{dx}{x}$$
したがって,
$$\log|y| = \frac{1}{2}\log|x| + C \quad (C\text{ は任意定数}) \quad \therefore \quad \log\left|\frac{y^2}{x}\right| = 2C$$

$\pm e^{2C}$ を改めて C とおくと $y^2 = Cx$ である. これが, 点 $(1,2)$ を通ることから $C = 4$. よって, 求める曲線は $y^2 = 4x$ である. ◆

問 1.6 曲線 $y = f(x)$ 上の任意の点 $\mathrm{P}(x,y)$ における接線は点 $(x/2, 0)$ を通るとする. このような曲線のうち点 $(1,1)$ を通るものを求めよ.

2 定数係数の 2 階線形微分方程式

微分方程式
$$\frac{d^2y}{dx^2} + a\frac{dy}{dx} + by = 0 \tag{1}$$

を考える. これは定数係数の 2 階線形微分方程式とよばれる. 式 (1) を
$$\left(\frac{d^2}{dx^2} + a\frac{d}{dx} + b\right)y = 0$$

のように書き直す. 上式の左辺は, 関数 $y = y(x)$ に対して, 新しい関数を
$$y(x) \longmapsto y''(x) + ay'(x) + by(x)$$

によって対応させる作用 (線形写像) であると考えられる. この作用を
$$\left(\frac{d^2}{dx^2} + a\frac{d}{dx} + b\right)y = \left(\frac{d}{dx} - \alpha\right)\left(\frac{d}{dx} - \beta\right)y$$

のように (因数) 分解してみよう. 上式の右辺は
$$\left(\frac{d}{dx} - \alpha\right)\left(\frac{d}{dx} - \beta\right)y = \left(\frac{d}{dx} - \alpha\right)\left(\frac{dy}{dx} - \beta y\right)$$
$$= \frac{d}{dx}\left(\frac{dy}{dx} - \beta y\right) - \alpha\left(\frac{dy}{dx} - \beta y\right) = \frac{d^2y}{dx^2} - (\alpha+\beta)\frac{dy}{dx} + \alpha\beta y$$

のように計算できるから，$\alpha + \beta = -a$, $\alpha\beta = b$ を得る．2次方程式の解と係数の関係より，これをみたす α, β は

$$\lambda^2 + a\lambda + b = 0 \tag{2}$$

の解として与えられる．式 (2) を微分方程式 (1) の**特性方程式**という．よって，式 (1) は，

$$\left(\frac{d}{dx} - \alpha\right)\left(\frac{d}{dx} - \beta\right) y = 0$$

のように書き直せる．したがって，

$$\left(\frac{d}{dx} - \beta\right) y = u$$

とおくと，式 (1) は 2 つの 1 階の微分方程式

$$\left(\frac{d}{dx} - \alpha\right) u = 0, \quad \left(\frac{d}{dx} - \beta\right) y = u \tag{3}$$

に分解できる．そこで，上の第 1 式を解いて u を求め，次に，上の第 2 式に u を代入して y について解く．定理 1.1 より，$u = C_1 e^{\alpha x}$ であるから，

$$\frac{dy}{dx} - \beta y = C_1 e^{\alpha x}$$

を解けばよい．例題 1.3 の結果を用いると[*1]，

$$y(x) = C_2 e^{\beta x} + \int_0^x e^{\beta(x-s)} C_1 e^{\alpha s} ds = C_2 e^{\beta x} + C_1 \int_0^x e^{\beta x + (\alpha - \beta)s} ds$$

を得る．以下では，$\alpha \neq \beta$ と $\alpha = \beta$ の 2 つの場合に分けて，上式の積分の計算を行う．$\alpha \neq \beta$ のとき，

$$\int_0^x e^{\beta x + (\alpha - \beta)s} ds = e^{\beta x} \left[\frac{e^{(\alpha - \beta)s}}{\alpha - \beta}\right]_0^x = \frac{e^{\alpha x} - e^{\beta x}}{\alpha - \beta}$$

であるから，

$$y(x) = C_2 e^{\beta x} + C_1 \frac{e^{\alpha x} - e^{\beta x}}{\alpha - \beta} = \frac{C_1}{\alpha - \beta} e^{\alpha x} + \left(C_2 - \frac{C_1}{\alpha - \beta}\right) e^{\beta x}$$

[*1] 例題 1.3 の式 (3) で $a = -\beta$, $x_0 = 0$, $f(s) = C_1 e^{\alpha s}$ とおいて任意定数を C_2 とした．

となる．$C_1/(\alpha-\beta)$, $C_2 - C_1/(\alpha-\beta)$ を改めて C_1, C_2 と書き直せば

$$y(x) = C_1 e^{\alpha x} + C_2 e^{\beta x} \qquad (C_1, C_2 \text{ は任意定数})$$

を得る．一方，$\alpha = \beta$ のとき，

$$\int_0^x e^{\beta x + (\alpha-\beta)s} ds = e^{\alpha x} \int_0^x ds = x e^{\alpha x}$$

であるから，$y(x) = C_2 e^{\alpha x} + C_1 x e^{\alpha x}$ となる．C_2, C_1 を改めて C_1, C_2 と書き直せば

$$y(x) = C_1 e^{\alpha x} + C_2 x e^{\alpha x} \qquad (C_1, C_2 \text{ は任意定数})$$

例題 1.6 次の微分方程式を解け．
(a) $y''(x) - 5y'(x) + 6y(x) = 0$ (b) $y''(x) - 4y'(x) + 4y(x) = 0$
(c) $y''(x) + 2y'(x) + 4y(x) = 0$

[**解**] (a) 特性方程式は $\lambda^2 - 5\lambda + 6 = 0$ である．これを解いて $\lambda = 2, 3$ を得る．よって，(a) の一般解は $y(x) = C_1 e^{2x} + C_2 e^{3x}$ (C_1, C_2 は任意定数) である．
(b) 特性方程式は $\lambda^2 - 4\lambda + 4 = 0$ である．これを解いて $\lambda = 2$ (2重解) を得る．よって，(b) の一般解は $y(x) = C_1 e^{2x} + C_2 x e^{2x}$ (C_1, C_2 は任意定数) である．
(c) 特性方程式は $\lambda^2 + 2\lambda + 4 = 0$ である．これを解いて $\lambda = -1 \pm \sqrt{3} i$ (複素数解) を得る．よって，(c) の一般解は

$$y(x) = C_1 e^{(-1+\sqrt{3}i)x} + C_2 e^{(-1-\sqrt{3}i)x} \qquad (C_1, C_2 (= \overline{C_1}) \text{ は任意定数})$$

である[*2]．これは，オイラーの公式 $e^{i\theta} = \cos\theta + i\sin\theta$ （付録 5）より

[*2] $y(x)$ が実数値関数となるためには，$C_2 = \overline{C_1}$ ($\overline{C_1}$ は C_1 の共役複素数）でなければならない．複素数の基本的な性質については，第 3 章の第 1 節を参照せよ．

$$y(x) = C_1 e^{(-1+\sqrt{3}i)x} + C_2 e^{(-1-\sqrt{3}i)x}$$
$$= C_1 e^{-x} e^{\sqrt{3}ix} + C_2 e^{-x} e^{-\sqrt{3}ix}$$
$$= C_1 e^{-x}(\cos(\sqrt{3}x) + i\sin(\sqrt{3}x)) + C_2 e^{-x}(\cos(\sqrt{3}x) - i\sin(\sqrt{3}x))$$
$$= (C_1 + C_2)e^{-x}\cos(\sqrt{3}x) + i(C_1 - C_2)e^{-x}\sin(\sqrt{3}x)$$

のように書き直せる．したがって，$C_1 + C_2$ と $i(C_1 - C_2)$ を改めて C_1 と C_2 と書き直せば，(c) の一般解は

$$y(x) = C_1 e^{-x}\cos(\sqrt{3}x) + C_2 e^{-x}\sin(\sqrt{3}x) \quad (C_1, C_2 \text{は任意定数})$$

である．◆

上の例題からわかるように，一般に次の定理が成り立つ．

定理 1.2 微分方程式 (1) の解は次のように与えられる．
(i) 特性方程式 (2) が異なる 2 つの実数解 μ_1 と μ_2 をもつとき，

$$y(x) = C_1 e^{\mu_1 x} + C_2 e^{\mu_2 x} \quad (C_1, C_2 \text{ は任意定数})$$

(ii) 特性方程式 (2) が重解 μ をもつとき，

$$y(x) = C_1 e^{\mu x} + C_2 x e^{\mu x} \quad (C_1, C_2 \text{ は任意定数})$$

(iii) 特性方程式 (2) が異なる 2 つの複素数解 $\mu = \alpha + \beta i$ と $\bar{\mu} = \alpha - \beta i$ をもつとき，

$$y(x) = C_1 e^{\alpha x}\cos\beta x + C_2 e^{\alpha x}\sin\beta x \quad (C_1, C_2 \text{ は任意定数})$$

✔ **注意 1.3** 定数係数の n 階線形微分方程式についても同様の結果が成り立つことが知られている．詳しくは，常微分方程式の本を参照せよ．

問 1.7 次の微分方程式を解け．
(1) $y'' - y' - 2y = 0, \ y(0) = 1, \ y'(0) = -7$
(2) $y'' + 6y' + 9y = 0, \ y(0) = -1, \ y'(0) = 4$
(3) $y'' + y' + y = 0, \ y(0) = 0, \ y'(0) = 1$

3 定数係数の 2 次元線形連立微分方程式

本節では，定数係数の 2 次元線形連立微分方程式

$$\frac{dy_1}{dx} = a_{11}y_1 + a_{12}y_2, \qquad \frac{dy_2}{dx} = a_{21}y_1 + a_{22}y_2$$

について考える．ベクトルと行列を用いると，上式は

$$\frac{d\boldsymbol{y}}{dx} = A\boldsymbol{y}, \quad A = \begin{pmatrix} a_{11} & a_{12} \\ a_{21} & a_{22} \end{pmatrix}, \quad \boldsymbol{y} = \begin{pmatrix} y_1 \\ y_2 \end{pmatrix} \qquad (1)$$

と書ける．まず，A が対角化できる場合から考えよう．A の固有値を α_1, α_2 とし，対応する固有ベクトルをそれぞれ $\boldsymbol{v}_1, \boldsymbol{v}_2$ とする．すなわち，

$$A\boldsymbol{v}_1 = \alpha_1 \boldsymbol{v}_1, \quad A\boldsymbol{v}_2 = \alpha_2 \boldsymbol{v}_2$$

とする．このとき，

$$A(\boldsymbol{v}_1 \ \boldsymbol{v}_2) = (A\boldsymbol{v}_1 \ A\boldsymbol{v}_2) = (\alpha_1 \boldsymbol{v}_1 \ \alpha_2 \boldsymbol{v}_2) = (\boldsymbol{v}_1 \ \boldsymbol{v}_2) \begin{pmatrix} \alpha_1 & 0 \\ 0 & \alpha_2 \end{pmatrix}$$

であるから，$P = (\boldsymbol{v}_1 \ \boldsymbol{v}_2)$ とおくと，$AP = PD$ より

$$P^{-1}AP = D, \quad D = \begin{pmatrix} \alpha_1 & 0 \\ 0 & \alpha_2 \end{pmatrix}$$

が成り立つ．方程式 (1) に対して，変数変換

$$\boldsymbol{y} = P\boldsymbol{u}, \quad \boldsymbol{u} = \begin{pmatrix} u_1 \\ u_2 \end{pmatrix} \qquad (2)$$

を行う．P は x に依存しない定数行列であるから

$$\frac{d}{dx}P\boldsymbol{u} = P\frac{d}{dx}\boldsymbol{u} \quad \therefore \quad P\frac{d}{dx}\boldsymbol{u} = AP\boldsymbol{u}$$

である．よって，

$$\frac{d\boldsymbol{u}}{dx} = P^{-1}AP\boldsymbol{u} = D\boldsymbol{u} \quad \therefore \quad \frac{d}{dx}\begin{pmatrix} u_1 \\ u_2 \end{pmatrix} = \begin{pmatrix} \alpha_1 & 0 \\ 0 & \alpha_2 \end{pmatrix}\begin{pmatrix} u_1 \\ u_2 \end{pmatrix}$$

を得る．これより

$$\frac{du_1}{dx} = \alpha_1 u_1, \quad \frac{du_2}{dx} = \alpha_2 u_2$$

となる．これを解いて

$$\boldsymbol{u} = \begin{pmatrix} u_1 \\ u_2 \end{pmatrix} = \begin{pmatrix} C_1 e^{\alpha_1 x} \\ C_2 e^{\alpha_2 x} \end{pmatrix} = C_1 e^{\alpha_1 x}\boldsymbol{e}_1 + C_2 e^{\alpha_2 x}\boldsymbol{e}_2$$

$(C_1, C_2$ は任意定数$)$

を得る．ここで，$\boldsymbol{e}_1 = (1,0),\ \boldsymbol{e}_2 = (0,1)$ である[*3]．よって，式 (2) より

$$\boldsymbol{y} = P\boldsymbol{u} = C_1 e^{\alpha_1 x}P\boldsymbol{e}_1 + C_2 e^{\alpha_2 x}P\boldsymbol{e}_2 = C_1 e^{\alpha_1 x}\boldsymbol{v}_1 + C_2 e^{\alpha_2 x}\boldsymbol{v}_2$$

次に，A が対角化できない場合を考える．このときは，A をジョルダン標準形（付録 4.2）に直す．すなわち，

$$P^{-1}AP = D, \quad D = \begin{pmatrix} \alpha & 1 \\ 0 & \alpha \end{pmatrix}$$

とできる．ここで，$P = (\boldsymbol{v}_1\ \boldsymbol{v}_2)$ は

$$A\boldsymbol{v}_1 = \alpha\boldsymbol{v}_1, \quad A\boldsymbol{v}_2 = \alpha\boldsymbol{v}_2 + \boldsymbol{v}_1$$

をみたす $\boldsymbol{v}_1, \boldsymbol{v}_2$ で与えられる．ここで，$\boldsymbol{v}_1$ は A の固有値 α に対する固有ベクトルであり，$\boldsymbol{v}_2$ は一般化固有ベクトルである．この場合も A が対角化できるときと同様に，方程式 (1) に対して変数変換 (2) を行うと，

$$\frac{d}{dx}\begin{pmatrix} u_1 \\ u_2 \end{pmatrix} = \begin{pmatrix} \alpha & 1 \\ 0 & \alpha \end{pmatrix}\begin{pmatrix} u_1 \\ u_2 \end{pmatrix}$$

を得る．これより

$$\frac{du_1}{dx} = \alpha u_1 + u_2, \quad \frac{du_2}{dx} = \alpha u_2$$

を得る．この第 2 式を解いて得られる $u_2 = C_2 e^{\alpha x}$ を第 1 式に代入して

[*3] 本来は縦書きにすべきであるが，紙面の制約上，横書きにするときもある．

$$\frac{du_1}{dx} = \alpha u_1 + C_2 e^{\alpha x}$$

これをみたす u_1 を求めるために，$u_1 = w(x)e^{\alpha x}$ とおいて上式へ代入すると

$$\frac{dw}{dx}e^{\alpha x} + \alpha w(x)e^{\alpha x} = \alpha w(x)e^{\alpha x} + C_2 e^{\alpha x} \quad \therefore \quad \frac{dw}{dx} = C_2$$

よって，$w(x) = C_1 + C_2 x$ となり，$u_1 = (C_1 + C_2 x)e^{\alpha x}$ を得る．したがって，

$$\boldsymbol{u} = \begin{pmatrix} u_1 \\ u_2 \end{pmatrix} = \begin{pmatrix} (C_1 + C_2 x)e^{\alpha x} \\ C_2 e^{\alpha x} \end{pmatrix} = (C_1 + C_2 x)e^{\alpha x}\boldsymbol{e}_1 + C_2 e^{\alpha x}\boldsymbol{e}_2$$

となる．ゆえに，式 (2) より

$$\boldsymbol{y} = P\boldsymbol{u} = (C_1 + C_2 x)e^{\alpha x}P\boldsymbol{e}_1 + C_2 e^{\alpha x}P\boldsymbol{e}_2$$
$$= (C_1 + C_2 x)e^{\alpha x}\boldsymbol{v}_1 + C_2 e^{\alpha x}\boldsymbol{v}_2$$

を得る．以上をまとめて次の定理を得る．

定理 1.3 微分方程式 (1) の解は次のように与えられる．

(1) A が対角化できるとき

$$\boldsymbol{y} = C_1 e^{\alpha_1 x}\boldsymbol{v}_1 + C_2 e^{\alpha_2 x}\boldsymbol{v}_2$$

ここで，α_1, α_2 は A の固有値であり，$\boldsymbol{v}_1, \boldsymbol{v}_2$ は対応する固有ベクトルである．

(2) A が対角化できないとき

$$\boldsymbol{y} = (C_1 + C_2 x)e^{\alpha x}\boldsymbol{v}_1 + C_2 e^{\alpha x}\boldsymbol{v}_2$$

ここで，α は A の固有値であり，$\boldsymbol{v}_1, \boldsymbol{v}_2$ はそれぞれ対応する固有ベクトルと一般化固有ベクトルである．

✔ **注意 1.4** 定数係数の n 次元線形連立微分方程式についても同様の結果が成り立つことが知られている．詳しくは，常微分方程式の本を参照せよ．

例題 1.7 次の微分方程式を解け.

(a) $\begin{cases} y_1' = 2y_1 + y_2 \\ y_2' = 3y_1 + 4y_2 \end{cases}$ (b) $\begin{cases} y_1' = y_1 - y_2 \\ y_2' = 4y_1 + y_2 \end{cases}$

(c) $\begin{cases} y_1' = 5y_1 + y_2 \\ y_2' = -y_1 + 3y_2 \end{cases}$

[**解**] (a)
$$A = \begin{pmatrix} 2 & 1 \\ 3 & 4 \end{pmatrix}$$

とおく.A の固有方程式 $|A - \lambda I| = 0$ を解いて,A の固有値は $\lambda_1 = 1$, $\lambda_2 = 5$ であることがわかる.また,$(A - \lambda I)\boldsymbol{v} = \boldsymbol{0}$ を解くと,対応する固有ベクトル $\boldsymbol{v}_1 = (1, -1)$, $\boldsymbol{v}_2 = (1, 3)$ を得る.よって,(a) の一般解は

$$\boldsymbol{y} = C_1 e^x \boldsymbol{v}_1 + C_2 e^{5x} \boldsymbol{v}_2 = C_1 e^x \begin{pmatrix} 1 \\ -1 \end{pmatrix} + C_2 e^{5x} \begin{pmatrix} 1 \\ 3 \end{pmatrix}.$$

(b)
$$A = \begin{pmatrix} 1 & -1 \\ 4 & 1 \end{pmatrix}$$

とおく.A の固有方程式 $|A - \lambda I| = 0$ を解くと,A の固有値は $\lambda_1 = 1 + 2i$, $\lambda_2 = \overline{\lambda}_1 = 1 - 2i$ であることがわかる(付録 4.1).また,$(A - \lambda I)\boldsymbol{v} = \boldsymbol{0}$ を解くと,対応する固有ベクトル $\boldsymbol{v}_1 = (1, -2i)$, $\boldsymbol{v}_2 = \overline{\boldsymbol{v}}_1 = (1, 2i)$ を得る.よって,

$$\boldsymbol{y} = C_1 e^{(1+2i)x} \boldsymbol{v}_1 + C_2 e^{(1-2i)x} \boldsymbol{v}_2$$
$$= C_1 e^x e^{2ix} \begin{pmatrix} 1 \\ -2i \end{pmatrix} + C_2 e^x e^{-2ix} \begin{pmatrix} 1 \\ 2i \end{pmatrix}$$

となる.ただし,$C_2 = \overline{C}_1$ である[*4].オイラーの公式 $e^{i\theta} = \cos\theta + i\sin\theta$(付録 5)を用いると

[*4] $\boldsymbol{y}(x)$ が実数値関数となるためには,$C_2 = \overline{C}_1$($\overline{C}_1$ は C_1 の共役複素数)でなければならない.

$$\boldsymbol{y} = C_1 e^x (\cos 2x + i \sin 2x) \begin{pmatrix} 1 \\ -2i \end{pmatrix} + C_2 e^x (\cos 2x - i \sin 2x) \begin{pmatrix} 1 \\ 2i \end{pmatrix}$$

この式を計算すると，次式を得る．

$$\boldsymbol{y} = (C_1 + C_2) e^x \begin{pmatrix} \cos 2x \\ 2\sin 2x \end{pmatrix} + (C_1 - C_2) i e^x \begin{pmatrix} \sin 2x \\ -2\cos 2x \end{pmatrix}$$

$C_1 + C_2$, $(C_1 - C_2)i$ を改めて C_1, C_2 と書きかえると，(b) の一般解は

$$\boldsymbol{y} = C_1 e^x \begin{pmatrix} \cos 2x \\ 2\sin 2x \end{pmatrix} + C_2 e^x \begin{pmatrix} \sin 2x \\ -2\cos 2x \end{pmatrix}.$$

(c)
$$A = \begin{pmatrix} 5 & 1 \\ -1 & 3 \end{pmatrix}$$

とおく．A の固有方程式 $|A - \lambda I| = 0$ を解くと，A の固有値は $\lambda_1 = 4$（2重解）であることがわかる．$(A - \lambda_1 I)\boldsymbol{v} = \boldsymbol{0}$ を解くと，$\boldsymbol{v}_1 = (1, -1)$ を得る．また，$(A - \lambda_1 I)\boldsymbol{v}_2 = \boldsymbol{v}_1$ より $\boldsymbol{v}_2 = (0, 1)$ となる．よって，(c) の一般解は

$$\boldsymbol{y} = (C_1 + C_2 x) e^{4x} \boldsymbol{v}_1 + C_2 e^{4x} \boldsymbol{v}_2$$
$$= (C_1 + C_2 x) e^{4x} \begin{pmatrix} 1 \\ -1 \end{pmatrix} + C_2 e^{4x} \begin{pmatrix} 0 \\ 1 \end{pmatrix}. \qquad \blacklozenge$$

問 1.8 次の微分方程式を解け．

(1) $\begin{cases} y_1' = 4y_1 - y_2 \\ y_2' = 2y_1 + y_2 \\ y_1(0) = 1 \\ y_2(0) = -2 \end{cases}$ (2) $\begin{cases} y_1' = y_1 + 4y_2 \\ y_2' = -y_1 + 5y_2 \\ y_1(0) = 1 \\ y_2(0) = 0 \end{cases}$ (3) $\begin{cases} y_1' = y_1 - y_2 \\ y_2' = y_1 + y_2 \\ y_1(0) = 1 \\ y_2(0) = -1 \end{cases}$

4 非同次線形微分方程式

定数係数の線形連立微分方程式

4 非同次線形微分方程式

$$\frac{d\boldsymbol{y}}{dx} = A\boldsymbol{y}, \quad A = \begin{pmatrix} a_{11} & a_{12} \\ a_{21} & a_{22} \end{pmatrix}, \quad \boldsymbol{y} = \begin{pmatrix} y_1 \\ y_2 \end{pmatrix} \quad (1)$$

が 2 つの解 $\boldsymbol{y}_1 = \boldsymbol{y}_1(x)$ と $\boldsymbol{y}_2 = \boldsymbol{y}_2(x)$ をもつとする．このとき，$c_1\boldsymbol{y}_1(x) + c_2\boldsymbol{y}_2(x)$ (c_1, c_2 は定数) は上の方程式の解になる．実際，

$$\frac{d}{dx}(c_1\boldsymbol{y}_1 + c_2\boldsymbol{y}_2) = c_1\frac{d\boldsymbol{y}_1}{dx} + c_2\frac{d\boldsymbol{y}_2}{dx} = c_1A\boldsymbol{y}_1 + c_2A\boldsymbol{y}_2$$
$$= A(c_1\boldsymbol{y}_1 + c_2\boldsymbol{y}_2)$$

が成り立つ．これは，方程式 (1) が重ね合わせの原理（線形性）をみたすことを意味する．よって，方程式 (1) は線形連立微分方程式とよばれ，その解の全体はベクトル空間になっている．さらに，このベクトル空間の次元は 2 であることが示される（本章の補遺 2）．すなわち，方程式 (1) の線形独立な 2 つの解を見つければ，他の解はその 2 つの組み合わせ（線形結合）で表される．これが，式 (1) を 2 次元の線形連立微分方程式とよぶ理由である．

次に，式 (1) に非同次項（外力項）を付け加えた

$$\frac{d\boldsymbol{y}}{dx} = A\boldsymbol{y} + \boldsymbol{f}(x), \quad \boldsymbol{f}(x) = \begin{pmatrix} f_1(x) \\ f_2(x) \end{pmatrix} \quad (2)$$

を考える．いま，この方程式の 1 つの解 $\boldsymbol{y}_0(x)$ が見つかったとする．このとき，$\boldsymbol{y}_0(x)$ と方程式 (2) の任意の解 $\boldsymbol{y}(x)$ はともに上式をみたすから，

$$\frac{d\boldsymbol{y}}{dx} = A\boldsymbol{y} + \boldsymbol{f}(x), \quad \frac{d\boldsymbol{y}_0}{dx} = A\boldsymbol{y}_0 + \boldsymbol{f}(x)$$

が成り立つ．上の第 1 式から第 2 式を引くと

$$\frac{d}{dx}(\boldsymbol{y} - \boldsymbol{y}_0) = A(\boldsymbol{y} - \boldsymbol{y}_0)$$

であるから，$\boldsymbol{y}(x) - \boldsymbol{y}_0(x)$ は式 (1) をみたす．よって，$\tilde{\boldsymbol{y}}(x) = \boldsymbol{y}(x) - \boldsymbol{y}_0(x)$ とおくと，$\tilde{\boldsymbol{y}}(x)$ は方程式 (1) の解であり，

$$\boldsymbol{y}(x) = \boldsymbol{y}_0(x) + \tilde{\boldsymbol{y}}(x)$$

が成り立つ．以上をまとめて次の定理を得る．

> **定理 1.4**　微分方程式 (2) の解は,
> $$y(x) = y_0(x) + C_1 \tilde{y}_1(x) + C_2 \tilde{y}_2(x) \qquad (C_1, C_2 \text{ は任意定数})$$
> の形で与えられる．ここで，$y_0(x)$ は方程式 (2) の解の 1 つであり，$\tilde{y}_1(x)$ と $\tilde{y}_2(x)$ は方程式 (1) の線形独立な 2 つの解である[*5].

定理 1.4 により，非同次の線形微分方程式を解くためには，何らかの方法を用いて，非同次方程式の解を 1 つ見つけることが重要になる[*6]．また，非同次の 2 階線形微分方程式

$$\frac{d^2 y}{dx^2} + a \frac{dy}{dx} + by = f(x) \tag{3}$$

についても同様の主張が成り立つ．実際，

$$y = y_1, \qquad \frac{dy}{dx} = y_2$$

とおけば，上の方程式は，非同次の 2 次元線形連立微分方程式

$$\frac{d}{dx} \begin{pmatrix} y_1 \\ y_2 \end{pmatrix} = \begin{pmatrix} 0 & 1 \\ -b & -a \end{pmatrix} \begin{pmatrix} y_1 \\ y_2 \end{pmatrix} + \begin{pmatrix} 0 \\ f(x) \end{pmatrix} \tag{4}$$

に書き直せるからである．すなわち，次の定理が成り立つ．

> **定理 1.5**　微分方程式 (3) の解は,
> $$y(x) = y_0(x) + C_1 \tilde{y}_1(x) + C_2 \tilde{y}_2(x) \qquad (C_1, C_2 \text{ は任意定数})$$
> の形で与えられる．ここで，$y_0(x)$ は方程式 (3) の解の 1 つであり，$\tilde{y}_1(x)$ と $\tilde{y}_2(x)$ は方程式
> $$\frac{d^2 y}{dx^2} + a \frac{dy}{dx} + by = 0$$
> の線形独立な 2 つの解である．

[*5]　非同次項（外力項）をもたない方程式を**同次方程式**ということがある．方程式 (1) は非同次方程式 (2) に対応する同次方程式である．

[*6]　一般の非同次線形微分方程式に対していえる．

問 1.9 式 (3) と式 (4) が同値であることを確かめよ．

✓ **注意 1.5** 定理 1.4 における $\tilde{\boldsymbol{y}}_1(x)$ と $\tilde{\boldsymbol{y}}_2(x)$ は線形独立であればどんな解でもよい．同様に，定理 1.5 における $\tilde{y}_1(x)$ と $\tilde{y}_2(x)$ は線形独立であればどんな解でもよい．また，一般的な変数係数の n 次元線形連立微分方程式と n 階線形微分方程式についても，同様の結果が成り立つことが知られている．詳しくは，常微分方程式の本を参照せよ．

例題 1.8 次の微分方程式の一般解を求めよ．
$$\frac{dy_1}{dx} = 3y_1 - 2y_2 + x, \quad \frac{dy_2}{dx} = 4y_1 - 3y_2 + 1$$

[**解説**] 与えられた方程式は次のように書ける．

$$\frac{d\boldsymbol{y}}{dx} = A\boldsymbol{y} + \boldsymbol{f}(x), \quad A = \begin{pmatrix} 3 & -2 \\ 4 & -3 \end{pmatrix} \tag{5}$$

ただし，$\boldsymbol{f}(x) = (x, 1)$, $\boldsymbol{y} = (y_1, y_2)$ である．

行列 A の固有方程式 $|A - \lambda E| = 0$ を解いて，A の固有値 $\lambda_1 = 1, \lambda_2 = -1$ を得る．また，連立 1 次方程式 $(A - \lambda E)\boldsymbol{v} = \boldsymbol{0}$ を解くと，対応する固有ベクトル $\boldsymbol{v}_1 = (1, 1)$, $\boldsymbol{v}_2 = (1, 2)$ を得る．したがって，$P = (\boldsymbol{v}_1 \ \boldsymbol{v}_2)$ とおいて，変数変換 $\boldsymbol{y} = P\boldsymbol{w}$ を行うと，方程式 (5) は

$$\frac{dw_1}{dx} = w_1 + 2x - 1, \quad \frac{dw_2}{dx} = -w_2 - x + 1$$

となる．上の 2 つの方程式を例題 1.3 の結果を用いて別々に解き，得られた $\boldsymbol{w} = (w_1, w_2)$ に対して変数変換 $\boldsymbol{y} = P\boldsymbol{w}$ を行うと，求める解を得ることができる．この方法は確実だが計算量は多くなる．そこで，次のように考えてみる．

まず，方程式 (5) の解の 1 つを探す．非同次項が $\boldsymbol{f}(x) = (x, 1)$ であることに注意して，$y_1 = ax + b, y_2 = cx + d$ とおくと，

$$\frac{d\boldsymbol{y}}{dx} = \begin{pmatrix} a \\ c \end{pmatrix}, \quad A\boldsymbol{y} + \boldsymbol{f}(x) = \begin{pmatrix} (3a - 2c + 1)x + 3b - 2d \\ (4a - 3c)x + 4b - 3d + 1 \end{pmatrix}$$

となる．よって，

$$\begin{cases} 3a - 2c + 1 = 0 \\ 4a - 3c = 0 \end{cases} \qquad \begin{cases} 3b - 2d = a \\ 4b - 3d + 1 = c \end{cases}$$

のとき，$y_1 = ax + b, y_2 = cx + d$ は方程式 (5) の解の 1 つになる．この 2 つの連立方程式を解くと，$a = -3, b = 1, c = -4, d = 3$ であるから，$y_1 = -3x + 1, y_2 = -4x + 3$ が方程式 (5) の解の 1 つである．

次に，同次方程式

$$\frac{d\boldsymbol{y}}{dx} = A\boldsymbol{y}$$

を解く．定理 1.3 より，この方程式の解は

$$\begin{pmatrix} y_1 \\ y_2 \end{pmatrix} = C_1 e^x \begin{pmatrix} 1 \\ 1 \end{pmatrix} + C_2 e^{-x} \begin{pmatrix} 1 \\ 2 \end{pmatrix}$$

で与えられる．よって，定理 1.4 より，非同次方程式 (5) の解は次のようになる．

$$\begin{pmatrix} y_1 \\ y_2 \end{pmatrix} = C_1 e^x \begin{pmatrix} 1 \\ 1 \end{pmatrix} + C_2 e^{-x} \begin{pmatrix} 1 \\ 2 \end{pmatrix} + \begin{pmatrix} -3x + 1 \\ -4x + 3 \end{pmatrix}. \qquad \blacklozenge$$

問 1.10 次の微分方程式を解け．

$$\frac{dy_1}{dx} = y_1 - y_2 + 1, \qquad \frac{dy_2}{dx} = y_1 + y_2 + 1, \qquad y_1(0) = 1, \qquad y_2(0) = 0$$

例題 1.9 次の微分方程式の一般解を求めよ．

$$y'' - 3y' + 2y = 2x^2 + 3e^{2x}$$

［解説］ 例題 1.8 と同様に考えてみよう．与えられた方程式をみたす解の 1 つを見つけるために，$y'' - 3y' + 2y = 2x^2$ と $y'' - 3y' + 2y = 3e^{2x}$ の 2 つに分けて考える．まず，最初の方程式について考える．$y = ax^2 + bx + c$ とおいて，$y'' - 3y' + 2y = 2x^2$ に代入すると

$$2ax^2 + (-6a + 2b)x + (2a - 3b + 2c) = 2x^2$$

となるから，$a = 1, b = 3, c = 7/2$ を得る．よって，$y = x^2 + 3x + 7/2$

は最初の方程式の解の 1 つである．次に，2 番目の方程式について考える．$y = ae^{2x}$ とおいて，$y'' - 3y' + 2y = 3e^{2x}$ に代入すると

$$4ae^{2x} - 6ae^{2x} + 2ae^{2x} = 3e^{2x}$$

より $0 = 3e^{2x}$ となり，a を決めることができない．そこで，$y = axe^{2x}$ とおいて，$y'' - 3y' + 2y = 3e^{2x}$ に代入すると

$$a(4x+4)e^{2x} - 3a(2x+1)e^{2x} + 2axe^{2x} = 3e^{2x}$$

より $ae^{2x} = 3e^{2x}$ となるから，$a = 3$ を得る．よって，$y = 3xe^{2x}$ が 2 番目の方程式の解の 1 つである．したがって，$y = 3xe^{2x} + x^2 + 3x + 7/2$ が与えられた方程式の解の 1 つである．一方，定理 1.2 より，同次方程式 $y'' - 3y' + 2y = 0$ の解は，$\lambda^2 - 3\lambda + 2 = 0$ を解いて $y = C_1 e^x + C_2 e^{2x}$ (C_1, C_2 は任意定数) である．ゆえに，定理 1.5 より，求める解は

$$y = C_1 e^x + C_2 e^{2x} + 3xe^{2x} + x^2 + 3x + \frac{7}{2}. \qquad \blacklozenge$$

問 1.11 次の微分方程式の一般解を求めよ．
(1) $y'' + y' - 2y = 5\sin 2x$ (2) $y'' + 2y' + y = x + e^{-x}$

例題 1.10 (1) $y = u(x)$ は $y'' + P(x)y' + Q(x)y = 0$ をみたすとする．$y = u(x)v$ とおくと，微分方程式 $y'' + P(x)y' + Q(x)y = R(x)$ は次のように変換されることを示せ．

$$z' + \left(2\frac{u'(x)}{u(x)} + P(x)\right)z = \frac{R(x)}{u(x)}, \quad z = v'$$

(2) 微分方程式 $x^2 y'' - xy' + y = x^2$ を解け．

[解説] $y'' + P(x)y' + Q(x)y = R(x)$ は変数係数の非同次 2 階線形微分方程式である．この方程式を一般的に解く方法はないが，同次方程式 $y'' + P(x)y' + Q(x)y = 0$ の解の 1 つが見つかったときは，非同次方程式 $y'' + P(x)y' + Q(x)y = R(x)$ を 1 階の微分方程式に帰着させて解くことができる (**階数低下法**)．

(1) $y = u(x)v$ より

$$y' = u'(x)v + u(x)v', \quad y'' = u''(x)v + 2u'(x)v' + u(x)v''$$

$y = u(x)v$ と上式を $y'' + P(x)y' + Q(x)y = R(x)$ へ代入して整理すると

$$u(x)v'' + (2u'(x) + P(x)u(x))v' = R(x)$$

となる．よって，$v' = z$ とおくと

$$z' + \left(2\frac{u'(x)}{u(x)} + P(x)\right)z = \frac{R(x)}{u(x)}$$

となる．この 1 階の微分方程式は定数変化法で解くことができる．
(2) $y = x$ が $x^2y'' - xy' + y = 0$ をみたすことは容易に確かめられる．$y = xv$ とおくと，$x^2y'' - xy' + y = x^2$ は

$$xv'' + v' = 1$$

に変換される．$v' = z$ とおくと，上式は

$$z' + \frac{z}{x} = \frac{1}{x}$$

となる．これを定数変化法を用いて解く．まず，$z' + z/x = 0$ を解いて $z = C/x$ を得る．次に，$z = C(x)/x$ とおいて $z' + z/x = 1/x$ に代入すると，$C'(x) = 1$ より $C(x) = x + C_1$ となる．よって，$z = 1 + C_1/x$ を得る．したがって，求める解は

$$y = xv = x\int z dx = x\int \left(1 + \frac{C_1}{x}\right)dx$$
$$= x^2 + C_1 x \log x + C_2 x \quad (C_1, C_2 \text{は任意定数}). \quad \blacklozenge$$

このように，変数係数の非同次 2 階線形微分方程式は，対応する同次 2 階線形微分方程式の解の 1 つを見つければ，解くことができる．ただし，そのような解を発見する一般的な方法は存在しない．また，上の例題で述べた階数低下法は，定数係数の非同次 2 階線形微分方程式に対しても適用できる．

問 1.12 階数低下法を用いて，問 1.11 の微分方程式を解け．

問 1.13 (1) $y = e^x$ が $(x+1)y'' - (x+2)y' + y = 0$ をみたすことを確かめよ．
(2) 微分方程式 $(x+1)y'' - (x+2)y' + y = 2$ を解け．

5 微分方程式の級数解法

$$\sum_{k=0}^{\infty} a_k x^k = a_0 + a_1 x + a_2 x^2 + \cdots$$

を x のべき級数という．本節では，べき級数を利用して（形式的に）微分方程式の解を求める方法を具体例を通して説明する．

例題 1.11 微分方程式 $\dfrac{dy}{dx} = xy$, $y(0) = 1$ を解け．

［解］ $y(x) = \sum\limits_{k=0}^{\infty} a_k x^k = a_0 + a_1 x + a_2 x^2 + a_3 x^3 + \cdots$ とおくと，

$$y' = a_1 + 2a_2 x + 3a_3 x^2 + \cdots = \sum_{k=1}^{\infty} k a_k x^{k-1}$$
$$= a_1 + \sum_{k=1}^{\infty} (k+1) a_{k+1} x^k$$

である．また，

$$xy = x(a_0 + a_1 x + a_2 x^2 + \cdots) = x \sum_{k=0}^{\infty} a_k x^k = \sum_{k=0}^{\infty} a_k x^{k+1}$$
$$= \sum_{k=1}^{\infty} a_{k-1} x^k$$

である．よって，$y' = xy$ より

$$a_1 = 0, \quad a_{k+1} = \frac{1}{k+1} a_{k-1} \quad (k \geq 1)$$

である．$a_0 = \alpha$ とおくと，$a_1 = 0$ であり

$$a_2 = \frac{1}{1+1} a_0 = \frac{\alpha}{2}, \quad a_3 = \frac{1}{2+1} a_1 = 0,$$
$$a_4 = \frac{1}{3+1} a_2 = \frac{1}{4} \cdot \frac{1}{2} \alpha, \quad a_5 = \frac{1}{4+1} a_3 = 0,$$
$$a_6 = \frac{1}{5+1} a_4 = \frac{1}{6} \cdot \frac{1}{4} \cdot \frac{1}{2} \alpha, \quad \ldots$$

であるから，$k = 0, 1, 2, \cdots$ に対して

$$a_{2k} = \frac{1}{2k} \cdot \frac{1}{2(k-1)} \cdot \cdots \cdot \frac{1}{2 \cdot 1} \alpha = \frac{1}{2^k} \cdot \frac{1}{k!} \alpha, \quad a_{2k+1} = 0$$

となる[*7]．したがって，指数関数 e^x の $x = 0$ のまわりのテイラー展開の公式（付録5）より

$$y = \sum_{k=0}^{\infty} a_k x^k = \sum_{k=0}^{\infty} a_{2k} x^{2k} + \sum_{k=0}^{\infty} a_{2k+1} x^{2k+1} = \sum_{k=0}^{\infty} \frac{1}{2^k} \cdot \frac{1}{k!} \alpha x^{2k}$$
$$= \alpha \sum_{k=0}^{\infty} \frac{1}{k!} \cdot \frac{x^{2k}}{2^k} = \alpha \sum_{k=0}^{\infty} \frac{1}{k!} \left(\frac{x^2}{2}\right)^k = \alpha e^{x^2/2}$$

ここで，$y(0) = 1$ より $1 = \alpha \cdot e^0 = \alpha$ であるから，$\alpha = 1$ となる．以上より，求める解は $y = e^{x^2/2}$ である．◆

このように，級数を利用して微分方程式を解くことができる．べき級数には，次のような負のべき級数もある．

$$\sum_{k=-\infty}^{\infty} a_k x^k = \cdots + a_{-2} x^{-2} + a_{-1} x^{-1} + a_0 + a_1 x + a_2 x^2 + \cdots$$

例題 1.12 微分方程式 $\dfrac{dy}{dx} + \dfrac{2}{x} y = x$ を解け．

[**解**] $y = \sum\limits_{k=-\infty}^{\infty} a_k x^k$ とおくと，

$$y' = \sum_{k=-\infty}^{\infty} a_k \cdot k x^{k-1} = \sum_{k=-\infty}^{\infty} k a_k x^{k-1},$$
$$\frac{2}{x} y = \frac{2}{x} \sum_{k=-\infty}^{\infty} a_k x^k = \sum_{k=-\infty}^{\infty} 2 a_k x^{k-1}$$

であるから，

$$y' + \frac{2}{x} y = \sum_{k=-\infty}^{\infty} (k+2) a_k x^{k-1}$$

[*7] $0! = 1$ と約束する．

となる．よって，$y' + \dfrac{2}{x}y = x$ より

$$(k+2)a_k = 0 \quad (k \neq 2), \quad (k+2)a_k = 1 \quad (k = 2)$$

である．これより，

$$a_k = 0 \quad (k \neq \pm 2), \quad a_2 = \frac{1}{4}, \quad a_{-2} = C \quad (C は任意)$$

を得る．したがって，求める解は $y = Cx^{-2} + x^2/4$（C は任意）である． ◆

問 1.14 べき級数を用いて次の微分方程式を解け．
(1) $y' = x + 2xy$ (2) $xy' + y = x^3$

問 1.15 (1) $y = \log x$ を $x = 1$ のまわりでテイラー展開せよ．
(2) $xy' = x + y$ を $x = 1$ のまわりのべき級数 $y = \displaystyle\sum_{n=0}^{\infty} a_n(x-1)^n$ を利用して解け．

6 微分方程式の解の存在と一意性

これまでは，与えられた微分方程式の解を手計算で具体的に求めることを考えてきた．本節では，微分方程式の解の存在問題について考える．

6.1 解の存在問題とは

例えば，2 次方程式 $x^2 + 2x - 1 = 0$ を考えよう．判別式を計算すると

$$D/4 = 1^2 - 1 \cdot (-1) = 2 > 0$$

であるから，この方程式は実数解をもつ．しかし，その解は有理数ではない．実際，2 次方程式の解の公式より，それは

$$x = -1 \pm \sqrt{2}$$

であるから有理数ではない．よって，$x^2 + 2x - 1 = 0$ は有理数の範囲では解をもたないが，実数の範囲では解を 2 つもつ．この例からわかるように，方程式の解が存在するかどうかを議論するときは，解を探す範囲を指定して，解の定義を正確に述べておく必要がある．

次に，方程式

$$xe^{x^2} - 1 = 0$$

を考えてみよう．この方程式の実数解を手計算によって求めることはできないだろう．しかし，この方程式はただ 1 つの実数解をもつ．実際，$f(x) = xe^{x^2} - 1$ とおくと，$f(x)$ は連続な単調増加関数であり，

$$f(0) = -1 < 0, \quad f(1) = e - 1 > 0$$

であるから，$xe^{x^2} - 1 = 0$ は（0 と 1 の間に）ただ 1 つの実数解をもつ．この例からわかるように，方程式の解を手計算で求めることができなくても，方程式の解が存在することはありうる．すなわち，方程式の解を具体的な式で表すことと，解の存在を議論することは別の問題である．また，解が存在するとすれば，それはただ 1 つなのかどうか（一意性）を議論することも重要である．

6.2 微分方程式の解の一意存在定理

一般的な形の 1 階微分方程式

$$\frac{dy}{dx} = f(x, y)$$

の解が存在するかどうかを調べよう．そのために，この方程式の解の定義を与えておく必要がある．

$f(x, y)$ は $a < x < b$，$-\infty < y < \infty$ の範囲で定義された連続関数であるとする．$a < x_0 < b$ をみたす x_0 に対して，微分方程式

$$\frac{dy}{dx} = f(x, y), \quad y(x_0) = y_0 \tag{1}$$

を考える．ここで，$y(x_0) = y_0$ は初期条件とよばれ[*8]，解の一意性を議論するときに前提となる条件である．実際，本章の第 1 節で述べたように，微分方程式の一般解に含まれる任意定数は，初期条件によってその値が確定する．式 (1) を微分方程式の**初期値問題**という．

[*8] $x = x_0$ のときの解の値 $y(x_0)$ を初期値という．

> **定義 1.1** $\delta > 0$ とする．x_0 を含む区間 $I = (x_0 - \delta, x_0 + \delta)$ は，区間 (a, b) に含まれているとする．区間 I 上で定義された関数 φ が I 上で微分可能であり，$\varphi'(x) = f(x, \varphi(x))$ と $\varphi(x_0) = y_0$ をみたすとき，φ を初期値問題 (1) の区間 I 上の解であるという．

✓ **注意 1.6** 解は x_0 の近くで定義されていればよいので，正の数 δ はどんなに小さくてもかまわない．それゆえ，上の定義にもとづく解は局所解とよばれる．また，連続関数 $f(x,y)$ の定義域が $a < x < b, c < y < d$ のような場合は，$c < y_0 < d$ をみたす y_0 に対して初期値問題 (1) を考えればよい．この場合，$\varphi(x)$ は $c < \varphi(x) < d$ をみたさなければならない．

初期値問題の解の存在と一意性に関する定理を述べるために，リプシッツ連続性とよばれる重要な概念を導入する．

> **定義 1.2** 連続関数 $f(x,y)$ は次の条件をみたすとき，(y に関して) **局所リプシッツ連続**であるという．任意の y_0 に対して，ある正の定数 L と η が存在して
> $$|f(x, u) - f(x, v)| \leq L|u - v| \qquad (2)$$
> が成り立つ[*9]．ただし，$x \in (a, b)$ および $u, v \in (y_0 - \eta, y_0 + \eta)$ である．

上の条件の意味を理解するために，$u \neq v$ と仮定して，式 (2) の両辺を $|u - v|$ で割ると
$$\left| \frac{f(x, u) - f(x, v)}{u - v} \right| \leq L$$
となる．これは，$f(x,y)$ の y 方向の平均変化率が一定値 L 以下で，$f(x,y)$ の y 方向の変化が急激でないことを意味する．とくに，$f(x,y)$ が y について偏微分可能で $f_y(x,y)$ が有界，すなわち，ある正の定数 L に対して $|f_y(x,y)| \leq L$ が成り立つとき，条件 (2) が成り立つ．実際，平均値の定理から，
$$f(x, u) - f(x, v) = f_y(x, \theta u + (1 - \theta)v)(u - v) \qquad (0 < \theta < 1)$$
であるから，$|f(x, u) - f(x, v)| \leq L|u - v|$ を得る．

証明は省略するが，初期値問題に対する解の存在と一意性に関する次の定理

[*9] L と η は y_0 に依存して決まる．η はギリシャ文字で「イータ」と読む．また，$x \in (a, b)$ は $a < x < b$ を意味する．

が知られている．

> **定理 1.6** 連続関数 f は条件 (2) をみたすとする．このとき，ある $\delta > 0$ に対して，初期値問題 (1) の区間 $I = (x_0 - \delta, x_0 + \delta)$ 上の解が存在し，しかもただ 1 つである．

定理 1.6 によると，初期値問題の解は x_0 の付近でのみ定義されることになる．すなわち，解の存在範囲は制限されて，区間 (a, b) 上で解を定義できない場合がある．このことを理解するために，次のような例を考えてみる．

$$\frac{dy}{dx} = y^2, \quad y(0) = \frac{1}{2}$$

ここで，$f(x, y) = y^2$ は x に依存しないので，f は $-\infty < x < \infty$, $-\infty < y < \infty$ 上で定義されていると考えられる．また，条件 (2) が成り立つことも確かめられる（問 1.16）．一方，上の方程式は変数分離形であるから，簡単に解けて

$$y(x) = \frac{1}{2-x}$$

となる．この解は $I = (-2, 2)$ 上で定義されている（$x_0 = 0, \delta = 2$）．しかし，$x \to 2$ のとき $y \to \infty$ であるから，この解が $x = 2$ を越えて延長されることはありえない．すなわち，この解は $(-\infty, \infty)$ 上で定義できない．したがって，定理 1.6 によって存在と一意性が保証された初期値問題の解は局所解である．

問 1.16 $f(x, y) = y^2$ が y に関して局所リプシッツ連続であることを示せ．

定義 1.2 における条件 (2) は緩いため，多くの連続関数 f に対して適用できるメリットはあるが，解の存在範囲が制限された局所解しか得られない．そこで，条件 (2) を厳しくする代わりに，解の存在範囲に制限がない大域解を得ることを考える．

> **定義 1.3** 連続関数 $f(x, y)$ は次の条件をみたすとき，(y に関して) **リプシッツ連続**であるという．ある正の定数 L が存在して
>
> $$|f(x, u) - f(x, v)| \leq L|u - v| \tag{3}$$
>
> が成り立つ．ただし，$x \in (a, b)$ および $u, v \in (-\infty, \infty)$ である．

条件 (3) は条件 (2) よりも厳しくなっている．実際，$f(x,y) = y^2$ のとき，条件 (3) は成立しない．この強い条件の下で，次の定理が成り立つことが知られている．

> **定理 1.7** 連続関数 f は条件 (3) をみたすとする．このとき，初期値問題 (1) の区間 $I = (a,b)$ 上の解が存在し，しかもただ 1 つである．

定理 1.7 は，初期値問題の解が区間 (a,b) 上で定義されることを示している．例えば，k を正の定数とするとき，

$$\frac{dy}{dx} = ky, \quad y(0) = y_0$$

を考える．この場合，$f(x,y) = ky$ は x に依存しないので，f は $-\infty < x < \infty$, $-\infty < y < \infty$ 上で定義されている．また，$u, v \in (-\infty, \infty)$ に対して，

$$|f(x,u) - f(x,v)| = |ku - kv| = k|u - v|$$

であるから，条件 (3) は明らかに成り立つ．この方程式は $(-\infty, \infty)$ 上で定義された解 $y(x) = e^{kx} y_0$ をもつ．このように，定理 1.7 によって存在と一意性が保証された初期値問題の解は大域解であり，定理 1.6 によって与えられる局所解とは異なる．

問 1.17 初期値問題 $y' = \sin y$, $y(0) = y_0$ の解の存在と一意性を調べよ．ただし，y_0 は任意の実数である．

以上のように，f の y に関するリプシッツ連続性が仮定されていれば，微分方程式の初期値問題の解が存在するだけでなく，ただ 1 つであることもわかる．それに対し，f の y に関するリプシッツ連続性がなく，単に f の連続性だけが仮定されている場合は，初期値問題の解は存在するのだが，ただ 1 つとは限らないことが知られている．例えば，$-\infty < x < \infty$, $-\infty < y < \infty$ 上で定義された関数 $f(x,y) = |y|^{1/2}$ は連続であるが，

$$\frac{f(x,u) - f(x,v)}{u - v} \to \infty \quad (u, v \to 0 \text{ のとき})$$

であるから，$y = 0$ の付近で f は y に関してリプシッツ連続性をもたない．このとき，初期値問題

$$\frac{dy}{dx} = |y|^{1/2}, \quad y(0) = 0$$

は $y(x) \equiv 0$ を解の 1 つとしてもっている．しかし，a を任意の非負の実数とするとき，

$$y(x) = \begin{cases} 0 & (x \leq a) \\ \dfrac{1}{4}(x-a)^2 & (x > a) \end{cases}$$

はこの初期値問題の解であることが容易に確かめられる．したがって，この場合には初期値問題の解の一意性が成り立たない．

✔ **注意 1.7** 一般の n 次元の連立微分方程式

$$\begin{cases} \dfrac{d\boldsymbol{y}}{dx} = \boldsymbol{f}(x, \boldsymbol{y}) & (\boldsymbol{y} \in \boldsymbol{R}^n) \\ \boldsymbol{y}(x_0) = \boldsymbol{y}_0 \end{cases}$$

についても同様の定理が成り立つ．詳しくは常微分方程式の本を参照してほしい．

7　流れとベクトル場

本節では，微分方程式によって定義されるベクトル場と流れの概念を説明する．なお，ここで扱う関数はすべて十分に滑らか（何回でも微分可能）であり，微分方程式の解の存在と一意性が保証されているとする．

まず，最も簡単な例を考えてみよう．x 軸上を運動する点 P がある．時刻 t における点 P の x 座標を $x(t)$ で表す．$x(t)$ が微分方程式

$$\frac{dx}{dt} = x - x^3 \tag{1}$$

に従うとき，点 P が x 軸上でどのように運動しているかを考えて，$\lim_{t \to \infty} x(t)$ を調べる．

この問題は，微分方程式 (1) を具体的に解けば解決できる．しかし，ここでは方程式を解かないで考えてみよう．

$$f(x) = x - x^3$$

とおく．$f(x)$ のグラフは図 1.2 のようになる．

いま，点 P は $0 < x < 1$ 上にあるとして，そのx座標をpとする．このとき，$x = p$ における点 P の速度は，$f(x)$ のグラフより

$$\frac{dx}{dt}\Big|_{x=p} = f(p) > 0$$

である．例えば，$x = 1/2$ のときは

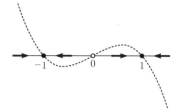

図 1.2　$f(x)$ のグラフ

$$\frac{dx}{dt}\Big|_{x=1/2} = f\left(\frac{1}{2}\right) = \frac{1}{2} - \left(\frac{1}{2}\right)^3 = \frac{3}{8} > 0$$

であるから，$x = 1/2$ における点 P の速度は右向き（x軸の正の方向）でその大きさ（速さ）は 3/8 である．したがって，点 P が $0 < x < 1$ 上にあるとき，点 P は右方向に移動するだろう．同様に考えると，点 P が $x < -1$ にあるときは，点 P は右方向に，$-1 < x < 0$ または $x > 1$ にあるときは，左方向に移動することがわかる．これは，x軸上の各点 $x = p$ において，$x = p$ における点 P の速度ベクトル

$$\frac{dx}{dt}\Big|_{x=p} = f(p)$$

を図 1.2 のように記入していくと視覚的にわかりやすくなる[*10]．このように，x軸上の各点にベクトルを割り当て，x軸上にまんべんなく散りばめられたベクトルの全体（分布）を，x軸上のベクトル場という．

この図から，x軸上に風の流れがあり，点 P が風に沿って流されていく様子を想像してみるとよいだろう．x軸上の各点におけるベクトルは，その点における風の向きと大きさを表すベクトルである．$x < -1$ または $0 < x < 1$ の範囲では，右向きの風に沿う流れがあり，$-1 < x < 0$ または $x > 1$ の範囲では，左向きの風に沿う流れがある．微分方程式の解とは，ベクトル場によって表される流れに沿って自然に流されていく点の動きであると見ればよいのである．

$x = \pm 1$ または $x = 0$ のときは，$f(x) = 0$ より

$$\frac{dx}{dt}\Big|_{x=1} = \frac{dx}{dt}\Big|_{x=-1} = \frac{dx}{dt}\Big|_{x=0} = 0$$

となる．このことは，$x = \pm 1$ または $x = 0$ においては，風の流れがないこと

[*10] 速度の大きさを気にせず，向きだけがわかるようにすれば十分であることが多い．

を意味している．したがって，点 P がこれら 3 点の上にあれば，点 P は左右どちらの方向に動くこともなく静止し続けるだろう．このような意味で，$x = \pm 1$ と $x = 0$ を微分方程式 (1) の平衡点という．

図 1.2 を見ると，点 P が平衡点 $x = 1$ の近く（例えば，$|x - 1| < 1/100$ をみたす x）から出発する場合，点 P は時間が経つにつれて $x = 1$ に近づいていくことがわかる．同様に，点 P が平衡点 $x = -1$ の近くから出発する場合は，時間が経つにつれて $x = -1$ に近づく．また，点 P が平衡点 $x = 0$ の近くから出発する場合は，時間が経つにつれて $x = 0$ から遠ざかる．それゆえ，$x = 1$ と $x = -1$ は微分方程式 (1) の安定な平衡点[*11]とよばれる．一方，$x = 0$ は不安定な平衡点である．

以上の考察により，$\lim_{t \to \infty} x(t)$ は初期値 $x(0)$ によって異なる値をとり，次のように分類されることがわかる．

$$\lim_{t \to \infty} x(t) = \begin{cases} -1 & (x(0) < 0) \\ 0 & (x(0) = 0) \\ 1 & (x(0) > 0) \end{cases}$$

✔ **注意 1.8** 本節で扱う微分方程式は，自励系の微分方程式とよばれる

$$\frac{dx}{dt} = f(x)$$

の形のものである．より一般的な形の非自励系の微分方程式

$$\frac{dx}{dt} = f(t, x)$$

は扱わない．

以上の考察を，一般的な 1 次元の微分方程式

$$\frac{dx}{dt} = f(x) \tag{2}$$

の場合に即してまとめよう．ただし，解の一意性は成り立つものとする．

方程式 (2) の解 $x = x(t)$ は x 軸上を運動する点 P の時刻 t における位置を表すと考える．このとき，次の性質が成り立つ．

[*11] 正確には，$x = 1$ と $x = -1$ は微分方程式 (1) の漸近安定な平衡点とよばれる．

- $f(x) > 0$ となる x においては，点 P は右向きに移動する．すなわち，$x = x(t)$ の値は時間が経つにつれて増加する．
- $f(x) < 0$ となる x においては，点 P は左向きに移動する．すなわち，$x = x(t)$ の値は時間が経つにつれて減少する．

一方，$f(x) = 0$ となる x において，点 P は静止し続ける．

> **定義 1.4** $f(p) = 0$ をみたす p を微分方程式 (2) の **平衡点** という．

p が微分方程式 (2) の平衡点であるとき，定数関数 $x(t) \equiv p$ は式 (2) をみたすので，時間とともに変化することのない解である．

> **定義 1.5** [*12] 微分方程式 (2) の平衡点 p の十分近くから出発するすべての解が常に p の近くにとどまるとき，p は **安定** であるという．さらに，このとき，p の十分近くから出発するすべての解が p に収束する（時間が経つにつれて p に限りなく近づく）ならば，p は **漸近安定** であるという．また，p が安定でないとき，p は **不安定** であるという．

> **定理 1.8** p が微分方程式 (2) の平衡点であるとき，$f'(p) < 0$ ならば p は漸近安定であり，$f'(p) > 0$ ならば p は不安定である．

証明 $f'(p) < 0$ とする．このとき，$x = p$ のまわりで，$x < p \Longrightarrow f(x) > 0$ および $x > p \Longrightarrow f(x) < 0$ が成り立つから，方程式 (2) の解の性質より，$x = p$ の近くから出発する解は平衡点 p に収束する．同様に考えると，$f'(p) > 0$ のとき，$x = p$ の近くから出発する解は平衡点 p から離れていくことがわかる． ∎

✓ **注意 1.9** 方程式 (2) の解が平衡点に近づいていく様子を別の見方で調べておこう．p が微分方程式 (2) の平衡点であるとき，$f(p) = 0$ であるから，$f(x)$ を $x = p$ のまわりでテイラー展開すると

$$f(x) = f'(p)(x - p) + \frac{f''(p)}{2}(x - p)^2 + \cdots$$

[*12] 数学的に正確な定義は次のようになる．p が安定であるとは，任意の $\varepsilon > 0$ に対して，ある $\delta > 0$ が存在し，$|x_0 - p| < \delta$ ならば $|x(t; x_0) - p| < \varepsilon$ $(t \geq 0)$ が成り立つときをいう．ただし，$x(t; x_0)$ は初期条件 $x(0) = x_0$ をみたす解である．さらに，このとき $\lim_{t \to \infty} x(t; x_0) = p$ が成り立てば，p は漸近安定であるという．また，p が安定でないとき，不安定であるという．

となる．したがって，方程式 (2) に対して変数変換 $z = x - p$ を行い，z に関する 2 次以上の項を無視すると，$x = p$ 付近における解の振る舞いは

$$\frac{dz}{dt} = \alpha z, \quad \alpha = f'(p)$$

で近似されると考えられる．これを微分方程式 (2) の $x = p$ のまわりの線形化方程式という．上の方程式を解いて $x = p + z$ を用いると

$$x = p + Ce^{\alpha t}$$

となる．よって，p の十分近くから出発する方程式 (2) の解は $\alpha < 0$ ならば指数関数的に p に近づき，$\alpha > 0$ ならば指数関数的に p から遠ざかることがわかる[*13]．この見方は，定理 1.8 を 2 次元以上の微分方程式の場合に拡張するときに役立つ．

問 1.18 微分方程式 (1) の平衡点 $x = 0$ および $x = -1$ のまわりの線形化方程式をそれぞれ求めよ．

問 1.19 微分方程式 $dx/dt = \sin x$ の平衡点をすべて求めて，その安定性を調べよ．

本節では，微分方程式の解の性質を手計算で解を具体的に求めないで調べた．実際は，微分方程式が手計算で解けることはあまりない（教科書では主に手計算で解ける問題を扱う）．それゆえ，ここで述べた流れとベクトル場の考え方は極めて重要である．また，このような議論に意味があるのは，微分方程式の解の存在と一意性が保証されているからである．解の存在と一意性は微分方程式の理論の出発点なのである．

問 1.20 解の一意性が保証された微分方程式 $dx/dt = f(x)$ については，解が平衡点を横切って x 軸上を移動することはありえない．その理由を説明せよ．

◆発展 1.1 流れとベクトル場，平衡点とその安定性，平衡点のまわりの線形化方程式の考え方は，n 次元の連立微分方程式（自励系）の場合にも一般化されている．2 次元の場合，連立微分方程式

$$\begin{cases} \dfrac{dx}{dt} = f(x, y) \\ \dfrac{dy}{dt} = g(x, y) \end{cases}$$

の解は，平面上のベクトル場によって表される流れに沿って自然に流されていく点の動きである．例えば，図 1.3 は微分方程式

[*13] $\alpha = 0$ のときは線形化方程式による近似は不十分である（z に関する 2 次以上の項が必要）．

$$\begin{cases} \dfrac{dx}{dt} = x - x^3 - y \\ \dfrac{dy}{dt} = 3x - 2y \end{cases}$$

の原点（平衡点）のまわりの流れを表している．

平衡点 (p,q) のまわりの線形化方程式は

$$\frac{d}{dt}\begin{pmatrix} z \\ w \end{pmatrix} = A\begin{pmatrix} z \\ w \end{pmatrix},$$

$$A = \begin{pmatrix} f_x(p,q) & f_y(p,q) \\ g_x(p,q) & g_y(p,q) \end{pmatrix}$$

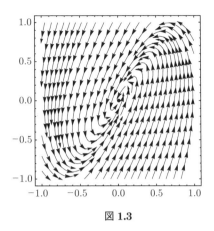

図 1.3

で与えられる．このとき，行列 A のすべての固有値の実部が負ならば，(p,q) は漸近安定である．一方，行列 A の固有値のうち実部が正になるものが 1 つでも存在すれば，(p,q) は不安定である．この結果は，定理 1.8 を連立微分方程式の場合に一般化したものである．例えば，微分方程式 $dx/dt = x - x^3 - y$, $dy/dt = 3x - 2y$ を原点のまわりで線形化すると

$$\frac{d}{dt}\begin{pmatrix} z \\ w \end{pmatrix} = A\begin{pmatrix} z \\ w \end{pmatrix}, \quad A = \begin{pmatrix} 1 & -1 \\ 3 & -2 \end{pmatrix}$$

となるが，この行列 A の固有値は $\lambda = (-1 \pm \sqrt{3}i)/2$ であり，その実部は負である．よって，原点は漸近安定な平衡点である．

練習問題

1.1 次の微分方程式を解け．
  (1) $y' = y \log y$ (2) $y' + 2y = e^{-x}\cos x$ (3) $y'' - 6y' + 9y = \dfrac{e^{3x}}{x}$
  (4) $y_1' = 3y_1 + 2y_2 + x - e^x$, $y_2' = -5y_1 - 3y_2 + e^x$

1.2 $y' = f\left(\dfrac{y}{x}\right)$ に対して，$u = \dfrac{y}{x}$ とおくと，$u' = \dfrac{f(u) - u}{x}$ と変換されることを示せ．また，この結果を利用して微分方程式 $(x^2 - y^2)y' = 2xy$ を解け．

1.3 $\alpha \neq 1$ とする．$y' + P(x)y = Q(x)y^\alpha$ に対して，$z = y^{1-\alpha}$ とおくと，$z' + (1-\alpha)P(x)z = (1-\alpha)Q(x)$ と変換されることを示せ．また，この結果を利用して微分方程式 $y' + 2xy = xy^4$ を解け．

1.4 (1) 3次正方行列 A は対角化可能，すなわち，A の固有値 $\lambda_1, \lambda_2, \lambda_3$ に対する線形独立な固有ベクトル $\boldsymbol{v}_1, \boldsymbol{v}_2, \boldsymbol{v}_3$ がとれるものとする．このとき，微分方程式 $\boldsymbol{y}' = A\boldsymbol{y}$ の一般解が $\boldsymbol{y} = C_1 e^{\lambda_1 x}\boldsymbol{v}_1 + C_2 e^{\lambda_2 x}\boldsymbol{v}_2 + C_3 e^{\lambda_3 x}\boldsymbol{v}_3$ (C_1, C_2, C_3 は任意定数) で与えられることを確かめよ．

(2) 微分方程式 $y_1' = 4y_1 + 2y_2 - 4y_3$, $y_2' = -y_1 + y_2 + 2y_3$, $y_3' = y_1 + y_2$ を解け．

1.5 べき級数を用いて微分方程式 $y' = y^2$ を解け．

1.6 $x^2 + 2y^2 = k^2$ (k は 0 でない定数) で表されるどのような楕円とも直交するような曲線 $y = f(x)$ のうちで，点 $(1,1)$ を通るものを求めよ．

1.7 x 軸上を運動する質量 m の質点 P がある．時刻 t における P の x 座標 $x(t)$ は，次の微分方程式 (運動方程式)

$$m\frac{d^2 x}{dt^2} = -kx - \mu \frac{dx}{dt} \quad (k > 0, \ \mu \geq 0 \text{ は定数})$$

をみたすとする．$t = 0$ のとき $x = 0$, $dx/dt = v_0$ (定数) として，x を t の式で表せ．

1.8 a を定数とする．微分方程式 $dx/dt = ax - x^3$ の解で初期値が x_0 であるものを $x(t; x_0, a)$ で表す．$\lim_{t \to \infty} x(t; x_0, a)$ を求めよ (x_0, a の値によって分類する)．

1.9 解の一意性が保証された微分方程式 $dy/dx = f(x, y)$ について，初期条件 $y(x_0) = a_1$ をみたす解を $y_1 = y_1(x)$ で表し，初期条件 $y(x_0) = a_2$ をみたす解を $y_2 = y_2(x)$ で表す．このとき，$a_1 \leq a_2$ ならば (2つの解 y_1, y_2 がともに存在する x の範囲において) $y_1(x) \leq y_2(x)$ が成り立つ．その理由を説明せよ．

補遺 1　行列の指数関数

微分方程式

$$\frac{dy}{dx} = ay$$

の一般解は $y(x) = Ce^{ax}$ で与えられる．ここで，$x = x_0$ とおくと $C = e^{-ax_0} y(x_0)$ であるから

$$y(x) = e^{a(x-x_0)} y(x_0)$$

と書けることがわかる．同様に，定数係数の線形連立微分方程式

$$\frac{d\boldsymbol{y}}{dx} = A\boldsymbol{y}$$

についても，行列 A に対して e^{Ax} をうまく定義すれば

$$\boldsymbol{y}(x) = e^{A(x-x_0)} \boldsymbol{y}(x_0)$$

と表すことができる．以下では，このことを説明しよう．

指数関数 e^x の $x=0$ のまわりのテイラー展開は

$$e^x = 1 + x + \frac{1}{2!}x^2 + \frac{1}{3!}x^3 + \cdots = \sum_{k=0}^{\infty} \frac{x^k}{k!}$$

で与えられる．この式を参考にして，行列 A の**指数関数**を次のように定義する．

> **定義 1.A.1** n 次正方行列 A に対して
>
> $$e^A = E + A + \frac{1}{2!}A^2 + \frac{1}{3!}A^3 + \cdots = \sum_{k=0}^{\infty} \frac{A^k}{k!}$$
>
> と定義する．ここで，E は n 次単位行列を表す．

e^A を $\exp(A)$ と書くことも多い．上の定義を見ればわかるように，行列 A の指数関数 $\exp(A)$ は，行列 A のべき乗 A^k（を $k!$ で割ったもの）に関する無限和の形で与えられる．証明は省略するが，どんな n 次正方行列 A に対しても，この和は収束し $\exp(A)$ は n 次正方行列になる．$\exp(A)$ は次の性質をもつ．

> **命題 1.A.1** (1) $\exp(O) = E$．ここで，O は n 次零行列を表す．
> (2) $AB = BA$ ならば $\exp(A)\exp(B) = \exp(B)\exp(A) = \exp(A+B)$．
> (3) $\exp(A)$ は正則で，$(\exp(A))^{-1} = \exp(-A)$．

実数の場合と違って，行列の積については交換法則が成り立たない．それゆえ，命題 1.A.1(2) では $AB = BA$ を仮定しておく必要がある．この点を除けば，行列の指数関数についても，実数の場合と同様の演算規則が成り立つと考えてよい．

n 次正方行列 A に対して

$$e^{Ax} = \exp(Ax) = \sum_{k=0}^{\infty} \frac{(Ax)^k}{k!} = \sum_{k=0}^{\infty} \frac{A^k x^k}{k!}$$

を考える．このとき，次が成り立つ．

> **定理 1.A.1**
> $$\frac{d}{dx}\exp(Ax) = A\exp(Ax), \quad \exp(Ax)\Big|_{x=0} = \exp(O) = E$$

証明 形式的な計算ではあるが，

$$\frac{d}{dx}\exp(Ax) = \frac{d}{dx}\sum_{k=0}^{\infty}\frac{A^k x^k}{k!} = \sum_{k=0}^{\infty}\frac{A^k}{k!}\left(\frac{d}{dx}x^k\right) = \sum_{k=0}^{\infty}\frac{A^k k x^{k-1}}{k!}$$

$$= \sum_{k=1}^{\infty}\frac{A^k x^{k-1}}{(k-1)!} = A\sum_{k=1}^{\infty}\frac{A^{k-1}x^{k-1}}{(k-1)!} = A\sum_{k=0}^{\infty}\frac{A^k x^k}{k!}$$

$$= A\exp(Ax)$$

となることが確かめられる．また，第2式は明らかに成り立つ．■

$\exp(Ax)$ が行列であることに注意して，ベクトル $\boldsymbol{\xi}$ に対して

$$\boldsymbol{y}(x) = \exp(Ax)\boldsymbol{\xi} \tag{1}$$

とおくと，$\boldsymbol{y}(x)$ はベクトルである．このとき，定理 1.A.1 より

$$\frac{d}{dx}\boldsymbol{y}(x) = \frac{d}{dx}\exp(Ax)\boldsymbol{\xi} = A\exp(Ax)\boldsymbol{\xi} = A\boldsymbol{y}(x)$$

が成り立つ．したがって，$\boldsymbol{y}(x) = \exp(Ax)\boldsymbol{\xi}$ は連立微分方程式

$$\frac{d}{dx}\boldsymbol{y}(x) = A\boldsymbol{y}(x)$$

の解である．また，式 (1) において $x = x_0$ とおくと，$\boldsymbol{y}(x_0) = \exp(Ax_0)\boldsymbol{\xi}$ より $\boldsymbol{\xi} = (\exp(Ax_0))^{-1}\boldsymbol{y}(x_0) = \exp(-Ax_0)\boldsymbol{y}(x_0)$ であるから，

$$\boldsymbol{y}(x) = \exp(A(x-x_0))\boldsymbol{y}(x_0) \tag{2}$$

が成り立つ．

> **例題 1.A.1** 例題 1.7(a) の微分方程式を行列の指数関数を利用して解け．

[**解**] 与えられた微分方程式は，ベクトルと行列を用いて

$$\frac{d}{dx}\boldsymbol{y} = A\boldsymbol{y}, \quad \boldsymbol{y} = \begin{pmatrix} y_1 \\ y_2 \end{pmatrix}, \quad A = \begin{pmatrix} 2 & 1 \\ 3 & 4 \end{pmatrix}$$

のように書ける．例題 1.7(a) で計算したように，A の固有値は $\lambda_1 = 1$, $\lambda_2 = 5$ であり，対応する固有ベクトルは $\boldsymbol{v}_1 = (1, -1)$, $\boldsymbol{v}_2 = (1, 3)$ で与えられる．したがって，

$$P^{-1}AP = D, \quad P = \begin{pmatrix} 1 & 1 \\ -1 & 3 \end{pmatrix}, \quad D = \begin{pmatrix} 1 & 0 \\ 0 & 5 \end{pmatrix}$$

が成り立つ．変数変換 $\boldsymbol{y} = P\boldsymbol{u}$ を行うと，上の微分方程式は

$$\frac{d}{dx}\boldsymbol{u} = D\boldsymbol{u}, \quad \boldsymbol{u} = \begin{pmatrix} u_1 \\ u_2 \end{pmatrix}$$

と書ける．この解は，$\boldsymbol{u}(x) = \exp(Dx)\boldsymbol{\xi}$ となるので，$\exp(Dx)$ を計算すればよい．

$$\exp(Dx) = \sum_{k=0}^{\infty} \frac{(Dx)^k}{k!} = \sum_{k=0}^{\infty} \frac{1}{k!} \begin{pmatrix} x & 0 \\ 0 & 5x \end{pmatrix}^k = \sum_{k=0}^{\infty} \frac{1}{k!} \begin{pmatrix} x^k & 0 \\ 0 & (5x)^k \end{pmatrix}$$

$$= \begin{pmatrix} \sum_{k=0}^{\infty} \frac{x^k}{k!} & 0 \\ 0 & \sum_{k=0}^{\infty} \frac{(5x)^k}{k!} \end{pmatrix} = \begin{pmatrix} e^x & 0 \\ 0 & e^{5x} \end{pmatrix}$$

であるから，

$$\boldsymbol{u}(x) = \begin{pmatrix} C_1 e^x \\ C_2 e^{5x} \end{pmatrix}$$

となる．よって，求める解は

$$\boldsymbol{y}(x) = P\boldsymbol{u}(x) = C_1 e^x \begin{pmatrix} 1 \\ -1 \end{pmatrix} + C_2 e^{5x} \begin{pmatrix} 1 \\ 3 \end{pmatrix}. \quad \blacklozenge$$

このように，行列の指数関数を用いると，連立微分方程式

$$\frac{d}{dx}\boldsymbol{y}(x) = A\boldsymbol{y}(x)$$

の解は，式 (1) もしくは式 (2) で与えられることがわかる．これらは，上の例を見てもわかるように，具体的な問題を解くときに計算を楽にするような効果をもたらすものではない．行列の指数関数は，計算よりも理論的な考察において重要な役割を演じる．

問 1.A.1 次の行列 A に対して $\exp(A)$ を求めよ．

(1) $A = \begin{pmatrix} a & 0 \\ 0 & b \end{pmatrix}$ (2) $A = \begin{pmatrix} a & c \\ 0 & a \end{pmatrix}$ (3) $A = \begin{pmatrix} 2 & -1 \\ 1 & 4 \end{pmatrix}$

補遺 2　線形微分方程式の解空間

一般的な変数係数の線形連立微分方程式

$$\frac{d\boldsymbol{y}}{dx} = A(x)\boldsymbol{y}, \quad A(x) = \begin{pmatrix} a_{11}(x) & a_{12}(x) \\ a_{21}(x) & a_{22}(x) \end{pmatrix}, \quad \boldsymbol{y} = \begin{pmatrix} y_1 \\ y_2 \end{pmatrix} \quad (1)$$

について，解の全体が 2 次元のベクトル空間になることは次のようにして示される．

方程式 (1) の 2 つの解 $\boldsymbol{y}_1(x)$ と $\boldsymbol{y}_2(x)$ に対して

$$W(x) = \det(\boldsymbol{y}_1(x)\ \boldsymbol{y}_2(x)) = \det\begin{pmatrix} y_{11}(x) & y_{12}(x) \\ y_{21}(x) & y_{22}(x) \end{pmatrix}$$

とおく．$W(x)$ はロンスキアンとよばれる関数行列式である．このとき，

$$\frac{d}{dx}W(x) = \operatorname{tr}(A(x))W(x)$$

が成り立つ．実際，

$$\frac{d}{dx}W(x) = \frac{d}{dx}(y_{11}(x)y_{22}(x) - y_{12}(x)y_{21}(x))$$
$$= y_{11}'(x)y_{22}(x) + y_{11}(x)y_{22}'(x) - y_{12}'(x)y_{21}(x) - y_{12}(x)y_{21}'(x)$$

において，$d\boldsymbol{y}_1/dx = A(x)\boldsymbol{y}_1$, $d\boldsymbol{y}_2/dx = A(x)\boldsymbol{y}_2$ より

$$y_{11}'(x) = a_{11}(x)y_{11}(x) + a_{12}(x)y_{21}(x),$$
$$y_{21}'(x) = a_{21}(x)y_{11}(x) + a_{22}(x)y_{21}(x),$$
$$y_{12}'(x) = a_{11}(x)y_{12}(x) + a_{12}(x)y_{22}(x),$$
$$y_{22}'(x) = a_{21}(x)y_{12}(x) + a_{22}(x)y_{22}(x),$$

であるから，これらを代入して計算すれば

$$\frac{d}{dx}W(x) = (a_{11}(x) + a_{22}(x))(y_{11}(x)y_{22}(x) - y_{12}(x)y_{21}(x))$$
$$= \mathrm{tr}(A(x))W(x)$$

となる．これは，変数分離形の方程式であるから，容易に解けて

$$W(x) = W(x_0)\exp\left(\int_{x_0}^x \mathrm{tr}(A(t))dt\right)$$

を得る．ここで，$\exp(x)$ は指数関数 e^x を表す．

$\boldsymbol{y}_1^*(x)$ と $\boldsymbol{y}_2^*(x)$ はそれぞれ初期条件 $\boldsymbol{y}_1^*(x_0) = \boldsymbol{e}_1$ と $\boldsymbol{y}_2^*(x_0) = \boldsymbol{e}_2$ をみたす方程式 (1) の解とする．ただし，$\boldsymbol{e}_1 = (1,0)$, $\boldsymbol{e}_2 = (0,1)$ である．$W^*(x) = \det(\boldsymbol{y}_1^*(x)\ \boldsymbol{y}_2^*(x))$ とおくと，

$$W^*(x_0) = \det(\boldsymbol{y}_1^*(x_0)\ \boldsymbol{y}_2^*(x_0)) = \det(\boldsymbol{e}_1\ \boldsymbol{e}_2) = 1 \neq 0$$

である．したがって，

$$\exp\left(\int_{x_0}^x \mathrm{tr}(A(t))dt\right) \neq 0$$

より $W^*(x) \neq 0$ がすべての x について成り立つ．よって，$\boldsymbol{y}_1^*(x)$ と $\boldsymbol{y}_2^*(x)$ は線形独立である．また，方程式 (1) の任意の解 $\boldsymbol{y}(x)$ に対して，$\boldsymbol{y}(x_0) = \boldsymbol{y}_0 = (c_1, c_2)$ に対する c_1, c_2 を用いて $\tilde{\boldsymbol{y}}(x) = c_1\boldsymbol{y}_1^*(x) + c_2\boldsymbol{y}_2^*(x)$ とおくと，$\tilde{\boldsymbol{y}}(x)$ は方程式 (1) の解であり，

$$\tilde{\boldsymbol{y}}(x_0) = c_1\boldsymbol{y}_1^*(x_0) + c_2\boldsymbol{y}_2^*(x_0) = c_1\boldsymbol{e}_1 + c_2\boldsymbol{e}_2 = \boldsymbol{y}_0$$

となる．よって，$\tilde{\boldsymbol{y}}(x)$ は初期条件 $\tilde{\boldsymbol{y}}(x_0) = \boldsymbol{y}_0$ をみたす方程式 (1) の解である．ゆえに，$\boldsymbol{y}(x)$ と $\tilde{\boldsymbol{y}}(x)$ はともに同じ初期条件をみたす方程式 (1) の解である．一方，微分方程式の解の一意存在定理により，方程式 (1) の解で与えられた初期条件をみたすものはただ 1 つしか存在しない．よって，$\boldsymbol{y}(x)$ と $\tilde{\boldsymbol{y}}(x)$ は一致しなければならない．すなわち，$\boldsymbol{y}(x) \equiv c_1 \boldsymbol{y}_1^*(x) + c_2 \boldsymbol{y}_2^*(x)$ が成り立ち[*14]，方程式 (1) の任意の解 $\boldsymbol{y}(x)$ は $\boldsymbol{y}_1^*(x)$ と $\boldsymbol{y}_2^*(x)$ の線形結合で表されることがわかる．以上により，方程式 (1) の解全体は 2 次元のベクトル空間をなすことが示された．

同様に，2 階変数係数線形微分方程式

$$\frac{d^2 y}{dx^2} + a(x)\frac{dy}{dx} + b(x)y = 0 \tag{2}$$

の解全体は 2 次元のベクトル空間をなすことがわかる．実際，

$$y = y_1, \quad \frac{dy}{dx} = y_2$$

とおけば，上の方程式は，2 次元変数係数線形連立微分方程式

$$\frac{d}{dx}\begin{pmatrix} y_1 \\ y_2 \end{pmatrix} = \begin{pmatrix} 0 & 1 \\ -b(x) & -a(x) \end{pmatrix}\begin{pmatrix} y_1 \\ y_2 \end{pmatrix}$$

に書き直せるからである．また，$y_1(x)$ と $y_2(x)$ が方程式 (2) の 2 つの解であるとき

$$W(x) = \det\begin{pmatrix} y_1(x) & y_2(x) \\ y_1'(x) & y_2'(x) \end{pmatrix} \tag{3}$$

は**ロンスキアン**とよばれる関数行列式であり，解の線形独立性を調べるときに利用される．

✔ **注意 1.A.1** $\boldsymbol{y}_1^*(x_0) = \boldsymbol{e}_1$ と $\boldsymbol{y}_2^*(x_0) = \boldsymbol{e}_2$ をみたす方程式 (1) の解 $\boldsymbol{y}_1^*(x)$ と $\boldsymbol{y}_2^*(x)$ を並べてつくられる行列

$$S(x; x_0) = (\boldsymbol{y}_1^*(x) \ \boldsymbol{y}_2^*(x))$$

は方程式 (1) の**基本解行列**とよばれる．とくに，$A(x)$ が x によらない定数行列 A のときは，

[*14] $f(x) \equiv g(x)$ はすべての x について $f(x) = g(x)$ が成り立つことを意味する．

$$\boldsymbol{y}_1{}^*(x) = \exp(A(x-x_0))\boldsymbol{e}_1, \quad \boldsymbol{y}_2{}^*(x) = \exp(A(x-x_0))\boldsymbol{e}_2$$

であり，$S(x;x_0) = \exp(A(x-x_0))$ となる．実際，

$$S(x;x_0) = (\boldsymbol{y}_1{}^*(x)\ \boldsymbol{y}_2{}^*(x)) = (\exp(A(x-x_0))\boldsymbol{e}_1\ \exp(A(x-x_0))\boldsymbol{e}_2)$$
$$= \exp(A(x-x_0))(\boldsymbol{e}_1\ \boldsymbol{e}_2) = \exp(A(x-x_0))E = \exp(A(x-x_0))$$

である．基本解行列を用いると，初期条件 $\boldsymbol{y}(x_0) = \boldsymbol{y}_0$ をみたす方程式 (1) の解は

$$\boldsymbol{y}(x) = S(x;x_0)\boldsymbol{y}_0$$

で表される．また，基本解行列は次の性質をみたす．

$$S(x_0;x_0) = E, \quad S(x_2;x_1)S(x_1;x_0) = S(x_2;x_0)$$

✓ **注意 1.A.2** 変数係数の非同次線形連立微分方程式

$$\frac{d\boldsymbol{y}}{dx} = A(x)\boldsymbol{y} + \boldsymbol{f}(x)$$

に対しても，定理 1.4 と同様の主張が成り立つ．また，変数係数の非同次 2 階線形微分方程式

$$\frac{d^2y}{dx^2} + a(x)\frac{dy}{dx} + b(x)y = f(x) \tag{4}$$

に対しても定理 1.5 と同様の主張が成り立つ．

問 1.A.2 同次 2 階線形微分方程式 (2) の線形独立な 2 つの解を $y_1(x), y_2(x)$ とするとき，非同次 2 階線形微分方程式 (4) の解の 1 つは

$$y(x) = y_1(x)\int \frac{-y_2(x)f(x)}{W(x)}dx + y_2(x)\int \frac{y_1(x)f(x)}{W(x)}dx$$

で与えられることを確かめよ．ここで，$W(x)$ はロンスキアンであり，式 (3) で定義される．また，この公式を用いて，問 1.11 の微分方程式を解け（定数係数の場合であっても適用できる）．

補遺 3　積分可能な 1 階微分方程式

微分方程式の解法はパターン化されている．ここでは，変数分離形以外の 1 階微分方程式で積分可能な例（手計算で解が具体的に求められる）として，完全微分方程式とクレーロー型微分方程式について述べる．

補遺 3.1　完全微分方程式

$P(x,y), Q(x,y)$ は $\boldsymbol{R}^2$ 上の滑らかな関数とする．$\dfrac{dy}{dx} = -\dfrac{P(x,y)}{Q(x,y)}$，すなわち

$$P(x,y)dx + Q(x,y)dy = 0 \tag{1}$$

を考える．このとき，

$$\frac{\partial U}{\partial x} = P(x,y), \qquad \frac{\partial U}{\partial y} = Q(x,y) \tag{2}$$

をみたす関数 $U = U(x,y)$ が存在すれば，微分方程式 (1) の一般解は $U(x,y) = C$ (C は任意定数) で与えられる．実際，例えば，$U(x,y) = C$ を y について解いて $y = y(x)$ を得ることができたとすると，$U(x,y(x)) = C$ である．この両辺を x で微分すると

$$\frac{\partial U}{\partial x} + \frac{\partial U}{\partial y} \cdot \frac{dy}{dx} = 0 \quad \therefore \quad \frac{dy}{dx} = -\frac{\partial U/\partial x}{\partial U/\partial y} = -\frac{P(x,y)}{Q(x,y)}$$

となる．上のような一般解をもつ微分方程式を**完全微分方程式**という．式 (2) をみたす $U(x,y)$ が存在すれば，

$$\frac{\partial P}{\partial y} = \frac{\partial}{\partial y}\left(\frac{\partial U}{\partial x}\right) = \frac{\partial^2 U}{\partial x \partial y} = \frac{\partial}{\partial x}\left(\frac{\partial U}{\partial y}\right) = \frac{\partial Q}{\partial x}$$

が成り立つから，

$$\frac{\partial P}{\partial y}(x,y) = \frac{\partial Q}{\partial x}(x,y) \tag{3}$$

でなければならない．これは，式 (1) が完全微分方程式であるための必要条件である．逆に，条件 (3) が成り立つとき，式 (1) は完全微分方程式になる．実際，$\boldsymbol{R}^2$ 上の任意の点 (a,b) に対して

$$U(x,y) = \int_a^x P(s,y)ds + \int_b^y Q(a,s)ds \tag{4}$$

とおくと，$\partial U/\partial x = P(x,y)$ を得る．また，条件 (3) より

$$\frac{\partial U}{\partial y} = \frac{\partial}{\partial y}\int_a^x P(s,y)ds + Q(a,y) = \int_a^x \frac{\partial P}{\partial y}(s,y)ds + Q(a,y)$$

$$= \int_a^x \frac{\partial Q}{\partial s}(s,y)ds + Q(a,y) = Q(x,y) - Q(a,y) + Q(a,y)$$

$$= Q(x,y)$$

であることがわかる.

例題 1.A.2 微分方程式 $\dfrac{dy}{dx} = -\dfrac{x - 2xy^2}{2y^3 - 2x^2y}$ を解け.

[解] $P(x, y) = x - 2xy^2$, $Q(x, y) = 2y^3 - 2x^2y$ とおくと，与えられた方程式は $P(x, y)dx + Q(x, y)dy = 0$ と書ける. $\partial P/\partial y = \partial Q/\partial x = -4xy$ であるから，これは完全微分方程式である. よって，式 (4) において $a = b = 0$ とすると

$$U(x, y) = \int_0^x (s - 2sy^2)ds + \int_0^y 2s^3 ds = \frac{x^2}{2} - x^2y^2 + \frac{y^4}{2}$$

となるから，$x^2 - 2x^2y^2 + y^4 = C$ が一般解である. ◆

問 1.A.3 微分方程式 $\dfrac{dy}{dx} = -\dfrac{2x + y}{x + 3y^2}$ を解け.

方程式 (1) が完全微分形でなくても，適当な関数 $\lambda(x, y)$ を掛けた

$$\lambda(x, y)P(x, y)dx + \lambda(x, y)Q(x, y)dy = 0$$

が完全微分形になることがある. このような $\lambda(x, y)$ を**積分因子**という. 一般には，積分因子を見つけることは難しいが，特殊な場合には可能となる.

命題 1.A.2 $(\partial P/\partial y - \partial Q/\partial x)/Q$ が x だけの関数ならば，

$$\lambda(x) = \exp\left(\int \frac{\partial P/\partial y - \partial Q/\partial x}{Q} dx\right)$$

は方程式 (1) の積分因子である. また，$(\partial P/\partial y - \partial Q/\partial x)/P$ が y だけの関数ならば，

$$\lambda(y) = \exp\left(-\int \frac{\partial P/\partial y - \partial Q/\partial x}{P} dy\right)$$

は方程式 (1) の積分因子である. ここで，$\exp(x)$ は指数関数 e^x を表す.

問 1.A.4 命題 1.A.2 を示せ（例えば，$\lambda(x)$ が積分因子であることは，$\dfrac{\partial}{\partial y}(\lambda(x)P(x, y)) = \dfrac{\partial}{\partial x}(\lambda(x)Q(x, y))$ を確かめればよい）.

例題 1.A.3 微分方程式 $\dfrac{dy}{dx} = \dfrac{2xy}{x^2 - y^2}$ を解け.

[解] 与えられた方程式は $2xy dx + (y^2 - x^2)dy = 0$ と書ける. $P = 2xy$, $Q = y^2 - x^2$ とおくと, $(\partial P/\partial y - \partial Q/\partial x)/P = 2/y$ である. よって,

$$\lambda(y) = \exp\left(-2\int \frac{dy}{y}\right) = \frac{1}{y^2}$$

は積分因子であり,

$$\frac{2x}{y}dx + \left(1 - \frac{x^2}{y^2}\right)dy = 0$$

は完全微分形である. これを例題 1.A.2 と同様に解いて一般解 $x^2 + y^2 = Cy$ を得る. ◆

問 1.A.5 微分方程式 $\dfrac{dy}{dx} = -\dfrac{xy^2 - y^3}{1 - xy^2}$ を解け.

補遺 3.2 クレーロー型微分方程式

次の形の微分方程式は**クレーロー型微分方程式**とよばれている.

$$y = xy' + f(y') \tag{1}$$

$y' = p$ とおくと, 上式は

$$y = xp + f(p) \tag{2}$$

となる. したがって, この両辺を x で微分すると, $y' = p + xp' + f'(p)p'$ より $p = p + xp' + f'(p)p'$ であるから

$$p'(x + f'(p)) = 0$$

を得る. よって, $p' = 0$ のとき $p = C$ (C は任意定数) であり, 式 (2) より

$$y = Cx + f(C)$$

を得る. 上式は, 任意定数を含んでおり, 微分方程式 (1) の一般解である. 一方, $x + f'(p) = 0$ のとき, 式 (2) より

$$x = -f'(p), \quad y = -pf'(p) + f(p)$$

を得る．上式は，任意定数を含んでおらず，微分方程式 (1) の**特異解**とよばれている．これは p をパラメータとする曲線であり，一般解を与える直線群 $y = Cx + f(C)$ の包絡線（注意 1.A.3）になっている．

> **例題 1.A.4** 微分方程式 $y = xy' - 2(y')^2$ を解け．

[解] $y' = p$ とおくと $y = xp - 2p^2$ である．この両辺を x で微分すると $(x - 4p)p' = 0$ となる．これより，$x - 4p = 0$ または $p' = 0$ である．$p' = 0$ のとき，$p = C$（C は任意定数）であり，一般解

$$y = Cx - 2C^2$$

を得る．一方，$x - 4p = 0$ のとき，$x = 4p$ と $y = xp - 2p^2$ より p を消去して，特異解 $y = x^2/8$ を得る．◆

問 1.A.6 微分方程式 $y = xy' + \sqrt{1 + (y')^2}$ を解け．

1 階微分方程式 $F(x, y, y') = 0$ は y' について解いた形 $y' = f(x, y)$ に変形できるとき，正規形であるといい，そうでないとき非正規形であるという．クレーロー型微分方程式は，非正規形の微分方程式であり，初期値問題の解の一意性が成立しない微分方程式の例としてよく知られている．実際，上の例題において，初期条件 $y(4) = 2$ をみたす解としては，$y = x^2/8$ 以外にも次のようなものがある．

$$y = \begin{cases} x - 2 & (x \leq 4) \\ \dfrac{1}{8}x^2 & (x \geq 4) \end{cases}$$

✓ **注意 1.A.3** パラメータを含む方程式 $F(x, y, \alpha) = 0$ は，α を固定すると xy 平面上の 1 つの曲線 C_α を表す．α を連続的に変化させると，C_α は連続的に動いて 1 つの曲線族 $\{C_\alpha\}$ をつくる．これに対して，1 つの曲線 C があって，C が各 C_α と接

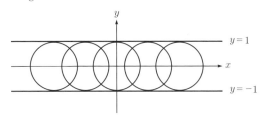

図 1.4 $(x - \alpha)^2 + y^2 = 1$ の包絡線

し，しかも C の各点はある α に対して C_α と C の接点になっているとき，C は曲線族 $\{C_\alpha\}$ の**包絡線**であるという．例えば，$(x-\alpha)^2+y^2-1=0$ で定義される円の族の包絡線は 2 直線 $y=1$ と $y=-1$ である（図 1.4）．C が $F(x,y,\alpha)=0$ で定義される曲線族 $\{C_\alpha\}$ の包絡線であるとき，2 つの曲線 C と C_α の接点を $(x(\alpha),y(\alpha))$ とする．曲線 C はパラメータ α によって表されているから，C 上の点 $(x(\alpha),y(\alpha))$ における接線の傾きは

$$\frac{dy}{dx}=\frac{dy/d\alpha}{dx/d\alpha}=\frac{y'(\alpha)}{x'(\alpha)}$$

である．一方，曲線 C_α は $F(x,y,\alpha)=0$ によって定義されているから，C_α 上の点 $(x(\alpha),y(\alpha))$ における接線の傾きは，$F(x,y,\alpha)=0$ の両辺を x で微分して

$$F_x(x,y,\alpha)+F_y(x,y,\alpha)\cdot\frac{dy}{dx}=0$$

より

$$\frac{dy}{dx}=-\frac{F_x(x(\alpha),y(\alpha),\alpha)}{F_y(x(\alpha),y(\alpha),\alpha)}$$

である．上の 2 つの接線の傾きは一致するから，

$$F_x(x(\alpha),y(\alpha),\alpha)x'(\alpha)+F_y(x(\alpha),y(\alpha),\alpha)y'(\alpha)=0$$

が成り立つ．また，$F(x(\alpha),y(\alpha),\alpha)=0$ の両辺を α で微分すれば，

$$F_x(x(\alpha),y(\alpha),\alpha)x'(\alpha)+F_y(x(\alpha),y(\alpha),\alpha)y'(\alpha)+F_\alpha(x(\alpha),y(\alpha),\alpha)=0$$

となる．したがって，$F_\alpha(x(\alpha),y(\alpha),\alpha)=0$ が成り立つ．よって，$F(x,y,\alpha)=0$ で定義される曲線族 $\{C_\alpha\}$ の包絡線は連立方程式

$$F(x,y,\alpha)=0,\quad F_\alpha(x,y,\alpha)=0$$

の解 $(x,y)=(x(\alpha),y(\alpha))$ で表される．例えば，$F(x,y,\alpha)=(x-\alpha)^2+y^2-1$ のとき，$F_\alpha(x,y,\alpha)=-2(x-\alpha)$ であるから，$F(x,y,\alpha)=F_\alpha(x,y,\alpha)=0$ より $x-\alpha=0,\ (x-\alpha)^2+y^2-1=0$ となる．これより，$y=\pm 1$ を得る．よって，$y=\pm 1$ は円の族 $(x-\alpha)^2+y^2=1$ の包絡線である．

問 1.A.7 曲線族 $y=Cx-2C^2$ の包絡線が $y=x^2/8$ であることを確かめよ．

Chapter 2 ベクトル解析

本章では,電磁気学や流体力学の基礎となるベクトル解析の基本事項を解説する.以下では,取り扱う関数は十分滑らかであると仮定する.また,ベクトルは太文字で表し,本来は成分表示を縦書きにする場合であっても,紙面の制約上,横書きにする.

1 曲線と曲面

1.1 曲 線

2次元平面上の曲線は,適当なパラメータ t を用いて $\bm{r}(t) = (x(t), y(t))$ の形で表される.例えば,点 (a, b) を中心とする半径 c の円は

$$\bm{r}(t) = (x(t), y(t)) = (a + c\cos t, b + c\sin t)$$

で与えられる.曲線は平面上を動いている点の描く軌跡であると見ることもできる.パラメータ t が時刻を表していると考えれば,$\bm{r}(t) = (x(t), y(t))$ は時刻 t における点の位置ベクトルを表す.時間が経つにつれて t の値は増加し,点の位置は変化して平面上に図 2.1 のような曲線を描く.

曲線 $C : \bm{r}(t) = (x(t), y(t))$ に対して,

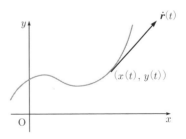

図 2.1　xy 平面上の曲線

$$\dot{\bm{r}}(t) := \frac{d\bm{r}}{dt} = \left(\frac{dx(t)}{dt}, \frac{dy(t)}{dt}\right)$$

を曲線 C の**接ベクトル**という．$\dot{\bm{r}}(t)$ は曲線 C 上の点 $\bm{r}(t)$ において，曲線 C に接するベクトルである．パラメータ t が時刻を表していると考えている場合，$\dot{\bm{r}}(t)$ は平面上を運動する点の時刻 t における速度ベクトルである．以下では，曲線の接ベクトルは零ベクトルではないと仮定する．

同様に，3 次元空間内の曲線は，$\bm{r}(t) = (x(t), y(t), z(t))$ の形で表される．また，その接ベクトルは

$$\dot{\bm{r}}(t) := \frac{d\bm{r}}{dt} = \left(\frac{dx(t)}{dt}, \frac{dy(t)}{dt}, \frac{dz(t)}{dt}\right) \neq \bm{0}$$

で与えられる．

✓ **注意 2.1** 平面上の曲線は関数のグラフを用いて $y = f(x)$ の形で表されることも多い．これは，$\bm{r}(t) = (t, f(t))$ の形でパラメータ表示された曲線と見ることができる．

1.2 曲　面

3 次元空間内の曲面は，2 つの適当なパラメータ u, v を用いて $\bm{r}(u, v) = (x(u, v), y(u, v), z(u, v))$ の形で表される（図 2.2）．例えば，原点を中心とする半径 a の球面は

$$\bm{r}(u, v) = (x(u, v), y(u, v), z(u, v)) = (a\sin u \cos v, a\sin u \sin v, a\cos u)$$

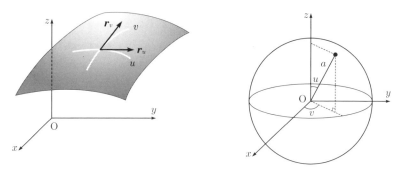

図 2.2 xyz 空間内の曲面表示と球面

で与えられる．縦糸と横糸の2つの糸で織物がつくられるように，曲面を描くためには2つの独立なパラメータが必要であることに注意しよう．

$$\boldsymbol{r}_u(u,v) := \frac{\partial \boldsymbol{r}}{\partial u} = (x_u(u,v), y_u(u,v), z_u(u,v)) \neq \boldsymbol{0}$$

$$\boldsymbol{r}_v(u,v) := \frac{\partial \boldsymbol{r}}{\partial v} = (x_v(u,v), y_v(u,v), z_v(u,v)) \neq \boldsymbol{0}$$

は曲面の**接ベクトル**である．以下では，曲面の2つの接ベクトルは線形独立であると仮定する．また，

$$\boldsymbol{r}_u(u,v) \times \boldsymbol{r}_v(u,v) = \frac{\partial \boldsymbol{r}}{\partial u} \times \frac{\partial \boldsymbol{r}}{\partial v}$$

は曲面の**法線ベクトル**である．実際，$\boldsymbol{r}_u \times \boldsymbol{r}_v$ は $\boldsymbol{r}_u$ と $\boldsymbol{r}_v$ の両方に直交する（付録1）．

✓ **注意 2.2** 空間内の曲面は2変数関数のグラフを用いて $z = f(x,y)$ の形で表されることも多い．これは，$\boldsymbol{r}(u,v) = (u, v, f(u,v))$ の形でパラメータ表示された曲面と見ることができる．

問 2.1 $0 < a < b$ とする．$\boldsymbol{r}(u,v) = ((b + a\cos u)\cos v, (b + a\cos u)\sin v, a\sin u)$ で表される曲面 S を考える．
(1) 曲面 S の xy 平面による断面と xz 平面による断面はどのような図形であるか．
(2) 曲面 S はどのような図形であるか．

2　スカラー場とベクトル場

3次元空間内の領域 Ω を考える．Ω 上の各点 (x,y,z) に対して，1つのスカラー（実数）値が対応しているとする．すなわち，Ω 上で実数値関数 φ が定義されているとする．

$$\Omega \ni (x,y,z) \longmapsto \varphi(x,y,z) \in \boldsymbol{R}$$

このとき，Ω 上に**スカラー場** φ が定義されているという．また，φ の値が一定値 c となる点の集合，すなわち

$$S = \{(x,y,z) \mid \varphi(x,y,z) = c\}$$

で定義される曲面 S をスカラー場 φ の**等位面**という．

例えば，大気中の各点で温度を計測し，その値を各点ごとに記入したものは，大気 ($\Omega = \boldsymbol{R}^3$) 上の温度分布を表すスカラー場である．すなわち，Ω 上の点 (x, y, z) における温度を $u(x, y, z)$ とすると，

$$\Omega \ni (x, y, z) \longmapsto u(x, y, z) \in \boldsymbol{R}$$

は Ω 上の温度場である．また，温度が一定の値 c となる部分，すなわち

$$S = \{(x, y, z) \mid u(x, y, z) = c\}$$

で定義される曲面 S が等温面である（図 2.3(a)）．

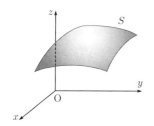
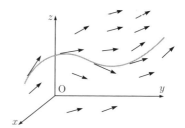

(a) 等温面 S　　　　　　(b) ベクトル場と流線

図 2.3

Ω 上の各点 (x, y, z) に対して，1つのベクトル値が対応しているとする．すなわち，Ω 上でベクトル値関数（3つの実数値関数の組）が定義されているとする．

$$\Omega \ni (x, y, z) \longmapsto \boldsymbol{V}(x, y, z) = (f(x, y, z), g(x, y, z), h(x, y, z)) \in \boldsymbol{R}^3$$

このとき，Ω 上に**ベクトル場** $\boldsymbol{V}$ が定義されているという．

例えば，大気中の各点で風速を計測し，その大きさと向きを各点ごとに記入したものは，大気 ($\Omega = \boldsymbol{R}^3$) 上の風速分布を表すベクトル場である．すなわち，Ω 上の点 (x, y, z) における風速ベクトルを $\boldsymbol{v}(x, y, z)$ とすると，

$$\Omega \ni (x, y, z) \longmapsto \boldsymbol{v}(x, y, z) \in \boldsymbol{R}^3$$

は Ω 上の風速場である．図 2.3(b) で示されているように，風の流れは風速場によって表すことができる．

◨ **発展 2.1** 3 次元空間内の領域 Ω 上にベクトル場

$$\boldsymbol{V}(x,y,z) = (f(x,y,z), g(x,y,z), h(x,y,z))$$

が与えられているとする．このとき，Ω 上で定義される微分方程式

$$\frac{d\boldsymbol{r}}{dt} = \boldsymbol{V}(\boldsymbol{r}), \quad \boldsymbol{r} = (x,y,z) \in \Omega$$

すなわち，

$$\frac{dx}{dt} = f(x,y,z), \quad \frac{dy}{dt} = g(x,y,z), \quad \frac{dz}{dt} = h(x,y,z)$$

の解で与えられる Ω 上の曲線をベクトル場 $\boldsymbol{V}$ の **流線** という．例えば，大気 ($\Omega = \boldsymbol{R}^3$) 上の風速分布を表すベクトル場を $\boldsymbol{v}$ とするとき，微分方程式

$$\frac{d\boldsymbol{r}}{dt} = \boldsymbol{v}(\boldsymbol{r}), \quad \boldsymbol{r} = (x,y,z) \in \Omega$$

の解で定義される Ω 上の曲線 $\boldsymbol{r} = \boldsymbol{r}(t)$ は風速場 $\boldsymbol{v}$ の流線である．これは，大気中の風の流れに沿って，粒子（質点）が流されていくときの軌跡を表す[*1]．

✔ **注意 2.3** 2 次元平面上の領域 Ω に対しても，Ω 上のスカラー場とベクトル場を考えることができる．Ω 上で定義された実数値関数 $\varphi = \varphi(x,y)$ は Ω 上のスカラー場であり，Ω 上で定義されたベクトル値関数 $\boldsymbol{V} = (f(x,y), g(x,y))$ は Ω 上のベクトル場である．

✔ **注意 2.4** 大気中の温度や風速は，時間が経つにつれて変化するものである．よって，大気中の温度場 u や風速場 $\boldsymbol{v}$ は位置 $\boldsymbol{r}$ だけの関数ではなく，位置 $\boldsymbol{r}$ と時刻 t の関数と考えるのが自然だろう．すなわち，$u = u(x,y,z,t)$，$\boldsymbol{v} = \boldsymbol{v}(x,y,z,t)$ である．ここでは，温度や風速が定常状態，すなわち，時間とともに変化しない状態である場合を想定した．

一般に，空気や水のような物質は流体とよばれており，その運動はスカラー場（密度，圧力[*2]，温度）とベクトル場（速度）を用いて記述される．ベクトル解析に現れる様々な命題や定理の意味は，流体の運動（流れ）をイメージして考えると理解しやすいだろう．

[*1] 大気中の煙の流れを想像してみるとよいだろう．また，第 1 章の第 7 節を参照せよ．
[*2] 圧力勾配を定義する実数値関数である．詳しくは流体力学の本を参照せよ．

3　方向微分と勾配

関数 $f(x,y)$ の点 (a,b) における x に関する偏微分係数 $f_x(a,b)$ は

$$f_x(a,b) = \lim_{h \to 0} \frac{f(a+h,b) - f(a,b)}{h}$$

で定義された．これは次のように考えることもできる．xy 平面上の点 (a,b) を通り，単位ベクトル $\bm{e}_1 = (1,0)$ を方向ベクトルにもつ直線

$$(x,y) = (a,b) + t(1,0) = (a+t,b) \quad (t \text{ はパラメータ})$$

を考える．この式を $f(x,y)$ に代入して得られる 1 変数関数 $F(t) = f(a+t,b)$ は，点 (a,b) を通り x 軸に平行な直線上で，関数 $f(x,y)$ がとりうる値を表す．よって，$F(t) = f(a+t,b)$ の $t = 0$ における微分係数は，関数 $f(x,y)$ の点 (a,b) における x 方向の変化率を表し，$f_x(a,b)$ に等しい．実際，

$$F'(0) = \lim_{h \to 0} \frac{F(h) - F(0)}{h} = \lim_{h \to 0} \frac{f(a+h,b) - f(a,b)}{h} = f_x(a,b)$$

である．関数 $f(x,y)$ の点 (a,b) における x に関する偏微分係数，すなわち，x 方向の変化率 $f_x(a,b)$ はこのようにして求められる．

上で述べた考え方を次のように少し拡張してみよう．xy 平面上の点 (a,b) を通り，単位ベクトル $\bm{n} = (k,m)$ を方向ベクトルにもつ直線

$$\ell : (x,y) = (a,b) + t(k,m) = (a+kt, b+mt) \quad (t \text{ はパラメータ})$$

を考える．ただし，$k^2 + m^2 = 1$ である．この式を $f(x,y)$ に代入して得られる 1 変数関数 $F(t) = f(a+kt, b+mt)$ は，直線 ℓ 上で関数 $f(x,y)$ がとりうる値を表す．関数 $F(t)$ の $t = 0$ における微分係数は，合成関数の微分法により

$$F'(0) = \frac{\partial f}{\partial x}(a,b)\frac{dx}{dt}(0) + \frac{\partial f}{\partial y}(a,b)\frac{dy}{dt}(0) = f_x(a,b)k + f_y(a,b)m$$

となる．図 2.4 を見ればわかるように，$F'(0)$ は関数 $f(x,y)$ の点 (a,b) における $\bm{n}$ 方向の変化率と考えられる．これを $f(x,y)$ の点 (a,b) における **$\bm{n}$ 方向微分**（係数）といい，

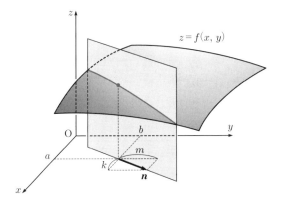

図 2.4 方向微分

$$\frac{\partial f}{\partial \boldsymbol{n}}(a,b)$$

で表す．関数 $f(x,y)$ の点 (a,b) における x および y に関する偏微分係数は，それぞれ $\boldsymbol{e}_1 = (1,0)$ および $\boldsymbol{e}_2 = (0,1)$ 方向微分係数である．したがって，関数 $f(x,y)$ の点 (a,b) における $\boldsymbol{n} = (k,m)$ 方向微分係数の値は

$$\frac{\partial f}{\partial \boldsymbol{n}}(a,b) = f_x(a,b)k + f_y(a,b)m$$

で与えられ，$\boldsymbol{n}$ の選び方によって様々な値をとりうる．この値を最大にする $\boldsymbol{n}$ はベクトル $\boldsymbol{v} = (f_x(a,b), f_y(a,b))$ と同じ向きの単位ベクトルである．実際，$\boldsymbol{v} \neq \boldsymbol{0}$ のとき，

$$\frac{\partial f}{\partial \boldsymbol{n}}(a,b) = f_x(a,b)k + f_y(a,b)m = \boldsymbol{v} \cdot \boldsymbol{n}$$

の値は $\boldsymbol{n}$ と $\boldsymbol{v}$ が同じ向き，すなわち，$\boldsymbol{n} = \boldsymbol{v}/|\boldsymbol{v}|$ のとき最大値

$$\boldsymbol{v} \cdot \boldsymbol{n} = \frac{\boldsymbol{v} \cdot \boldsymbol{v}}{|\boldsymbol{v}|} = |\boldsymbol{v}| > 0$$

をとる[*3]．よって，関数 $f(x,y)$ に対して，ベクトル値関数

[*3] 一般に，ベクトルの内積について $\boldsymbol{a} \cdot \boldsymbol{b} \leq |\boldsymbol{a}||\boldsymbol{b}|$（ただし，等号成立は $\boldsymbol{a}$ と $\boldsymbol{b}$ が同じ向きのとき）が成り立つことに注意せよ．

$$\nabla f(x,y) = \left(\frac{\partial f}{\partial x}(x,y), \frac{\partial f}{\partial y}(x,y) \right)$$

を定義すれば

$$\frac{\partial f}{\partial \boldsymbol{n}}(a,b) = \nabla f(a,b) \cdot \boldsymbol{n} \tag{1}$$

であり，この値は（$\boldsymbol{n} = \nabla f(a,b)/|\nabla f(a,b)|$ のとき）最大値 $|\nabla f(a,b)| \geq 0$ をとる[*4]．

定義 2.1 2 次元領域上のスカラー場 $\varphi = \varphi(x,y)$ に対して，

$$\mathrm{grad}\,\varphi = \nabla \varphi = \left(\frac{\partial \varphi}{\partial x}, \frac{\partial \varphi}{\partial y} \right)$$

で定義されるベクトル場を φ の**勾配** (gradient) という．

∇ は微分演算子

$$\nabla = \left(\frac{\partial}{\partial x}, \frac{\partial}{\partial y} \right)$$

を表す記号で「ナブラ」と読む．点 (a,b) における φ の勾配の向きは，関数 φ の点 (a,b) における $\boldsymbol{n}$ 方向微分（係数）が

$$\frac{\partial \varphi}{\partial \boldsymbol{n}}(a,b) = \nabla \varphi(a,b) \cdot \boldsymbol{n}$$

で与えられることを考慮すると，関数 φ の値が最も大きく増加（上昇）する向きである．

✔ **注意 2.5** 例えば，関数 $\varphi(x,y)$ が地図上の点 (x,y) における標高を表すとき，雨水は $-\nabla \varphi$ の向きに沿って流れる．勾配に負の符号をつけることにより，標高 φ の値が最も大きく減少（下降）する向きを示すことができる．

例題 2.1 $\boldsymbol{R}^2$ 上のスカラー場 $\varphi = x^2 + xy - y^2$ の勾配を求めよ．また，関数 $\varphi(x,y)$ の点 $(1,2)$ における $\boldsymbol{n} = \dfrac{1}{\sqrt{2}}(1,-1)$ 方向微分を求めよ．

［解］ $\mathrm{grad}\,\varphi = \nabla \varphi = (\varphi_x, \varphi_y) = (2x+y, x-2y)$ である．また，

$$\nabla \varphi(1,2) = (2 \cdot 1 + 2, 1 - 2 \cdot 2) = (4, -3)$$

[*4] $\nabla f(a,b) = \boldsymbol{0}$ のときは，任意の $\boldsymbol{n}$ に対して $\dfrac{\partial f}{\partial \boldsymbol{n}}(a,b) = 0$ となる．

であるから，
$$\frac{\partial \varphi}{\partial \boldsymbol{n}}(1,2) = \nabla \varphi(1,2) \cdot \boldsymbol{n} = 4 \cdot \frac{1}{\sqrt{2}} - 3 \cdot \left(-\frac{1}{\sqrt{2}}\right) = \frac{7}{\sqrt{2}}.$$

3変数関数の場合も，2変数関数の場合と同様に扱うことができる．

> **定義 2.2** 3次元領域内のスカラー場 $\varphi = \varphi(x,y,z)$ に対して，
> $$\operatorname{grad} \varphi = \nabla \varphi = \left(\frac{\partial \varphi}{\partial x}, \frac{\partial \varphi}{\partial y}, \frac{\partial \varphi}{\partial z}\right), \quad \nabla = \left(\frac{\partial}{\partial x}, \frac{\partial}{\partial y}, \frac{\partial}{\partial z}\right)$$
> で定義されるベクトル場を φ の**勾配** (gradient) という．

関数 $\varphi(x,y,z)$ の点 (a,b,c) における $\boldsymbol{n}$ 方向微分（係数）も同様に定義され，
$$\frac{\partial \varphi}{\partial \boldsymbol{n}}(a,b,c) = \nabla \varphi(a,b,c) \cdot \boldsymbol{n}$$
が成り立つ．

問 2.2 $\boldsymbol{R}^3$ 上のスカラー場 $\varphi = x^2 - 2y + xz$ の勾配を求めよ．また，関数 $\varphi(x,y,z)$ の点 $(1,-1,2)$ における $\boldsymbol{n} = \dfrac{1}{\sqrt{3}}(1,1,1)$ 方向微分を求めよ．

問 2.3 $\boldsymbol{r} = (x,y,z)$ とするとき，次の式が成り立つことを示せ．
$$\nabla\left(\frac{1}{|\boldsymbol{r}|^n}\right) = -\frac{n}{|\boldsymbol{r}|^{n+1}} \cdot \frac{\boldsymbol{r}}{|\boldsymbol{r}|}, \quad |\boldsymbol{r}| = \sqrt{x^2+y^2+z^2}$$

> **例題 2.2** 2次元領域上のスカラー場
> $$\varphi = \varphi(x,y)$$
> に対して，
> $$C = \{(x,y) \mid \varphi(x,y) = c\}$$
> で定義される曲線 C をスカラー場 φ の**等高線**という．ベクトル場 $\nabla \varphi$ は φ のすべての等高線に対して直交することを示せ（図 2.5）．

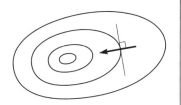

図 2.5 等高線と勾配

[解] φ の任意の等高線 C をとる．等高線は曲線であるから，適当なパラメータ t を用いて $C: \boldsymbol{r}(t) = (x(t), y(t))$ $(a \leq t \leq b)$ と表せる．このとき，

$$\varphi(\boldsymbol{r}(t)) = \varphi(x(t), y(t)) = c$$

が成り立つ．この両辺を t で微分すると

$$\frac{\partial \varphi}{\partial x}\frac{dx}{dt} + \frac{\partial \varphi}{\partial y}\frac{dy}{dt} = 0$$

すなわち

$$\nabla \varphi \cdot \frac{d\boldsymbol{r}}{dt} = 0, \quad \nabla \varphi = \left(\frac{\partial \varphi}{\partial x}, \frac{\partial \varphi}{\partial y}\right), \quad \frac{d\boldsymbol{r}}{dt} = \left(\frac{dx}{dt}, \frac{dy}{dt}\right)$$

を得る．$d\boldsymbol{r}/dt$ は曲線 C の接ベクトルであるから，この式は $\nabla \varphi$ と等高線 C が直交することを示している．◆

問 2.4 3次元領域内のスカラー場 $\varphi = \varphi(x, y, z)$ に対して，$\nabla \varphi$ と φ の等高面 $S = \{(x, y, z) \mid \varphi(x, y, z) = c\}$ は直交することを示せ．

4 発散と回転

図 2.6 は，平面上のベクトル場によって表される流れの 3 つの例を与えている．図 2.6(a) は $\boldsymbol{A} = (1, 0)$ による流れであり，x 軸の正の方向への一様な流れである．一方，図 2.6(b) は $\boldsymbol{A} = (x, y)$ による流れであり，原点から外側へ向かって湧き出すような流れのように見える．図 2.6(c) は $\boldsymbol{A} = (-x, -y)$ による流れであり，外側から原点へ向かって吸い込まれるような流れのように見える．これらの図で示されているような湧き出しや吸い込みという流れの特徴を表すことを考えよう．

定義 2.3 2次元領域上のベクトル場 $\boldsymbol{V}(x, y) = (f(x, y), g(x, y))$ に対して，

$$\mathrm{div}\boldsymbol{V} = \nabla \cdot \boldsymbol{V} = \frac{\partial f}{\partial x} + \frac{\partial g}{\partial y}$$

で定義されるスカラー場を $\boldsymbol{V}$ の**発散**（divergence）という．

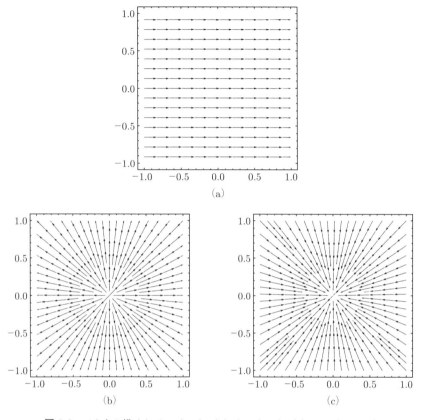

図 **2.6** ベクトル場 (a) $\boldsymbol{A}=(1,0)$, (b) $\boldsymbol{A}=(x,y)$, (c) $\boldsymbol{A}=(-x,-y)$

図 2.6 で示されたベクトル場の発散を計算してみると，x 軸の正の方向への一様な流れのときは $\mathrm{div}\boldsymbol{A}=0$ であるが，$\boldsymbol{A}=(x,y)$ のときは $\mathrm{div}\boldsymbol{A}=2>0$，$\boldsymbol{A}=(-x,-y)$ のときは $\mathrm{div}\boldsymbol{A}=-2<0$ となるので，$\mathrm{div}\boldsymbol{A}>0$ ならば湧き出し，$\mathrm{div}\boldsymbol{A}<0$ ならば吸い込みを意味していると考えられる．

▶ **参考 2.1**[*5]　平面上のベクトル場 $\boldsymbol{V}(x,y)=(f(x,y),g(x,y))$ がある．$\boldsymbol{V}$ に沿って平面上を流れる流体，すなわち，速度分布がベクトル場 $\boldsymbol{V}$ で与えられる流体を考える．図 2.7 のような微小な長方形領域 D をとり，単位時間内に領域 D に出入りする流体の量（2 次元の場合は面積で測る）を調べよう．

[*5] この議論は後出のガウスの発散定理の意味（参考 2.3）を理解するときに役立つものであり，微分積分法の根本的な考え方を理解していなければ難しく感じるかもしれない．

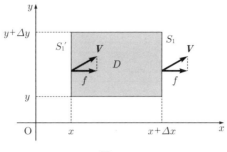

図 2.7

y 軸に平行で点 $(x + \Delta x, y)$ を通る辺 S_1 を通って領域 D から x 方向に流出する流体の量は $f(x + \Delta x, y)\Delta y$ と考えられる．同様に，y 軸に平行で点 (x, y) を通る辺 S_1' を通って領域 D から x 方向に流出する流体の量は $-f(x, y)\Delta y$ と考えられる[*6]．よって，単位時間内に領域 D から x 方向に流出する流体の量は

$$f(x + \Delta x, y)\Delta y - f(x, y)\Delta y = \frac{f(x + \Delta x, y) - f(x, y)}{\Delta x}\Delta x \Delta y$$
$$\fallingdotseq \frac{\partial f}{\partial x}(x, y)\Delta x \Delta y$$

であると考えられる．同様に，単位時間内に領域 D から y 方向に流出する流体の量は

$$g(x, y + \Delta y)\Delta x - g(x, y)\Delta x = \frac{g(x, y + \Delta y) - g(x, y)}{\Delta y}\Delta x \Delta y$$
$$\fallingdotseq \frac{\partial g}{\partial y}(x, y)\Delta x \Delta y$$

であると考えられる．したがって，単位時間内に領域 D から流出する流体の量は

$$\left(\frac{\partial f}{\partial x}(x, y) + \frac{\partial g}{\partial y}(x, y)\right)\Delta x \Delta y$$

であると考えられる．これより，$\mathrm{div}\,\boldsymbol{V} > 0$ となる点 (x, y) の付近では流体の面積が膨張し，$\mathrm{div}\,\boldsymbol{V} < 0$ となる点 (x, y) の付近では流体の面積が収縮することがわかる．よって，流体の密度が一定であると仮定すれば，$\mathrm{div}\,\boldsymbol{V} > 0$ となる点 (x, y) の付近では流体が湧き出し，$\mathrm{div}\,\boldsymbol{V} < 0$ となる点 (x, y) の付近では流体が吸い込まれていると考えられる．

[*6] Δx が十分小さいときは $f(x, y)$ と $f(x + \Delta x, y)$ の符号が同じであると考えれば，辺 S_1' を通って $f(x, y)\Delta y$ の量の流体が流入することになる．

3次元空間内のベクトル場についても，2次元平面上のベクトル場と同様に扱うことができる．

> **定義 2.4** 3次元領域内のベクトル場 $\boldsymbol{V}(x,y,z) = (f(x,y,z), g(x,y,z), h(x,y,z))$ に対して，
> $$\mathrm{div}\boldsymbol{V} = \nabla \cdot \boldsymbol{V} = \frac{\partial f}{\partial x} + \frac{\partial g}{\partial y} + \frac{\partial h}{\partial z}$$
> で定義されるスカラー場を $\boldsymbol{V}$ の**発散** (divergence) という．

2次元の場合と同様に考えると，$\mathrm{div}\boldsymbol{V} > 0$ となる点 (x,y,z) の付近では流体の体積が膨張し，$\mathrm{div}\boldsymbol{V} < 0$ となる点 (x,y,z) の付近では流体の体積が収縮することがわかる．

> **例題 2.3** $\boldsymbol{R}^3$ 上のベクトル場 $\boldsymbol{V} = (x+y^2, y-z, xz)$ の発散を求めよ．

[解] $\mathrm{div}\boldsymbol{V} = \nabla \cdot \boldsymbol{V} = \dfrac{\partial}{\partial x}(x+y^2) + \dfrac{\partial}{\partial y}(y-z) + \dfrac{\partial}{\partial z}(xz)$
$= 1 + 1 + x = 2 + x$ ◆

図 2.8 は，平面上のベクトル場によって表される流れの3つの例を与えている．図 2.8(a) は $\boldsymbol{A} = (1,0)$ による流れであり，x 軸の正の方向への一様な流れである．一方，図 2.8(b) は $\boldsymbol{A} = (-y,x)$ による流れであり，原点を中心として反時計回りに回転する流れのように見える．図 2.8(c) は $\boldsymbol{A} = (y,-x)$ による流れであり，原点を中心として時計回りに回転する流れのように見える．この図で示されているような回転という流れの特徴を表すことを考えよう．

> **定義 2.5** 2次元領域上のベクトル場 $\boldsymbol{V}(x,y) = \bigl(f(x,y), g(x,y)\bigr)$ に対して，
> $$\omega(x,y) = \frac{\partial g}{\partial x} - \frac{\partial f}{\partial y}$$
> で定義されるスカラー場を $\boldsymbol{V}$ の**回転** (rotation) という．

2次元領域上のベクトル場 $\boldsymbol{V}$ の回転は，3次元領域内のベクトル場の場合（後出の定義 2.6）と同じ記号を用いて $\mathrm{rot}\boldsymbol{V}$ で表されることもある．

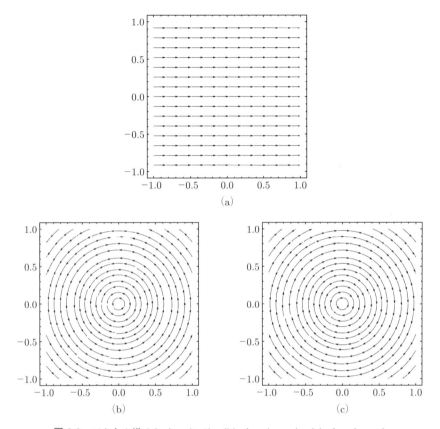

図 2.8 ベクトル場 (a) $\boldsymbol{A} = (1,0)$, (b) $\boldsymbol{A} = (-y,x)$, (c) $\boldsymbol{A} = (y,-x)$

図 2.8 で示されたベクトル場の回転を計算してみると，x 軸の正の方向への一様な流れのときは $\omega(\boldsymbol{A}) = 0$ であるが，$\boldsymbol{A} = (-y, x)$ のときは $\omega(\boldsymbol{A}) = 2 > 0$，$\boldsymbol{A} = (y, -x)$ のときは $\omega(\boldsymbol{A}) = -2 < 0$ となるので，$\omega(\boldsymbol{A}) > 0$ ならば反時計回りの回転，$\omega(\boldsymbol{A}) < 0$ ならば時計回りの回転を意味していると考えられる．

▶ **参考 2.2**[*7] 平面上のベクトル場 $\boldsymbol{V}(x, y) = (f(x,y), g(x,y))$ がある．$\boldsymbol{V}$ に沿って平面上を流れる流体，すなわち，速度分布がベクトル場 $\boldsymbol{V}$ で与えられる流体を考える．図 2.9 のような向きづけされた微小な長方形 C をとる．長方形 C の各辺に平行な $\boldsymbol{V}$ の成分を長方形 C の周に沿って 1 周分集めてきた値を計算してみると

[*7] この議論は後出のグリーンの定理の証明を微小領域で考えたものであり，微分積分法の根本的な考え方を理解していなければ難しく感じるかもしれない．

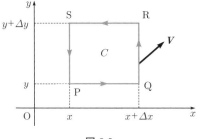

図 2.9

$$I = \int_{\mathrm{PQ}} f(x,y)dx + \int_{\mathrm{QR}} g(x+\Delta x, y)dy + \int_{\mathrm{RS}} f(x, y+\Delta y)dx + \int_{\mathrm{SP}} g(x,y)dy$$

$$= \int_x^{x+\Delta x} f(x,y)dx + \int_y^{y+\Delta y} g(x+\Delta x, y)dy$$
$$\quad - \int_x^{x+\Delta x} f(x, y+\Delta y)dx - \int_y^{y+\Delta y} g(x,y)dy$$

$$= \int_y^{y+\Delta y} \frac{g(x+\Delta x, y) - g(x,y)}{\Delta x} \Delta x\, dy$$
$$\quad - \int_x^{x+\Delta x} \frac{f(x, y+\Delta y) - f(x,y)}{\Delta y} \Delta y\, dx$$

$$\fallingdotseq \left(\int_y^{y+\Delta y} \frac{\partial g}{\partial x}(x,y)dy \right) \Delta x - \left(\int_x^{x+\Delta x} \frac{\partial f}{\partial y}(x,y)dx \right) \Delta y$$

となる．ここで，$\partial g/\partial x$ と $\partial f/\partial y$ はそれぞれ微小区間 $[y, y+\Delta y]$ と $[x, x+\Delta x]$ の上で x, y に依存せず一定であると考えれば

$$I \fallingdotseq \left(\frac{\partial g}{\partial x}(x,y) - \frac{\partial f}{\partial y}(x,y) \right) \Delta x \Delta y$$

である．これより，$\partial g/\partial x - \partial f/\partial y > 0$ ならば長方形 C は反時計回りに回転する．長方形が微小であることから，$\partial g/\partial x - \partial f/\partial y > 0$ ならば点 (x,y) のまわりで反時計回りに回転する流れが生じていると考えられる．

3次元領域内で定義されたベクトル場の場合は，2次元の場合と違って，軸のまわりの回転になることが考慮される．

定義 2.6 3次元領域内のベクトル場 $\boldsymbol{V}(x,y,z) = \bigl(f(x,y,z), g(x,y,z), h(x,y,z)\bigr)$ に対して,

$$\mathrm{rot}\boldsymbol{V} = \nabla \times \boldsymbol{V} = \left(\frac{\partial h}{\partial y} - \frac{\partial g}{\partial z}, \frac{\partial f}{\partial z} - \frac{\partial h}{\partial x}, \frac{\partial g}{\partial x} - \frac{\partial f}{\partial y}\right)$$

で定義されるベクトル場を $\boldsymbol{V}$ の**回転** (rotation) という.

例題 2.4 $\boldsymbol{R}^3$ 上のベクトル場 $\boldsymbol{V} = (-y, x, 0)$ の回転を求めよ.

[解] $\mathrm{rot}\boldsymbol{V} = \nabla \times \boldsymbol{V} = \left(-\dfrac{\partial x}{\partial z}, -\dfrac{\partial y}{\partial z}, \dfrac{\partial x}{\partial x} + \dfrac{\partial y}{\partial y}\right) = (0, 0, 2).$ ◆

図 2.10 を見ればわかるように, $\boldsymbol{R}^3$ 上のベクトル場 $\boldsymbol{V} = (-y, x, 0)$ は z 軸を回転軸として, 半時計回りに回転する流れを与える. $\mathrm{rot}\boldsymbol{V}$ の方向が z 軸の方向と一致していることに注意せよ (右ねじの法則).

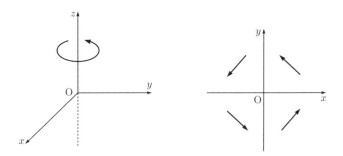

図 2.10 ベクトル場 $\boldsymbol{V} = (-y, x, 0)$

問 2.5 次の $\boldsymbol{R}^3$ 上のベクトル場の発散と回転を求めよ.
(1) $\boldsymbol{V} = (\sin y, \cos z, 0)$ (2) $\boldsymbol{V} = (zx, xy, yz)$ (3) $\boldsymbol{V} = (-y^2, xy, z^2)$

命題 2.1 次の等式が成り立つ.

$$\mathrm{div}(\mathrm{rot}\boldsymbol{V}) = \nabla \cdot (\nabla \times \boldsymbol{V}) = 0 \quad (1)$$

$$\mathrm{rot}(\mathrm{grad}\,\varphi) = \nabla \times (\nabla \varphi) = \boldsymbol{0} \quad (2)$$

証明 $\mathrm{rot}\,\boldsymbol{V} = \nabla \times \boldsymbol{V} = \left(\dfrac{\partial h}{\partial y} - \dfrac{\partial g}{\partial z},\; \dfrac{\partial f}{\partial z} - \dfrac{\partial h}{\partial x},\; \dfrac{\partial g}{\partial x} - \dfrac{\partial f}{\partial y}\right)$ より

$$\mathrm{div}(\mathrm{rot}\,\boldsymbol{V}) = \nabla \cdot (\nabla \times \boldsymbol{V})$$
$$= \dfrac{\partial}{\partial x}\left(\dfrac{\partial h}{\partial y} - \dfrac{\partial g}{\partial z}\right) + \dfrac{\partial}{\partial y}\left(\dfrac{\partial f}{\partial z} - \dfrac{\partial h}{\partial x}\right) + \dfrac{\partial}{\partial z}\left(\dfrac{\partial g}{\partial x} - \dfrac{\partial f}{\partial y}\right)$$
$$= \dfrac{\partial^2 h}{\partial x \partial y} - \dfrac{\partial^2 g}{\partial x \partial z} + \dfrac{\partial^2 f}{\partial y \partial z} - \dfrac{\partial^2 h}{\partial y \partial x} + \dfrac{\partial^2 g}{\partial z \partial x} - \dfrac{\partial^2 f}{\partial z \partial y} = 0$$

同様に，$\mathrm{grad}\,\varphi = \nabla\varphi = \left(\dfrac{\partial \varphi}{\partial x},\; \dfrac{\partial \varphi}{\partial y},\; \dfrac{\partial \varphi}{\partial z}\right)$ より

$$\mathrm{rot}(\mathrm{grad}\,\varphi) = \nabla \times (\nabla\varphi)$$
$$= \left(\dfrac{\partial^2 \varphi}{\partial y \partial z} - \dfrac{\partial^2 \varphi}{\partial z \partial y},\; \dfrac{\partial^2 \varphi}{\partial z \partial x} - \dfrac{\partial^2 \varphi}{\partial x \partial z},\; \dfrac{\partial^2 \varphi}{\partial x \partial y} - \dfrac{\partial^2 \varphi}{\partial y \partial x}\right) = \boldsymbol{0}.\quad\blacksquare$$

式 (1) は回転している流れには湧き出しがないことを意味している．また，式 (2) は勾配によって生じる流れには回転がないことを意味している．

問 2.6 $\mathrm{div}(\mathrm{grad}\,\varphi) = \Delta\varphi$ を確かめよ．ただし，$\Delta\varphi = \dfrac{\partial^2 \varphi}{\partial x^2} + \dfrac{\partial^2 \varphi}{\partial y^2} + \dfrac{\partial^2 \varphi}{\partial z^2}$．

問 2.7 ベクトル場 $\boldsymbol{U}, \boldsymbol{V}$ に対して，$\mathrm{div}(\boldsymbol{U} \times \boldsymbol{V}) = \boldsymbol{V} \cdot \mathrm{rot}\,\boldsymbol{U} - \boldsymbol{U} \cdot \mathrm{rot}\,\boldsymbol{V}$ が成り立つことを示せ．

5　線積分

5.1　曲線の長さ

2 次元平面上の曲線 C が，パラメータ t を用いて

$$C : \boldsymbol{r}(t) = (x(t), y(t)) \quad (a \leq t \leq b)$$

で表されているとき，曲線 C の長さを求めよう．

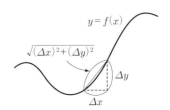

図 2.11 曲線の微小部分

図 2.11 の微小部分の曲線の長さ $\Delta\ell$ は $\sqrt{(\Delta x)^2 + (\Delta y)^2}$ で近似できる．これらを寄せ集めて極限をとると，曲線の長さ ℓ が次のように与えられる．

$$\ell = \lim_{\Delta\ell \to 0} \sum \Delta\ell = \lim_{\Delta x, \Delta y \to 0} \sum \sqrt{(\Delta x)^2 + (\Delta y)^2}$$

$$= \lim_{\Delta t \to 0} \sum \sqrt{\left(\frac{\Delta x}{\Delta t}\right)^2 + \left(\frac{\Delta x}{\Delta t}\right)^2}\, \Delta t$$
$$= \int_a^b \sqrt{\left(\frac{dx}{dt}\right)^2 + \left(\frac{dy}{dt}\right)^2}\, dt = \int_a^b |\dot{\boldsymbol{r}}(t)|\, dt$$

また,パラメータの値を a から τ (ただし,$a \leq \tau \leq b$) まで動かしたときの曲線の長さ $s = s(\tau)$ は

$$s = \int_a^\tau |\dot{\boldsymbol{r}}(t)|\, dt$$

で与えられる.これより,

$$\frac{ds}{d\tau} = |\dot{\boldsymbol{r}}(\tau)| > 0$$

を得る*8.この結果は,文字 τ を文字 t に書き改めても成り立つ.すなわち,パラメータの値を a から t まで動かしたときの曲線の長さ $s = s(t)$ は,t の単調増加関数であり

$$\frac{ds}{dt} = |\dot{\boldsymbol{r}}(t)| > 0 \tag{1}$$

が成り立つ.したがって,パラメータ t と曲線の長さ s は1対1に対応しており,曲線 C を表す際に t の代わりに s を用いてもよいことがわかる.よって,$s(a) = 0, s(b) = \ell$ に注意すれば,曲線 C は

$$C : \boldsymbol{r}(s) = (x(s), y(s)) \qquad (0 \leq s \leq \ell)$$

のように表せる.ここで,s は曲線の**弧長パラメータ**とよばれる.このとき,

$$\left|\frac{d\boldsymbol{r}(s)}{ds}\right| = 1 \tag{2}$$

が成り立つ.実際,s は t の単調増加関数であるから,t を s で表して $t = t(s)$ と見れば,$\boldsymbol{r}(s) = \boldsymbol{r}(t(s))$ である.よって,合成関数の微分法と式 (1) により

$$\frac{d\boldsymbol{r}(s)}{ds} = \frac{d\boldsymbol{r}(t)}{dt} \cdot \frac{dt}{ds} = \frac{\dot{\boldsymbol{r}}(t)}{\dfrac{ds}{dt}} = \frac{\dot{\boldsymbol{r}}(t)}{|\dot{\boldsymbol{r}}(t)|}$$

---

*8 曲線の接ベクトルは零ベクトルでないと仮定した.

したがって，式 (2) が成り立つ．

✔ **注意 2.6** 弧長パラメータを用いて曲線を表すことは，一定の速さ 1 で曲線を描くことを意味する．

例題 2.5 点 (a,b) を中心とする半径 c の円
$$\boldsymbol{r}(t) = (x(t), y(t)) = (a + c\cos t, b + c\sin t) \qquad (0 \leq t \leq 2\pi)$$
を弧長パラメータを用いて表せ．

[解] $\dot{\boldsymbol{r}}(t) = (-c\sin t, c\cos t)$ であるから，$ds/dt = |\dot{\boldsymbol{r}}(t)| = c$ である．よって，弧長パラメータ s は $s = ct$ $(0 \leq t \leq 2\pi)$ で与えられる．したがって，点 (a,b) を中心とする半径 c の円は次の式で表される．
$$\boldsymbol{r}(s) = (x(s), y(s))$$
$$= (a + c\cos(s/c), b + c\sin(s/c)) \qquad (0 \leq s \leq 2\pi c). \qquad \blacklozenge$$

問 2.8 (双曲線関数) 次の式で定義される関数を双曲線関数という．
$$\cosh x := \frac{e^x + e^{-x}}{2}, \qquad \sinh x := \frac{e^x - e^{-x}}{2}, \qquad \tanh x := \frac{\sinh x}{\cosh x}$$

(1) $\cosh^2 x - \sinh^2 x = 1$, $\cosh(-x) = \cosh x$, $\sinh(-x) = -\sinh x$ を示せ．
(2) $(\sinh x)' = \cosh x$, $(\cosh x)' = \sinh x$, $(\tanh x)' = \dfrac{1}{\cosh^2 x}$ を示せ．
(3) $\cosh x$, $\sinh x$, $\tanh x$ のグラフを描け．

問 2.9 a を正の定数とする．平面上の曲線
$$\boldsymbol{r}(t) = (x(t), y(t)) = (t, \cosh t) \qquad (0 \leq t \leq a)$$
は弧長パラメータ s を用いて，次の式で表されることを示せ．
$$\boldsymbol{r}(s) = (x(s), y(s)) = (\sinh^{-1} s, \sqrt{1 + s^2}) \qquad (0 \leq s \leq \sinh a)$$

3 次元空間内の曲線に対しても，2 次元平面上の曲線と同様の性質が成り立つ．すなわち，3 次元空間内の曲線 C が，パラメータ t を用いて
$$C : \boldsymbol{r}(t) = (x(t), y(t), z(t)) \qquad (a \leq t \leq b)$$
で表されているとき，この曲線を弧長パラメータ s を用いて表すと

である．ここで，
$$C : \boldsymbol{r}(s) = (x(s), y(s), z(s)) \qquad (0 \leq s \leq \ell)$$

$$\ell = \int_a^b |\dot{\boldsymbol{r}}(t)|\, dt$$

である．また，式 (1) と式 (2) も成り立つ．

5.2 スカラー場の線積分

2 次元領域上のスカラー場 f を考える．長さ ℓ の曲線 C が弧長パラメータ s を用いて，$C : \boldsymbol{r}(s) = (x(s), y(s))$ $(0 \leq s \leq \ell)$ で表されているとき，f の C に沿う**線積分**を次式で定義する．

$$\int_C f\, ds := \int_0^\ell f(\boldsymbol{r}(s))\, ds$$

曲線 C がパラメータ t を用いて，$C : \boldsymbol{r}(t) = (x(t), y(t))$ $(a \leq t \leq b)$ で表されている場合は，s と t の間で

$$\frac{ds}{dt} = |\dot{\boldsymbol{r}}(t)| > 0 \qquad \therefore \quad ds = |\dot{\boldsymbol{r}}(t)|\, dt$$

および $s(a) = 0$, $s(b) = \ell$ が成り立つことに注意して，置換積分法を用いれば

$$\int_C f\, ds = \int_0^\ell f(\boldsymbol{r}(s))\, ds = \int_a^b f(\boldsymbol{r}(t))|\dot{\boldsymbol{r}}(t)|\, dt$$

であることがわかる．スカラー場の線積分の値は曲線 C に依存して決まるものだが，曲線 C のパラメータ表示の選び方には依存しない．また，3 次元領域内のスカラー場の曲線に沿う線積分も同様に定義される．

例題 2.6 (1) $\boldsymbol{R}^2$ 上のスカラー場 $f(x,y) = 2x - x^2 + y$ の曲線 C に沿う線積分を求めよ．ここで，$C : \boldsymbol{r}(t) = (t, t^2)$ $(0 \leq t \leq 1)$ とする．

(2) $\boldsymbol{R}^3$ 上のスカラー場 $f(x,y,z) = x + y - z^2$ の曲線 C に沿う線積分を求めよ．ここで，$C : \boldsymbol{r}(t) = (\cos t, \sin t, t)$ $(0 \leq t \leq 2\pi)$ とする．

[解] (1) $\dot{\boldsymbol{r}}(t) = (1, 2t)$ より $|\dot{\boldsymbol{r}}(t)| = \sqrt{1+4t^2}$ であるから

$$\int_C f ds = \int_0^1 f(\boldsymbol{r}(t))|\dot{\boldsymbol{r}}(t)| dt = \int_0^1 (2t - t^2 + t^2)\sqrt{1+4t^2}\, dt$$

$$= \int_0^1 2t\sqrt{1+4t^2}\, dt = \left[\frac{1}{6}(1+4t^2)^{3/2}\right]_0^1 = \frac{5\sqrt{5}-1}{6}$$

(2) $\dot{\boldsymbol{r}}(t) = (-\sin t, \cos t, 1)$ より $|\dot{\boldsymbol{r}}(t)| = \sqrt{\sin^2 t + \cos^2 t + 1} = \sqrt{2}$ であるから

$$\int_C f ds = \int_0^{2\pi} f(\boldsymbol{r}(t))|\dot{\boldsymbol{r}}(t)| dt = \int_0^{2\pi} (\cos t + \sin t - t^2)\sqrt{2}\, dt$$

$$= \sqrt{2}\left[\sin t - \cos t - \frac{t^3}{3}\right]_0^{2\pi} = -\frac{8\sqrt{2}\pi^3}{3}. \qquad \blacklozenge$$

2次元領域上のスカラー場 f を考える．曲線 C がパラメータ t を用いて，$C: \boldsymbol{r}(t) = (x(t), y(t))$ $(a \leq t \leq b)$ で表されているとき，f の C に沿う x に関する線積分を

$$\int_C f dx := \int_a^b f(\boldsymbol{r}(t))\dot{x}(t) dt, \qquad \dot{x}(t) = \frac{dx(t)}{dt}$$

で定義する．同様に，f の C に沿う y に関する線積分

$$\int_C f dy := \int_a^b f(\boldsymbol{r}(t))\dot{y}(t) dt, \qquad \dot{y}(t) = \frac{dy(t)}{dt}$$

も定義される．また，3次元領域内のスカラー場の曲線に沿う x, y および z に関する線積分も同様に定義される．

問 2.10 $\boldsymbol{R}^2$ 上の曲線 $C: \boldsymbol{r}(t) = (t^2+1, 2t)$ $(0 \leq t \leq 1)$ とスカラー場 $f(x, y) = -y$ について以下の問に答えよ．
(1) 曲線 C の概形を描け．
(2) スカラー場 f の曲線 C に沿う線積分を求めよ．
(3) スカラー場 f の曲線 C に沿う x および y に関する線積分をそれぞれ求めよ．

5.3 ベクトル場の線積分

2次元領域上のベクトル場 $\boldsymbol{A}$ を考える．曲線 C がパラメータ t を用いて，$C: \boldsymbol{r}(t) = (x(t), y(t))$ $(a \leq t \leq b)$ で表されているとき，ベクトル場 $\boldsymbol{A}$ の C に沿う**線積分**を

$$\int_C \boldsymbol{A} \cdot d\boldsymbol{r} := \int_a^b \boldsymbol{A}(\boldsymbol{r}(t)) \cdot \dot{\boldsymbol{r}}(t) dt, \quad \dot{\boldsymbol{r}}(t) = \frac{d\boldsymbol{r}(t)}{dt}$$

で定義する．したがって，$\boldsymbol{A}$ の各成分を C に沿って各成分に関して積分し，それらをすべて加え合わせたものが，ベクトル場 $\boldsymbol{A}$ の C に沿う線積分である．すなわち，$\boldsymbol{A}(x, y) = (f(x, y), g(x, y))$ のとき，

$$\int_C \boldsymbol{A} \cdot d\boldsymbol{r} = \int_C f dx + g dy$$

である．ベクトル場の線積分の値は曲線 C に依存して決まるものだが，曲線 C のパラメータ表示の選び方には依存しない．また，3次元領域内のベクトル場の曲線に沿う線積分も同様に定義される．すなわち，$\boldsymbol{A}(x, y, z) = (f(x, y, z), g(x, y, z), h(x, y, z))$，$C: \boldsymbol{r}(t) = (x(t), y(t), z(t))$ $(a \leq t \leq b)$ のとき，

$$\int_C \boldsymbol{A} \cdot d\boldsymbol{r} = \int_a^b \boldsymbol{A}(\boldsymbol{r}(t)) \cdot \dot{\boldsymbol{r}}(t) dt = \int_C f dx + g dy + h dz$$

例題 2.7 $\boldsymbol{R}^3$ 上のベクトル場 $\boldsymbol{A}(x, y, z) = (-y, z, x)$ の曲線 C に沿う線積分を求めよ．ここで，$C: \boldsymbol{r}(t) = (2t, -t^2, 3t - 1)$ $(0 \leq t \leq 1)$ とする．

[**解**] $\boldsymbol{A}(\boldsymbol{r}(t)) = (t^2, 3t - 1, 2t)$，$\dot{\boldsymbol{r}}(t) = (2, -2t, 3)$ であるから，

$$\int_C \boldsymbol{A} \cdot d\boldsymbol{r} = \int_0^1 \boldsymbol{A}(\boldsymbol{r}(t)) \cdot \dot{\boldsymbol{r}}(t) dt$$
$$= \int_0^1 (2t^2 - 2t(3t - 1) + 6t) dt = \int_0^1 (-4t^2 + 8t) dt = \frac{8}{3}. \quad \blacklozenge$$

問 2.11 (1) $\boldsymbol{R}^2$ 上のベクトル場 $\boldsymbol{A}(x, y) = (-y, -xy)$ の曲線 C に沿う線積分を求めよ．ここで，$C: \boldsymbol{r}(t) = (\cos t, \sin t)$ $(0 \leq t \leq \pi/2)$ とする．
(2) $\boldsymbol{R}^3$ 上のベクトル場 $\boldsymbol{A}(x, y, z) = (yz, x^2, z)$ の曲線 C に沿う線積分を求めよ．ここで，C は点 $P(1, -1, 2)$ から点 $Q(2, 3, 1)$ へ向かう線分とする．

例題 2.8 $\boldsymbol{R}^2$ 上にベクトル場 $\boldsymbol{F}(x,y) = (0,-mg)$ がある．$\boldsymbol{R}^2$ 上に 2 点 P$(0,h)$ と Q$(1,0)$ をとり，P から Q へ至る曲線

$$C_1 : \boldsymbol{r}_1(t) = (t, h(1-t)) \quad (0 \leq t \leq 1),$$
$$C_2 : \boldsymbol{r}_2(t) = (t, h(1-t)^2) \quad (0 \leq t \leq 1)$$

を考える（図 2.12）．ベクトル場 $\boldsymbol{F}$ の曲線 C_1 と C_2 に沿う線積分をそれぞれ求めよ．ただし，m, g, h は正の定数とする．

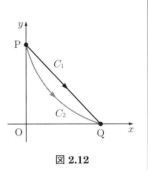

図 2.12

[解] $\boldsymbol{F}(\boldsymbol{r}_1(t)) = (0, -mg)$, $\dot{\boldsymbol{r}}_1(t) = (1, -h)$ であるから，

$$\int_{C_1} \boldsymbol{F} \cdot d\boldsymbol{r} = \int_0^1 \boldsymbol{F}(\boldsymbol{r}_1(t)) \cdot \dot{\boldsymbol{r}}_1(t) dt$$
$$= \int_0^1 (-mg)(-h) dt = mgh$$

同様に，$\boldsymbol{F}(\boldsymbol{r}_2(t)) = (0, -mg)$, $\dot{\boldsymbol{r}}_2(t) = (1, -2h(1-t))$ であるから，

$$\int_{C_2} \boldsymbol{F} \cdot d\boldsymbol{r} = \int_0^1 \boldsymbol{F}(\boldsymbol{r}_2(t)) \cdot \dot{\boldsymbol{r}}_2(t) dt$$
$$= \int_0^1 (-mg)(-2h(1-t)) dt$$
$$= 2mgh \int_0^1 (1-t) dt = mgh$$

よって，ベクトル場 $\boldsymbol{F}$ の曲線 C_1 と C_2 に沿う線積分の値は等しく，mgh である．◆

上の例題のベクトル場 $\boldsymbol{F}$ は，質量 m の質点に作用している重力がつくるベクトル場を表す．実際，$\boldsymbol{F}$ は下向き（y 軸の負の方向）で，大きさ mg の一定のベクトルである．また，基準面（x 軸）から高さ h だけ離れた地点において，質量 m の質点がもつ位置エネルギーは mgh である．これは，質量 m の質点を，高さ h の地点から基準面上の地点まで移動させるときに重力がする仕事に

等しい．

一般に，質点が力 $\boldsymbol{F}$ を受けながら曲線 C に沿って移動するときに，力 $\boldsymbol{F}$ がする仕事 W は線積分

$$W = \int_C \boldsymbol{F} \cdot d\boldsymbol{r}$$

で定義される．この仕事の定義式は，曲線の長さを求めたときと同様に考えて導くことができる．まず，質点が一定の力 $\boldsymbol{F}$ を受けながら2点 P と Q を結ぶ線分に沿って移動する場合を考える（図 2.13(a)）．このとき，（高校で学んだように）一定の力 $\boldsymbol{F}$ のする仕事は $W = \boldsymbol{F} \cdot \overrightarrow{\mathrm{PQ}} = F\ell\cos\theta$ で与えられる．ここで，F は $\boldsymbol{F}$ の大きさ，ℓ は線分 PQ の長さ，θ は $\boldsymbol{F}$ と $\overrightarrow{\mathrm{PQ}}$ のなす角である．

図 2.13

次に，質点が力 $\boldsymbol{F}$ を受けながら曲線 C に沿って移動する場合を考える．図 2.13(b) のように曲線の微小部分を線分で近似し $\Delta\boldsymbol{r}$ と見なす．質点をごくわずかに $\Delta\boldsymbol{r}$ だけ移動させるとき，力 $\boldsymbol{F}$ は一定であると見なすことができる．よって，曲線の微小部分に沿って質点をごくわずかに $\Delta\boldsymbol{r}$ だけ移動させるとき，力 $\boldsymbol{F}$ のする仕事は $\Delta W = \boldsymbol{F} \cdot \Delta\boldsymbol{r}$ となる．この微小な仕事を寄せ集めて極限をとると，曲線 C に沿って質点を移動させるときに力 $\boldsymbol{F}$ のする仕事は

$$W = \sum \Delta W = \sum \boldsymbol{F} \cdot \Delta\boldsymbol{r} = \int_C \boldsymbol{F} \cdot d\boldsymbol{r}$$

であることがわかる．

例題 2.8 により，質量 m の物体を運ぶときに重力がする仕事は始点と終点のみで決まり，始点と終点を結ぶ経路の選び方によらないことが示唆される．

問 2.12 $\boldsymbol{R}^3$ 上のベクトル場 $\boldsymbol{F}$ が，$\boldsymbol{R}^3$ 上のスカラー場 $U = U(x, y, z)$ を用いて，

$F = -\operatorname{grad} U$ で与えられているとする．点 P から点 Q へ至る曲線を C とするとき，F の C に沿う線積分は

$$\int_C F \cdot dr = U(\mathrm{P}) - U(\mathrm{Q})$$

となることを示せ．この結果を用いて，質量 m の物体を運ぶときに重力がなす仕事は始点と終点のみで決まり，始点と終点を結ぶ経路の選び方によらないことを説明せよ．

6 面積分

6.1 曲面積

xyz 空間上の曲面 S は，2 つのパラメータを用いて

$$r(u,v) = (x(u,v), y(u,v), z(u,v))$$

のようにベクトル表示される（図 2.14）．ここで，$x(u,v), y(u,v), z(u,v)$ は，uv 平面上の領域 D で定義されているとする．

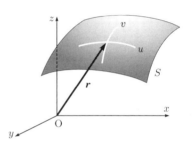

図 2.14 曲面のパラメータ表示

> **定理 2.1** xyz 空間内の曲面 S が，uv 平面上の領域 D で定義された 2 変数関数によって，$r(u,v) = (x(u,v), y(u,v), z(u,v))$ のように表されるとき，S の曲面積（表面積）は
>
> $$\iint_D dS$$
>
> で与えられる．ここで，dS は曲面 S の面積要素とよばれ，
>
> $$dS = \left| \frac{\partial r}{\partial u} \times \frac{\partial r}{\partial v} \right| du dv$$
> $$= \sqrt{(y_u z_v - y_v z_u)^2 + (z_u x_v - z_v x_u)^2 + (x_u y_v - x_v y_u)^2}\, du dv$$
>
> で定義される．

証明の概略 (u_0, v_0) に対応する曲面 S 上の点を P_0 とする．v の値を $v = v_0$

と固定したとき，u の関数 $\boldsymbol{r} = \boldsymbol{r}(u, v_0)$ は点 P_0 を通る S 上の曲線を表す．これを P_0 における u-曲線という（図 2.15(a)）．この曲線上の点 P_0 における接ベクトルは
$$\frac{\partial \boldsymbol{r}}{\partial u}(u_0, v_0) = \boldsymbol{r}_u(u_0, v_0)$$
である．同様に，P_0 における v-曲線が定義され
$$\frac{\partial \boldsymbol{r}}{\partial v}(u_0, v_0) = \boldsymbol{r}_v(u_0, v_0)$$
は v-曲線上の点 P_0 における接ベクトルである．

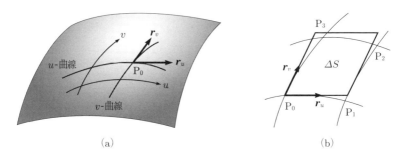

図 2.15 (a) P_0 における u-曲線と v-曲線，(b) 微小部分の近似

いま，u, v の値をそれぞれ u_0, v_0 から $\Delta u, \Delta v$ だけ変化させる．$(u_0+\Delta u, v_0)$，$(u_0 + \Delta u, v_0 + \Delta v)$，$(u_0, v_0 + \Delta v)$ に対応する曲面 S 上の点を P_1, P_2, P_3 とする．このとき，P_0, P_1, P_2, P_3 でつくられる図 2.15(b) のような曲面 S 上の微小部分の面積 ΔS は
$$\overrightarrow{P_0 P_1} \fallingdotseq \boldsymbol{r}_u(u_0, v_0)\Delta u, \quad \overrightarrow{P_0 P_3} \fallingdotseq \boldsymbol{r}_v(u_0, v_0)\Delta v$$
に注意すると
$$\Delta S \fallingdotseq |\overrightarrow{P_0 P_1} \times \overrightarrow{P_0 P_3}| = |\boldsymbol{r}_u(u_0, v_0) \times \boldsymbol{r}_v(u_0, v_0)|\Delta u \Delta v$$
のように近似される（付録1）．したがって，これらを寄せ集めて極限をとれば，曲面 S の曲面積は
$$\lim \sum \Delta S = \iint_D |\boldsymbol{r}_u(u, v) \times \boldsymbol{r}_v(u, v)| du dv$$
で与えられる．■

例題 2.9 球面 $x^2+y^2+z^2=a^2$ のうち，円柱 $x^2+y^2=(a/2)^2$ の内部にあり，$z \geq 0$ をみたす部分の曲面積を求めよ（図 2.16(a)）．

[**解**] 極座標（図 2.16(b)）を用いると，この曲面は
$$\boldsymbol{r}(\theta,\varphi) = (a\sin\theta\cos\varphi, a\sin\theta\sin\varphi, a\cos\theta), \quad (\theta,\varphi) \in D$$
で表される．ただし，$D = \{(\theta,\varphi) \mid 0 \leq \theta \leq \pi/6,\ 0 \leq \varphi \leq 2\pi\}$ である．

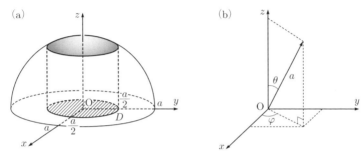

図 2.16

これより
$$\boldsymbol{r}_\theta = (a\cos\theta\cos\varphi, a\cos\theta\sin\varphi, -a\sin\theta)$$
$$\boldsymbol{r}_\varphi = (-a\sin\theta\sin\varphi, a\sin\theta\cos\varphi, 0)$$
であるから，
$$\boldsymbol{r}_\theta \times \boldsymbol{r}_\varphi = (a^2\sin^2\theta\cos\varphi, a^2\sin^2\theta\sin\varphi, a^2\cos\theta\sin\theta)$$
よって，
$$|\boldsymbol{r}_\theta \times \boldsymbol{r}_\varphi| = a^2\sqrt{\sin^4\theta\cos^2\varphi + \sin^4\theta\sin^2\varphi + \cos^2\theta\sin^2\theta} = a^2\sin\theta$$
したがって，求める曲面積は
$$S = \iint_D |\boldsymbol{r}_\theta \times \boldsymbol{r}_\varphi|\, d\theta d\varphi = a^2 \int_0^{\pi/6} \sin\theta\, d\theta \int_0^{2\pi} d\varphi$$
$$= a^2 \Big[-\cos\theta\Big]_0^{\pi/6} \cdot 2\pi = (2-\sqrt{3})\pi a^2. \qquad \blacklozenge$$

問 2.13 半径 a の球面の表面積が $4\pi a^2$ であることを示せ.

6.2 スカラー場の面積分

3次元領域内のスカラー場 f を考える. 曲面 S が 2 つのパラメータ u, v を用いて, $S: \boldsymbol{r}(u,v) = (x(u,v), y(u,v), z(u,v)), \ (u,v) \in D$ で表されているとき, f の S 上の**面積分**を

$$\iint_S f dS := \iint_D f(\boldsymbol{r}(u,v)) \left| \frac{\partial \boldsymbol{r}}{\partial u} \times \frac{\partial \boldsymbol{r}}{\partial v} \right| du dv$$

で定義する. スカラー場の面積分の値は曲面 S に依存して決まるものだが, 曲面 S のパラメータ表示の選び方には依存しない.

例題 2.10 $\boldsymbol{R}^3$ 上のスカラー場 $f(x,y,z) = x^2 + 4y + 2z$ 1の平面 S 上の面積分を求めよ. ここで, $S = \{(x,y,z) \mid x+y+z=1, \ x,y,z \geq 0\}$ とする (図 2.17(a)).

[解] $x+y+z=1$ より $z=1-x-y$ であるから, $z \geq 0$ のとき $x+y \leq 1$ である. よって, $x, y \geq 0$ に注意すると, 平面 S は

$$\boldsymbol{r}(u,v) = (u,v,1-u-v), \quad (u,v) \in D$$

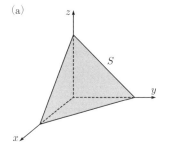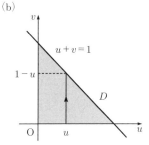

図 2.17

で表される. ただし, $D = \{(u,v) \mid 0 \leq u,v \leq 1, \ 0 \leq u+v \leq 1\}$ は図 2.17(b) のような 3 角形領域である. $\boldsymbol{r}_u = (1,0,-1), \ \boldsymbol{r}_v = (0,1,-1)$ より $\boldsymbol{r}_u \times \boldsymbol{r}_v = (1,1,1)$ であるから, $|\boldsymbol{r}_u \times \boldsymbol{r}_v| = \sqrt{3}$ となる. したがって,

$$\iint_S f dS = \iint_D f(\boldsymbol{r})|\boldsymbol{r}_u \times \boldsymbol{r}_v|dudv$$
$$= \iint_D (u^2 + 4v + 2(1-u-v) - 1)\sqrt{3}dudv$$
$$= \sqrt{3}\int_0^1 du \int_0^{1-u} ((u-1)^2 + 2v)dv$$
$$= \sqrt{3}\int_0^1 du\Big[(u-1)^2 v + v^2\Big]_0^{1-u}$$
$$= \sqrt{3}\int_0^1 (-(u-1)^3 + (u-1)^2)du = \frac{7\sqrt{3}}{12}. \qquad \blacklozenge$$

問 2.14 $\boldsymbol{R}^3$ 上のスカラー場 $f(x,y,z) = 3xyz + xy^2$ の平面 S 上の面積分を求めよ．ただし，$S = \{(x,y,z)\,|\, 2x + y + 3z = 2,\ x, y, z \geq 0\}$ とする．

6.3 ベクトル場の面積分

3 次元領域内のベクトル場 $\boldsymbol{A}$ を考える．曲面 S の各点における単位法線ベクトルを $\boldsymbol{n}$ とするとき，$\boldsymbol{A}\cdot\boldsymbol{n}$ は S 上の実数値関数，すなわち，S 上のスカラー場となる．このとき，$\boldsymbol{A}\cdot\boldsymbol{n}$ の S 上の面積分

$$\iint_S \boldsymbol{A}\cdot\boldsymbol{n}\,dS$$

をベクトル場 $\boldsymbol{A}$ の $\boldsymbol{n}$ で定められた側の S 上の**面積分**という[*9]．ここで，$\boldsymbol{n}$ の向きは S 上で連続的に変化しているとする．とくに，曲面 S が 2 つのパラメータ u, v を用いて，$S: \boldsymbol{r}(u,v) = (x(u,v), y(u,v), z(u,v)),\ (u,v)\in D$ で表され，$\boldsymbol{n} = \dfrac{\boldsymbol{r}_u \times \boldsymbol{r}_v}{|\boldsymbol{r}_u \times \boldsymbol{r}_v|}$ のときは[*10]，$dS = |\boldsymbol{r}_u \times \boldsymbol{r}_v|\,dudv$ であるから

$$\iint_S \boldsymbol{A}\cdot\boldsymbol{n}\,dS = \iint_D \boldsymbol{A}\cdot\left(\frac{\boldsymbol{r}_u \times \boldsymbol{r}_v}{|\boldsymbol{r}_u \times \boldsymbol{r}_v|}\right)|\boldsymbol{r}_u \times \boldsymbol{r}_v|\,dudv$$
$$= \iint_D \boldsymbol{A}\cdot\left(\frac{\partial \boldsymbol{r}}{\partial u} \times \frac{\partial \boldsymbol{r}}{\partial v}\right)dudv$$

ベクトル場の面積分の値は曲面 S に依存して決まるものだが，曲面 S のパラ

[*9] 単位法線ベクトル $\boldsymbol{n}$ の向きは 2 通りある．

[*10] $\boldsymbol{n}$ が与えられたとき，$\boldsymbol{n} = \dfrac{\boldsymbol{r}_u \times \boldsymbol{r}_v}{|\boldsymbol{r}_u \times \boldsymbol{r}_v|}$ が成り立つように，パラメータ u, v を選ぶ．

メータ表示の選び方には依存しない.

> **例題 2.11** R^3 上のベクトル場 $A = (x, y, 1)$ の曲面 S 上の面積分を求めよ. ただし, S は原点 O を中心とする半径 a の球面であり, 単位法線ベクトルは外向きとする.

[解] 極座標を用いると, 球面 S は $r(\theta, \varphi) = (a\sin\theta\cos\varphi, a\sin\theta\sin\varphi, a\cos\theta)$, $(\theta, \varphi) \in D$ で表される. ただし, $D = \{(\theta, \varphi) \mid 0 \leq \theta \leq \pi, 0 \leq \varphi \leq 2\pi\}$ である. 例題 2.9 における計算より $r_\theta \times r_\varphi = (a^2\sin^2\theta\cos\varphi, a^2\sin^2\theta\sin\varphi, a^2\cos\theta\sin\theta)$ であることと, 球面 S 上で $A = (a\sin\theta\cos\varphi, a\sin\theta\sin\varphi, 1)$ のように表されることから,

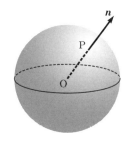

図 2.18

$$\begin{aligned}
\iint_S A \cdot n\, dS &= \iint_D A \cdot (r_\theta \times r_\varphi)\, d\theta d\varphi \\
&= \int_0^\pi \int_0^{2\pi} (a^3\sin^3\theta(\cos^2\varphi + \sin^2\varphi) + a^2\cos\theta\sin\theta)\, d\theta d\varphi \\
&= \int_0^\pi \int_0^{2\pi} (a^3\sin^3\theta + a^2\cos\theta\sin\theta)\, d\theta d\varphi \\
&= 2\pi a^3 \int_0^\pi \sin^3\theta\, d\theta + 2\pi a^2 \int_0^\pi \cos\theta\sin\theta\, d\theta \\
&= \frac{\pi a^3}{2} \int_0^\pi (3\sin\theta - \sin 3\theta)\, d\theta + \pi a^2 \int_0^\pi \sin 2\theta\, d\theta \\
&= \frac{8\pi a^3}{3}.
\end{aligned}$$
◆

✓ **注意 2.7** S 上の点 $P(x, y, z)$ における外向き単位法線ベクトル n は, $\overrightarrow{OP}$ と同じ向きをもつ (図 2.18). $x^2 + y^2 + z^2 = a^2$ より $|\overrightarrow{OP}| = a$ であるから,

$$n = \frac{1}{a}\overrightarrow{OP} = \frac{1}{a}(x, y, z)$$

である. よって, $A = (x, y, 1)$ より

$$\iint_S A \cdot n\, dS = \frac{1}{a} \iint_S (x^2 + y^2 + z)\, dS$$

となる．このように，曲面 S の各点における単位法線ベクトル $\boldsymbol{n}$ が容易にわかるときは，それを利用して計算を進めることができる．

問 2.15 $\boldsymbol{R}^3$ 上のベクトル場 $\boldsymbol{A}(x,y,z) = (xz, yz, xy)$ の円筒面 S 上の面積分を求めよ．ただし，$S = \{(x,y,z) \mid x^2 + y^2 = 4, \ 0 \leq z \leq 2\}$ とする．また，単位法線ベクトルは外向きとする．

7 積分定理

本節では，グリーンの定理，ガウスの発散定理，ストークスの定理とよばれる 3 つの積分定理を説明する．これらは，別々のものであるように思われるが，微分形式（本章の補遺 1）を用いると，ある 1 つの等式から導かれる．

7.1 線積分と面積分の計算規則

線積分と面積分についても，実数値関数の定積分の場合と同様の計算規則が成り立つ．ここでは，記号の説明が必要なものだけを述べておく．証明は省略するが，それらが正しいことは直観的にわかるだろう．

命題 2.2 (1) 曲線 C の向きを逆にした曲線を $-C$ で表すとき（図 2.19(a)）[*11]

$$\int_{-C} f ds = -\int_C f ds, \qquad \int_{-C} \boldsymbol{A} \cdot d\boldsymbol{r} = -\int_C \boldsymbol{A} \cdot d\boldsymbol{r}$$

(2) 2 つの曲線 C_1, C_2 をつないだ曲線を $C_1 + C_2$ で表すとき（図 2.19(b)）

$$\int_{C_1+C_2} f ds = \int_{C_1} f ds + \int_{C_2} f ds,$$
$$\int_{C_1+C_2} \boldsymbol{A} \cdot d\boldsymbol{r} = \int_{C_1} \boldsymbol{A} \cdot d\boldsymbol{r} + \int_{C_2} \boldsymbol{A} \cdot d\boldsymbol{r}$$

[*11] 例えば，原点を中心とする半径 1 の円 C が $\boldsymbol{r}(s) = (\cos s, \sin s, 0)$ $(0 \leq s \leq 2\pi)$ で表されているとき，$-C$ は $\boldsymbol{r}(s) = (\cos(2\pi - s), \sin(2\pi - s), 0)$ $(0 \leq s \leq 2\pi)$ で表される．

命題 2.3 2つの曲面 S_1 と S_2 を貼り合わせた曲面を $S_1 \cup S_2$ で表すとき（図 2.19(c)）

$$\iint_{S_1 \cup S_2} f dS = \iint_{S_1} f dS + \iint_{S_2} f dS$$

$$\iint_{S_1 \cup S_2} \boldsymbol{A} \cdot \boldsymbol{n} dS = \iint_{S_1} \boldsymbol{A} \cdot \boldsymbol{n} dS + \iint_{S_2} \boldsymbol{A} \cdot \boldsymbol{n} dS$$

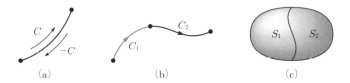

図 2.19 (a) 曲線の向きを逆にする，(b) 曲線をつなぐ，(c) 曲面を貼り合わせる

7.2 グリーンの定理

領域には内部と外部を分ける境界がある．境界を含む場合は閉領域，含まない場合は単に領域という．互いに交わらない有限個の単純閉曲線で囲まれた閉領域とは，図 2.20 で示されているような領域である．ただし，**単純閉曲線**とは自己交差しない連続な閉曲線を意味する．例えば，数字の「0」は単純閉曲線だが，「8」は単純閉曲線ではない．最も基本的な閉領域は，図 2.20(i) のように，ただ1つの単純閉曲線で囲まれた閉領域であり，領域の内部に穴が空いていない．ここで，境界の向きは領域内部を左手に見て進む向きにとる[*12]．一方，

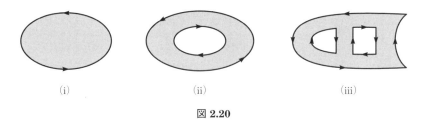

図 2.20

[*12] 曲線の向きと間違えないように注意せよ．曲線の向きは2通り考えられるが，境界の向きはただ1通りに定まる．

図 2.20(ii) のように，例えば領域の内部に穴が 1 つ空いている場合は，互いに交わらない 2 つの単純閉曲線で囲まれた領域を考えることになる．この領域の境界は外側の閉曲線と内側の閉曲線の 2 つの閉曲線からなる．外側の境界の向きは穴の空いていない場合と同じであるが，内側の境界の向きは反対になることに注意しよう．また，図 2.20(iii) のように，閉領域の境界を表す単純閉曲線には角があってもよい．

> **定理 2.2** (グリーンの定理)　D を xy 平面上の互いに交わらない有限個の単純閉曲線で囲まれた閉領域とし，$f(x,y), g(x,y)$ を D 上の滑らかな関数とするとき，
>
> $$\int_{\partial D} fdx + gdy = \iint_D \left(-\frac{\partial f}{\partial y} + \frac{\partial g}{\partial x}\right) dxdy \tag{1}$$
>
> が成り立つ．ただし，∂D は閉領域 D の境界を表し，その向きは D の内部を左手に見て進む向きにとる．

証明の概略　まず，D が図 2.21 のような長方形領域 $D = \{(x,y) \mid a \leq x \leq b, c \leq y \leq d\}$ のとき式 (1) が成り立つことを示す．境界 ∂D は 4 つの線分 $C_1 = \{(t,c) \mid a \leq t \leq b\}, C_2 = \{(b,t) \mid c \leq t \leq d\}, C_3 = \{(a+b-t,d) \mid a \leq t \leq b\}, C_4 = \{(a,c+d-t) \mid c \leq t \leq d\}$ をつないだものであるから

$$\int_{\partial D} fdx = \int_{C_1} fdx + \int_{C_2} fdx + \int_{C_3} fdx + \int_{C_4} fdx$$

である．ここで，C_2, C_4 上では $dx/dt = 0$ であるから，

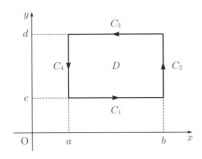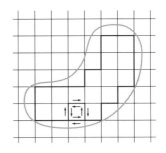

図 2.21

である．よって，

$$\int_{C_2} f dx = \int_{C_4} f dx = 0$$

$$\int_{\partial D} f dx = \int_{C_1} f dx + \int_{C_3} f dx$$
$$= \int_a^b f(t,c) dt + \int_a^b f(a+b-t,d) \cdot (-1) dt$$

となる．$s = a+b-t$ とおいて置換積分して，s を改めて t と書き直すと

$$\int_a^b f(a+b-t,d) dt = \int_b^a f(s,d) \cdot (-1) ds = \int_a^b f(t,d) dt$$

である．したがって，

$$\int_{\partial D} f dx = \int_a^b (f(t,c) - f(t,d)) dt = -\int_a^b (f(x,d) - f(x,c)) dx$$
$$= -\int_a^b dx \int_c^d \frac{\partial f}{\partial y}(x,y) dy = -\iint_D \frac{\partial f}{\partial y} dx dy$$

となる．同様にして，

$$\int_{\partial D} g dy = \iint_D \frac{\partial g}{\partial x} dx dy$$

が確かめられる．以上より，D が長方形領域のとき式 (1) が成り立つ．

D が一般の領域のときは，図 2.21 のように D を微小な長方形領域に分割して，D をそれらの和集合で近似して考える．このとき，各微小長方形領域上で式 (1) が成り立つ．また，隣り合う 2 つの長方形どうしで互いに共有する辺の上では，向きの異なる線積分が 1 つずつ生じるが，それらは互いに打ち消し合う．よって，これらの微小な長方形を寄せ集めた領域上で，式 (1) が成り立つ．分割を細かくし極限を考えれば，D 上で式 (1) が成り立つこともわかる．■

問 2.16 次のベクトル場 $\boldsymbol{A}$ の曲線 C に沿う線積分を求めよ．定義に従う場合とグリーンの定理を用いる場合の 2 通りの方法でそれぞれ計算してみよ．
(1) $\boldsymbol{A} = (x^2 e^y, y^2 e^x)$, C は 4 点 $(0,0), (2,0), (2,3), (0,3)$ でつくられる長方形．
(2) $\boldsymbol{A} = (y, -x)$, C は円 $x^2 + y^2 = 1/4$．

例題 2.12 次の等式が成り立つことを示せ.
$$\iint_D \Delta u\, dS = \int_{\partial D} \frac{\partial u}{\partial \boldsymbol{n}}\, ds$$
ここで,u は領域 D 上の滑らかな関数,$\boldsymbol{n}$ は ∂D の外向き単位法線ベクトル,Δ は微分作用素(ラプラシアン)で次のように定義される.
$$\Delta u = \frac{\partial^2 u}{\partial x^2} + \frac{\partial^2 u}{\partial y^2}$$

[**解説**] 簡単のため,領域 D の境界 ∂D は,弧長パラメータ s を用いて $\boldsymbol{r} = (x(s), y(s))$ ($0 \leq s \leq \ell$) のように表される単純閉曲線とする.このとき,$\boldsymbol{v} = (x'(s), y'(s))$ は曲線 ∂D の単位接ベクトルで,$\boldsymbol{n} = (y'(s), -x'(s))$ は ∂D の外向き単位法線ベクトルである[*13].よって,グリーンの定理において $f = -\partial u/\partial y,\ g = \partial u/\partial x$ とおくと

$$\begin{aligned}
\iint_D \Delta u\, dS &= \iint_D \left\{ -\frac{\partial}{\partial y}\left(-\frac{\partial u}{\partial y}\right) + \frac{\partial}{\partial x}\left(\frac{\partial u}{\partial x}\right) \right\} dxdy \\
&= \int_{\partial D} -\frac{\partial u}{\partial y}dx + \frac{\partial u}{\partial x}dy \\
&= \int_0^\ell \left(-\frac{\partial u}{\partial y}\frac{dx}{ds} + \frac{\partial u}{\partial x}\frac{dy}{ds} \right) ds \\
&= \int_0^\ell \nabla u \cdot \boldsymbol{n}\, ds = \int_{\partial D} \frac{\partial u}{\partial \boldsymbol{n}}\, ds
\end{aligned}$$

となる.ここで,本章第 3 節の式 (1) を用いた. ◆

7.3 ガウスの発散定理

定理 2.3(ガウスの発散定理) V を空間内の閉曲面 S で囲まれた有界な閉領域とし,$\boldsymbol{A}$ を V 上のベクトル場とするとき,

---

[*13] ∂D が原点を中心とする半径 1 の円で,$(x(s), y(s)) = (\cos s, \sin s)$ ($0 \leq s < 2\pi$) のように表される場合を考えてみると,外向きであることがわかる.

$$\iiint_V \mathrm{div}\boldsymbol{A}\,dxdydz = \iint_S \boldsymbol{A}\cdot\boldsymbol{n}\,dS \qquad (1)$$

が成り立つ．ただし，閉曲面 S は V の境界 ∂V であり，$\boldsymbol{n}$ は S の外向き単位法線ベクトルとする．

証明の概略 まず，V が直方体領域，すなわち，$V = \{(x,y,z)\,|\,a_1 \leq x \leq b_1,\ a_2 \leq y \leq b_2,\ a_3 \leq z \leq b_3\}$ のとき

$$\iiint_V \frac{\partial A_3}{\partial z}\,dxdydz = \iint_S A_3 n_3\,dS \qquad (2)$$

であることを示す．ここで，$\boldsymbol{A} = (A_1, A_2, A_3)$，$\boldsymbol{n} = (n_1, n_2, n_3)$ とする．

4つの平面（側面）$x = a_1$，$x = b_1$，$y = a_2$，$y = b_2$ 上で $n_3 = 0$ である．また，平面（下面）$z = a_3$ 上で $n_3 = -1$，$dS = dxdy$ であり，平面（上面）$z = b_3$ 上で $n_3 = 1$，$dS = dxdy$ である（図 2.22）．したがって，

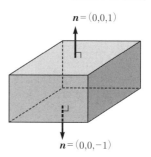

図 2.22

$$\iint_S A_3 n_3\,dS = \iint_{S_U} A_3\,dxdy - \iint_{S_L} A_3\,dxdy$$
$$= \iint_D (A_3(x,y,b_3) - A_3(x,y,a_3))\,dxdy$$

が成り立つ．ここで，S_U は S の上面で $z = b_3$ をみたし，S_L は S の下面で $z = a_3$ をみたす．また，$D = \{(x,y)\,|\,a_1 \leq x \leq b_1,\ a_2 \leq y \leq b_2\}$ である．一方，

$$\iiint_V \frac{\partial A_3}{\partial z}\,dxdydz = \iint_D dxdy \int_{a_3}^{b_3} \frac{\partial A_3}{\partial z}\,dz$$
$$= \iint_D (A_3(x,y,b_3) - A_3(x,y,a_3))\,dxdy$$

である．よって，式 (2) が成り立つ．同様に，

$$\iiint_V \frac{\partial A_1}{\partial x}\,dxdydz = \iint_S A_1 n_1\,dS,$$

$$\iiint_V \frac{\partial A_2}{\partial y} dxdydz = \iint_S A_2 n_2 dS$$

が成り立つ．ゆえに，式 (2) と上の 2 式を加え合わせて式 (1) を得る．

V が一般の領域のときは，グリーンの定理の証明と同様に，V を微小な直方体領域に分割し，V をそれらの和集合で近似して考える．このとき，各微小直方体上で式 (1) が成り立つ．また，隣り合う 2 つの直方体どうしで互いに共有する長方形面の上では，対応する 2 つの面積分は互いに打ち消し合う．よって，これらの微小な直方体を寄せ集めた領域上で，式 (1) が成り立つ．分割を細かくし極限を考えれば，V 上で式 (1) が成り立つこともわかる．■

▶ **参考 2.3** $\boldsymbol{A}$ が流体の速度分布を表すベクトル場と考えると，式 (1) の右辺は，流体が単位時間内に V の表面 S を通って外側へ流れ出る量を表している．実際，$\boldsymbol{A}\cdot\boldsymbol{n}\Delta S$ は流体が単位時間内に微小曲面 ΔS を通って外側に流れ出る量を表すから[*14]，それらを寄せ集めると（積分すると）流体が単位時間内に S を通って外側へ流れ出る総量になる．また，その総量は単位時間内に V の中で湧き出す流体の量に等しいはずである．したがって，式 (1) の左辺は単位時間内に V の中で湧き出す流体の量を表し，$\mathrm{div}\boldsymbol{A}$ は単位時間内に湧き出す流体の量の体積密度を表していることがわかる．

例題 2.13 流体の密度を $\rho(x,y,z,t)$，速度場を $\boldsymbol{v}(x,y,z,t)$ とするとき[*15]，**連続の方程式**（質量保存則）

$$\frac{\partial \rho}{\partial t} + \mathrm{div}(\rho\boldsymbol{v}) = 0$$

が成り立つことを示せ．

[**解**] 流体の中に任意の領域 V をとると，V 内の流体の質量 M は，

$$M = \iiint_V \rho dV$$

で与えられる．よって，単位時間内に V の内部で増加する流体の質量は

$$\frac{dM}{dt} = \frac{\partial}{\partial t}\iiint_V \rho dV = \iiint_V \frac{\partial \rho}{\partial t}dV$$

[*14] $\boldsymbol{n}$ は微小曲面 ΔS に垂直な大きさ 1 のベクトルだから，$|\boldsymbol{A}\cdot\boldsymbol{n}\Delta S| = |\boldsymbol{A}\cdot\boldsymbol{n}|\Delta S$ は高さ $|\boldsymbol{A}\cdot\boldsymbol{n}|$，底面積 ΔS の微小立体の体積を表す．流体は $\boldsymbol{A}\cdot\boldsymbol{n} > 0$ のとき微小曲面 ΔS を通って外側へ流れ出て，$\boldsymbol{A}\cdot\boldsymbol{n} < 0$ のとき内側へ流れ込む．

[*15] 注意 2.4 を参照せよ．

となる．一方，単位時間内に V の境界 ∂V を通して V から流出する流体の質量は

$$\iint_{\partial V} \rho(\boldsymbol{v}\cdot\boldsymbol{n})dS = \iint_{\partial V}(\rho\boldsymbol{v})\cdot\boldsymbol{n}dS = \iiint_V \mathrm{div}(\rho\boldsymbol{v})dV$$

で与えられる．ここで，ガウスの発散定理を用いた．単位時間内に V の内部で増加する流体の質量は，V の境界 ∂V を通して V から流出する流体の質量に負の符号をつけたものに等しいから[*16]，

$$\frac{dM}{dt} = -\iint_{\partial V}\rho(\boldsymbol{v}\cdot\boldsymbol{n})dS$$

が成り立つ（質量保存則）．したがって，

$$\iiint_V \left(\frac{\partial \rho}{\partial t} + \mathrm{div}(\rho\boldsymbol{v})\right)dV = 0$$

が成り立つ．V は流体中の任意の領域であるから，

$$\frac{\partial \rho}{\partial t} + \mathrm{div}(\rho\boldsymbol{v}) = 0. \qquad \blacklozenge$$

問 2.17 次のベクトル場 $\boldsymbol{A}$ の $\boldsymbol{n}$ で定められた側の閉曲面 S 上の面積分を求めよ．定義に従う場合とガウスの発散定理を用いる場合の 2 通りの方法でそれぞれ計算してみよ．

(1) $\boldsymbol{A} = (x, z, y)$, $S = S_1 \cup S_2$ は半球面，$\boldsymbol{n}$ は S の外向き単位法線ベクトル．ここで，$S_1 = \{(x,y,z)\,|\,x^2+y^2+z^2 = 4,\ z \geq 0\}$, $S_2 = \{(x,y,z)\,|\,x^2+y^2 \leq 4,\ z = 0\}$.

(2) $\boldsymbol{A} = (4x, x^2y, -x^2z)$, S は 4 点 $(0,0,0)$, $(1,0,0)$, $(0,1,0)$, $(0,0,1)$ でつくられる 4 面体，$\boldsymbol{n}$ は S の外向き単位法線ベクトル．

問 2.18 次の等式が成り立つことを示せ．

$$\iiint_V \Delta u\,dV = \iint_{\partial V}\frac{\partial u}{\partial \boldsymbol{n}}dS$$

ただし，∂V は空間内の領域 V の境界を表す曲面で，$\boldsymbol{n}$ は ∂V の外向き単位法線ベクトルである．また，$u = u(x,y,z)$ は V 上で定義された滑らかな関数であり，Δ は**ラプラシアン**とよばれる微分作用素で次のように定義される．

$$\Delta u = \frac{\partial^2 u}{\partial x^2} + \frac{\partial^2 u}{\partial y^2} + \frac{\partial^2 u}{\partial z^2}$$

[*16] 流体が領域外に流出すると，領域内ではその分だけ減少する．

7.4 ストークスの定理

表裏のある曲面を向きづけ可能な曲面という[*17]. 次の定理は，2次元平面上の領域に対するグリーンの定理を3次元空間内の曲面に対して成り立つように拡張したものであり，ストークスの定理とよばれている．

> **定理 2.4**（ストークスの定理） S は空間内の向きづけ可能な曲面であり，有限個の単純閉曲線を境界にもつとする．$\boldsymbol{A}$ を S 上のベクトル場とするとき，
> $$\iint_S \mathrm{rot}\boldsymbol{A} \cdot \boldsymbol{n}\, dS = \int_{\partial S} \boldsymbol{A} \cdot d\boldsymbol{r} \tag{1}$$
> が成り立つ．ただし，∂S は S の境界を表し，その向きは S の内部を左手に見て進む向きにとる．また，S の単位法線ベクトル $\boldsymbol{n}$ の向きは，図 2.23 のように ∂S の向きに右ねじを回したとき右ねじが進む向きにとる．
>
>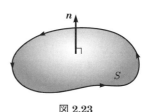
>
> 図 2.23

証明の概略 曲面 S が xy 平面に平行な平面 $z = c$ 上にある場合を考える．すなわち，
$$S = \{(x,y,z) \mid (x,y) \in D,\ z = c\}$$
とする．ただし，D は xy 平面上の単純閉曲線で囲まれた閉領域である．また $\boldsymbol{A}(x,y,z) = (f(x,y,z), g(x,y,z), h(x,y,z))$，$\boldsymbol{n} = (0,0,1)$ とする．S の面積要素は $dS = dxdy$ であるから，グリーンの定理により

[*17] 向きづけ不可能な曲面としてメビウスの帯がある．メビウスの帯は長方形の帯の一端を $180°$ ひねってつなぎあわせてできる曲面であり，表裏がない．

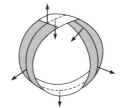

$$\iint_S \mathrm{rot}\boldsymbol{A}\cdot\boldsymbol{n}\,dS = \iint_D \left(\frac{\partial g}{\partial x} - \frac{\partial f}{\partial y}\right) dxdy$$
$$= \int_{\partial D} f\,dx + g\,dy = \int_{\partial S} \boldsymbol{A}\cdot d\boldsymbol{r}$$

が成り立つ*18．同様に，曲面 S が yz 平面，xz 平面に平行な平面上にある場合も上式が成り立つことが示せる．一般の曲面 S に対しては，グリーンの定理の証明と同様に，xy 平面，yz 平面，xz 平面に平行な微小長方形面を寄せ集めて曲面 S を近似して考える．このとき，各微小長方形面上で式 (1) が成り立つ．また，隣り合う 2 つの長方形どうしで互いに共有する辺の上では，対応する 2 つの線積分は互いに打ち消し合う．よって，これらの微小な長方形面を寄せ集めた領域上で，式 (1) が成り立つ．分割を細かくし極限を考えれば，S 上で式 (1) が成り立つこともわかる．■

▶ **参考 2.4** $\boldsymbol{A}$ が流体の速度分布を表すベクトル場と考えると，式 (1) の右辺は，流体が単位時間内に S のふち（境界）C に沿って流れる量を表している．実際，$\boldsymbol{A}\cdot\Delta r$ は流体が単位時間内に微小部分 Δr を流れる量を表すから，それらを寄せ集めると（積分すると）流体が単位時間内に C に沿って流れる総量になる．また，その総量は単位時間内に S の表面上で発生する渦の量に等しいはずである．したがって，式 (1) の左辺は単位時間内に S の表面上で発生する渦の量を表し，$\mathrm{rot}\boldsymbol{A}\cdot\boldsymbol{n}$ は単位時間内に発生する渦の量の面積密度を表していることがわかる．

問 2.19 次のベクトル場 $\boldsymbol{A}$ の曲線 C に沿う線積分を求めよ．定義に従う場合とストークスの定理を用いる場合の 2 通りの方法でそれぞれ計算してみよ．
(1) $\boldsymbol{A} = (-5y, 4x, z)$，$C$ は円 $x^2 + y^2 = 4$，$z = 1$．
(2) $\boldsymbol{A} = (0, xyz, 0)$，$C$ は 3 点 $(1,0,0)$，$(0,1,0)$，$(0,0,1)$ でつくられる 3 角形．

8 スカラーポテンシャルとベクトルポテンシャル

V は領域 Ω 上で定義されたベクトル場であるとする．$V = \mathrm{grad}\,\varphi$ となるスカラー場 φ が存在するとき，φ を V の**スカラーポテンシャル**という．また，$V = \mathrm{rot}\boldsymbol{A}$ となるベクトル場 $\boldsymbol{A}$ が存在するとき，$\boldsymbol{A}$ を V の**ベクトルポテンシャル**という．本章の第 4 節の命題 2.1 の結果から，スカラーポテンシャルとベクトルポテンシャルが存在するための必要条件は，それぞれ $\mathrm{rot}\boldsymbol{V} = \boldsymbol{0}$ と

---
*18 曲面 S は xy 平面に平行な平面上にあるので，$dz = 0$ となる．

8 スカラーポテンシャルとベクトルポテンシャル

$\mathrm{div}\boldsymbol{V} = 0$ であることがわかる．ここでは，スカラーポテンシャルとベクトルポテンシャルが存在するための十分条件を述べる．

> **命題 2.4**　Ω を3次元空間内の単連結領域とする[*19]．Ω 上で定義されたベクトル場 $\boldsymbol{V}$ が $\mathrm{rot}\boldsymbol{V} = 0$ をみたすならば，$\boldsymbol{V} = \mathrm{grad}\,\varphi$ をみたす Ω 上のスカラー場 φ が存在する．

✓ **注意 2.8**　φ が $\boldsymbol{V} = \mathrm{grad}\,\varphi$ をみたすとき，$\tilde{\varphi} = \varphi + c$（$c$ は任意定数）も $\boldsymbol{V} = \mathrm{grad}\,\tilde{\varphi}$ をみたすので，スカラーポテンシャルには任意性がある．

命題 2.4 の証明の概略　$\boldsymbol{V} = (f, g, h)$ とする．Ω 上の 1 点 $\mathrm{P}_0(x_0, y_0, z_0)$ をとり固定する．

$$\varphi(\mathrm{P}) = \int_C \boldsymbol{V} \cdot d\boldsymbol{r} = \int_C f\,dx + g\,dy + h\,dz$$

とおく．ただし，C は点 P_0 と点 $\mathrm{P}(x, y, z)$ を結ぶ曲線である．このとき，φ の値は曲線の選び方に依存しない．実際，C_1 と C_2 を点 P_0 と点 P を結ぶ 2 つの曲線とするとき（図 2.24），

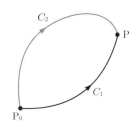

図 **2.24**

$$\int_{C_1} \boldsymbol{V} \cdot d\boldsymbol{r} - \int_{C_2} \boldsymbol{V} \cdot d\boldsymbol{r} = \int_{C_1} \boldsymbol{V} \cdot d\boldsymbol{r} + \int_{-C_2} \boldsymbol{V} \cdot d\boldsymbol{r} = \int_C \boldsymbol{V} \cdot d\boldsymbol{r}$$

が成り立つ．ここで，$-C_2$ は C_2 の向きを逆にした曲線であり，C は C_1 と $-C_2$ をつないで得られる閉曲線である．Ω は単連結であるから，C を境界にもつ曲面 M が存在する．よって，ストークスの定理により

[*19]　Ω 内の任意の単純閉曲線 C に対して，C を境界（ふち）とする曲面が Ω 内に存在するとき，Ω は **単連結** であるという．大まかにいうと，穴の空いていない領域は単連結であるといえるが，少し注意を要する．例えば，球から内部にある小球を取り除いてつくった空洞のある領域は単連結であるが，ドーナツのように棒を突き通して穴をつくった領域は単連結ではない．

 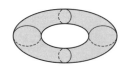

である．したがって，
$$\int_{C_1} \boldsymbol{V} \cdot d\boldsymbol{r} = \int_{C_2} \boldsymbol{V} \cdot d\boldsymbol{r}$$
これより，φ は点 P を与えれば値が一意的に定まり，Ω 上の関数である．この関数は
$$\frac{\partial \varphi}{\partial x} = f, \quad \frac{\partial \varphi}{\partial y} = g, \quad \frac{\partial \varphi}{\partial z} = h$$
すなわち，$\operatorname{grad} \varphi = \boldsymbol{V}$ をみたす．■

$$\int_C \boldsymbol{V} \cdot d\boldsymbol{r} = \iint_M \operatorname{rot} \boldsymbol{V} \cdot \boldsymbol{n} dS = 0$$

例題 2.14 $\boldsymbol{R}^3$ 上のベクトル場 $\boldsymbol{V} = (z^2, y, 2xz)$ がスカラーポテンシャルをもてば，それを求めよ．

[**解**] $\boldsymbol{R}^3$ は単連結であり，
$$\operatorname{rot} \boldsymbol{V} = \left(\frac{\partial}{\partial y}(2xz) - \frac{\partial}{\partial z}(y), \frac{\partial}{\partial z}(z^2) - \frac{\partial}{\partial x}(2xz), \frac{\partial}{\partial x}(y) - \frac{\partial}{\partial y}(z^2) \right)$$
$$= \boldsymbol{0}$$

であるから，$\boldsymbol{V}$ はスカラーポテンシャルをもつ．$\boldsymbol{R}^3$ 上の任意の点 (a, b, c) と原点を結ぶ線分 $C = \{(at, bt, ct) \,|\, 0 \leq t \leq 1\}$ に対し

$$\int_C \boldsymbol{V} \cdot d\boldsymbol{r} = \int_C z^2 dx + y dy + 2xz dz$$
$$= \int_0^1 (ct)^2 a dt + (bt) b dt + 2(at)(ct) c dt$$
$$= \int_0^1 \left(3ac^2 t^2 + b^2 t \right) dt = ac^2 + \frac{b^2}{2}$$

となる．(a, b, c) を (x, y, z) に書き直して $\varphi(x, y, z) = xz^2 + y^2/2$ とおくと，$\operatorname{grad} \varphi = \boldsymbol{V}$ が成り立つ．◆

問 2.20 次の $\boldsymbol{R}^3$ 上のベクトル場がスカラーポテンシャルをもてば，それを求めよ．
(1) $\boldsymbol{V} = (x^2 y, yz, z^2)$ (2) $\boldsymbol{V} = (y + z\sin(xz), x, x\sin(xz))$

命題 2.5 Ω は 3 次元空間内の可縮な領域であるとする[20]．Ω 上で定義されたベクトル場 $\boldsymbol{V}$ が $\mathrm{div}\boldsymbol{V} = 0$ をみたすならば，$\boldsymbol{V} = \mathrm{rot}\boldsymbol{A}$ をみたす Ω 上のベクトル場 $\boldsymbol{A}$ が存在する．

✔ **注意 2.9** $\boldsymbol{A}$ が $\boldsymbol{V} = \mathrm{rot}\boldsymbol{A}$ をみたすとき，命題 2.1 より $\tilde{\boldsymbol{A}} = \boldsymbol{A} + \nabla f$（$f$ は任意関数）も $\boldsymbol{V} = \mathrm{rot}\tilde{\boldsymbol{A}}$ をみたすので，ベクトルポテンシャルには任意性がある．

命題 2.5 の証明の概略　簡単のため，$\boldsymbol{V}$ は $\boldsymbol{R}^3$ 上のベクトル場であるとする．$\boldsymbol{V} = (V_1, V_2, V_3)$，$\boldsymbol{A} = (A_1, A_2, A_3)$ とおく．$\boldsymbol{V} = \mathrm{rot}\boldsymbol{A}$ をみたす $\boldsymbol{A}$ を求める．とくに，$A_3 = 0$ として

$$V_1 = -\frac{\partial A_2}{\partial z}, \quad V_2 = \frac{\partial A_1}{\partial z}, \quad V_3 = \frac{\partial A_2}{\partial x} - \frac{\partial A_1}{\partial y}$$

をみたす A_1, A_2 を求めればよい．上の第 1 式と第 2 式より

$$A_2 = -\int_{z_0}^{z} V_1(x, y, s)ds + f(x, y), \quad A_1 = \int_{z_0}^{z} V_2(x, y, s)ds + g(x, y)$$

を得る．ただし，$f(x, y), g(x, y)$ は任意の関数である．これらを第 3 式に代入して $\mathrm{div}\boldsymbol{V} = \partial V_1/\partial x + \partial V_2/\partial y + \partial V_3/\partial z = 0$ を用いると

$$\begin{aligned}V_3(x, y, z) &= -\int_{z_0}^{z} \frac{\partial V_1}{\partial x}(x, y, s)ds + \frac{\partial f}{\partial x}(x, y) \\ &\quad - \int_{z_0}^{z} \frac{\partial V_2}{\partial y}(x, y, s)ds - \frac{\partial g}{\partial y}(x, y) \\ &= \int_{z_0}^{z} \frac{\partial V_3}{\partial z}(x, y, s)ds + \frac{\partial f}{\partial x}(x, y) - \frac{\partial g}{\partial y}(x, y) \\ &= V_3(x, y, z) - V_3(x, y, z_0) + \frac{\partial f}{\partial x}(x, y) - \frac{\partial g}{\partial y}(x, y)\end{aligned}$$

であるから，

$$\frac{\partial f}{\partial x}(x, y) - \frac{\partial g}{\partial y}(x, y) = V_3(x, y, z_0)$$

を得る．例えば，$g(x, y) = 0$ とすれば $f(x, y) = \int_{x_0}^{x} V_3(s, y, z_0)ds$ であるから，

---

[20] 連続的な変形によって 1 点に縮めることのできる領域である．例えば，$\boldsymbol{R}^3$ は可縮であるが，空洞のある領域は可縮でない．

$$\boldsymbol{A} = \left(\int_{z_0}^{z} V_2(x,y,s)ds, -\int_{z_0}^{z} V_1(x,y,s)ds + \int_{x_0}^{x} V_3(s,y,z_0)ds, 0 \right)$$

が求めるベクトル場である．■

問 2.21 次の $\boldsymbol{R}^3$ 上のベクトル場がベクトルポテンシャルをもてば，それを求めよ．
(1) $\boldsymbol{V} = (2x, -y, -z)$ (2) $\boldsymbol{V} = (x^2, xy, xyz)$

証明は省略するが，**ヘルムホルツの分解定理**とよばれる次の主張も成り立つ．

> **定理 2.5** 1つの滑らかな曲面で囲まれた単連結な領域 Ω 上で定義された任意のベクトル場 $\boldsymbol{V}$ に対して
>
> $$\boldsymbol{V} = \operatorname{grad} \varphi + \operatorname{rot} \boldsymbol{A}$$
>
> をみたす Ω 上のスカラー場 φ とベクトル場 $\boldsymbol{A}$ が存在する．

定理 2.5 は，（あまり複雑な領域でなければ）どんな流れであっても，ベクトルポテンシャルによって生じる回転（渦）の流れとスカラーポテンシャルの勾配によって生じる流れの 2 つに分解できることを意味している．

練習問題

2.1 $f(x,y,z) = x^2 y + z e^y$，$\boldsymbol{A} = (x+y, zx, -3y)$ とする．次のものを求めよ．
  (1) ∇f (2) $\dfrac{\partial f}{\partial \boldsymbol{n}}(1,0,-2)$，$\boldsymbol{n} = \dfrac{1}{\sqrt{2}}(1,0,1)$ (3) $\operatorname{div} \boldsymbol{A}$
  (4) $\operatorname{rot} \boldsymbol{A}$

2.2 次の線積分を求めよ．
  (1) $\displaystyle\int_C f ds$，$f = \dfrac{yz}{\sqrt{1+x^2}}$，$C = \{(x,y,z) \mid x^2 + y^2 = 1,\ z = y+1\}$
  (2) $\displaystyle\int_C \boldsymbol{A} \cdot d\boldsymbol{r}$，$\boldsymbol{A} = (e^x, e^{-y}, e^z)$，$C: \boldsymbol{r}(t) = (t, t^2, t)\quad (0 \leq t \leq 1)$

2.3 次の面積分を求めよ．
  (1) $\displaystyle\int_S f dS$，$f = x + z^2$，$S = \{(x,y,z) \mid (x-1)^2 + (y-1)^2 = z^2,\ y \geq 1, 0 \leq z \leq 1\}$

(2) $\int_S \boldsymbol{A} \cdot \boldsymbol{n} dS$, $\boldsymbol{A} = (x, y, 1)$, $S : \boldsymbol{r}(u, v) = (u, v, u^2 - v^2)$ $(0 \leq u \leq 1, 0 \leq v \leq 2)$, $\boldsymbol{n}$ は z 成分が正である S の単位法線ベクトル.

2.4 (1) 極座標変換 $x = r\cos\theta$, $y = r\sin\theta$ を用いて，$f(x, y)$ を (r, θ) の関数と見るとき，次の等式が成り立つことを示せ.

$$\frac{\partial f}{\partial r} = (\cos\theta)\frac{\partial f}{\partial x} + (\sin\theta)\frac{\partial f}{\partial y},$$

$$\frac{\partial f}{\partial \theta} = -(r\sin\theta)\frac{\partial f}{\partial x} + (r\cos\theta)\frac{\partial f}{\partial y}$$

(2) 原点を中心とする円周 C に対して，C 上の点 P における外向き法線方向の微分が次式で与えられることを示せ.

$$\frac{\partial f}{\partial \boldsymbol{n}}(\mathrm{P}) = \nabla f(\mathrm{P}) \cdot \boldsymbol{n} = \frac{\partial f}{\partial r}(\mathrm{P})$$

2.5 グリーンの公式を用いて，平面上の領域 D の面積 S が $S = \dfrac{1}{2}\int_{\partial D} -ydx + xdy$

で与えられることを示せ．また，この結果を用いて，楕円 $\dfrac{x^2}{a^2} + \dfrac{y^2}{b^2} = 1$ の面積が πab で与えられることを示せ.

2.6 3次元空間内のスカラー場 φ とベクトル場 $\boldsymbol{V} = (f, g, h)$ に対して，次の等式が成り立つことを示せ.
(1) $\nabla \times (\varphi \boldsymbol{V}) = \nabla\varphi \times \boldsymbol{V} + \varphi(\nabla \times \boldsymbol{V})$
(2) $\nabla \times (\nabla \times \boldsymbol{V}) = -\Delta \boldsymbol{V} + \nabla(\nabla \cdot \boldsymbol{V})$. ただし，$\Delta \boldsymbol{V} = (\Delta f, \Delta g, \Delta h)$

補遺 1　微 分 形 式

微分形式を導入すると，本章の第 7 節で述べた 3 つの定理は，1 つの等式から導かれる．ここでは，計算の規則性を見るために $x_1 x_2 x_3$ 座標系を用いる.

補遺 1.1　微分形式の定義

$x_1 x_2 x_3$ 空間内の領域上で定義された関数 $f(x_1, x_2, x_3)$ の全微分は

$$df = \frac{\partial f}{\partial x_1}dx_1 + \frac{\partial f}{\partial x_2}dx_2 + \frac{\partial f}{\partial x_3}dx_3$$

で与えられる．この式の右辺に注目して，次の定義をおく．

> **定義 2.A.1** 関数 $a_1 = a_1(x_1, x_2, x_3)$, $a_2 = a_2(x_1, x_2, x_3)$, $a_3 = a_3(x_1, x_2, x_3)$ に対して
>
> $$a_1 dx_1 + a_2 dx_2 + a_3 dx_3$$
>
> で表される形式を 1 次微分形式という[*21]．また，関数 $f = f(x_1, x_2, x_3)$ を 0 次微分形式という．

関数を f, g などの文字を用いて表す習慣があるように，微分形式はギリシャ文字の ω を用いて表されることが多い．上の定義によれば，例えば，関数 $f = x_1 x_2 + x_3{}^2$ は $\boldsymbol{R}^3$ 上の 0 次微分形式である．また，

$$\omega = (x_1 + x_2 - x_3)dx_1 + \cos(x_1 - x_3)dx_2 + \frac{1}{1 + x_1{}^2 + x_2{}^2 + x_3{}^2}dx_3$$

は $\boldsymbol{R}^3$ 上の 1 次微分形式である．

次に，2 次以上の微分形式を定義するために，wedge 積という演算を導入する．dx_i, dx_j $(i, j = 1, 2, 3)$ に対して，$dx_i \wedge dx_j$ を dx_i と dx_j の **wedge 積**という．wedge 積は次の性質をもつ．

$$dx_j \wedge dx_i = -dx_i \wedge dx_j \qquad (i, j = 1, 2, 3) \tag{1}$$

この式より $dx_i \wedge dx_i = 0$ であることはすぐにわかる．ゆえに，dx_i と dx_j の wedge 積で独立なものは，$dx_1 \wedge dx_2$, $dx_2 \wedge dx_3$, $dx_3 \wedge dx_1$ の 3 つしかない．

同様に，dx_i, dx_j, dx_k $(i, j, k = 1, 2, 3)$ の wedge 積を $dx_i \wedge dx_j \wedge dx_k$ で表す．この wedge 積は，dx_i, dx_j, dx_k のうちのどれか 2 つの順番を入れ換えると符号が変わるという性質をもつ．例えば，

$$dx_i \wedge dx_k \wedge dx_j = -dx_i \wedge dx_j \wedge dx_k$$

[*21] ここでは，単なる記号として理解しておく．以後の計算も機械的に行う．

よって，$dx_i \wedge dx_i \wedge dx_k = 0$ のように，同じものが 2 つあれば 0 になる．また，dx_i, dx_j, dx_k の wedge 積で独立なものは $dx_1 \wedge dx_2 \wedge dx_3$ の 1 つだけである．

4 つ以上の $dx_i, dx_j, dx_k, dx_\ell, \cdots$ の wedge 積は 0 と定義する．実際，$dx_i, dx_j, dx_k, dx_\ell, \cdots$ の中には同じものが 2 つ以上存在するからである．このことは，4 次以上の微分形式が 0 であることを意味する．

> **定義 2.A.2** 関数 $a_1 = a_1(x_1, x_2, x_3)$, $a_2 = a_2(x_1, x_2, x_3)$, $a_3 = a_3(x_1, x_2, x_3)$ に対して
>
> $$a_1 dx_2 \wedge dx_3 + a_2 dx_3 \wedge dx_1 + a_3 dx_1 \wedge dx_2$$
>
> で表される形式を 2 次微分形式という．また，関数 $a = a(x_1, x_2, x_3)$ に対して
>
> $$a\, dx_1 \wedge dx_2 \wedge dx_3$$
>
> で表される形式を 3 次微分形式という．

wedge 積については，式 (1) に注意しながら普通の演算ができる．例えば，$\omega_1 = a_1 dx_1 + a_2 dx_2 + a_3 dx_3$, $\omega_2 = b_1 dx_1 + b_2 dx_2 + b_3 dx_3$ のときは，次のように計算できる．

$$\begin{aligned}
\omega_1 \wedge \omega_2 &= (a_1 dx_1 + a_2 dx_2 + a_3 dx_3) \wedge (b_1 dx_1 + b_2 dx_2 + b_3 dx_3) \\
&= a_1 b_1 dx_1 \wedge dx_1 + a_1 b_2 dx_1 \wedge dx_2 + a_1 b_3 dx_1 \wedge dx_3 \\
&\quad + a_2 b_1 dx_2 \wedge dx_1 + a_2 b_2 dx_2 \wedge dx_2 + a_2 b_3 dx_2 \wedge dx_3 \\
&\quad + a_3 b_1 dx_3 \wedge dx_1 + a_3 b_2 dx_3 \wedge dx_2 + a_3 b_3 dx_3 \wedge dx_3 \\
&= 0 + a_1 b_2 dx_1 \wedge dx_2 - a_1 b_3 dx_3 \wedge dx_1 - a_2 b_1 dx_1 \wedge dx_2 \\
&\quad + 0 + a_2 b_3 dx_2 \wedge dx_3 + a_3 b_1 dx_3 \wedge dx_1 - a_3 b_2 dx_2 \wedge dx_3 + 0 \\
&= (a_1 b_2 - a_2 b_1) dx_1 \wedge dx_2 + (a_2 b_3 - a_3 b_2) dx_2 \wedge dx_3 \\
&\quad + (a_3 b_1 - a_1 b_3) dx_3 \wedge dx_1
\end{aligned}$$

ここで，$\boldsymbol{a} = (a_1, a_2, a_3)$, $\boldsymbol{b} = (b_1, b_2, b_3)$, $\boldsymbol{c} = \boldsymbol{a} \times \boldsymbol{b} = (c_1, c_2, c_3)$ とすると，

$$c_1 = a_2 b_3 - a_3 b_2, \quad c_2 = a_3 b_1 - a_1 b_3, \quad c_3 = a_1 b_2 - a_2 b_1$$

であるから，上の計算結果は

$$\omega_1 \wedge \omega_2 = c_1 dx_2 \wedge dx_3 + c_2 dx_3 \wedge dx_1 + c_3 dx_1 \wedge dx_2$$

と表されることに注意しよう．

問 2.A.1 $\omega_1 = a_1 dx_1 + a_2 dx_2 + a_3 dx_3$, $\omega_2 = b_1 dx_1 + b_2 dx_2 + b_3 dx_3$, $\omega_3 = c_1 dx_1 + c_2 dx_2 + c_3 dx_3$ のとき，

$$\omega_1 \wedge \omega_2 \wedge \omega_3 = \det(\boldsymbol{a}, \boldsymbol{b}, \boldsymbol{c})\, dx_1 \wedge dx_2 \wedge dx_3$$

となることを示せ．ここで，$\boldsymbol{a} = (a_1, a_2, a_3)$, $\boldsymbol{b} = (b_1, b_2, b_3)$, $\boldsymbol{c} = (c_1, c_2, c_3)$ である．

再び，関数 f の全微分が

$$df = \frac{\partial f}{\partial x_1} dx_1 + \frac{\partial f}{\partial x_2} dx_2 + \frac{\partial f}{\partial x_3} dx_3$$

で与えられることを思い出そう．これは，0 次微分形式 f を微分すると，1 次微分形式 df が得られることを意味している．

定義 2.A.3 1 次微分形式 $\omega = a_1 dx_1 + a_2 dx_2 + a_3 dx_3$ に対し，

$$d\omega = da_1 \wedge dx_1 + da_2 \wedge dx_2 + da_3 \wedge dx_3 \tag{2}$$

と定義する．2 次微分形式 $d\omega$ を 1 次微分形式 ω の外微分という．また，0 次微分形式 f に対して，1 次微分形式

$$df = \frac{\partial f}{\partial x_1} dx_1 + \frac{\partial f}{\partial x_2} dx_2 + \frac{\partial f}{\partial x_3} dx_3$$

を 0 次微分形式 f の外微分という．

式 (2) の右辺を具体的に計算してみよう．

$$\begin{aligned}da_1 \wedge dx_1 &= \left(\frac{\partial a_1}{\partial x_1} dx_1 + \frac{\partial a_1}{\partial x_2} dx_2 + \frac{\partial a_1}{\partial x_3} dx_3 \right) \wedge dx_1 \\ &= -\frac{\partial a_1}{\partial x_2} dx_1 \wedge dx_2 + \frac{\partial a_1}{\partial x_3} dx_3 \wedge dx_1\end{aligned}$$

である．同様に，

$$da_2 \wedge dx_2 = \frac{\partial a_2}{\partial x_1} dx_1 \wedge dx_2 - \frac{\partial a_2}{\partial x_3} dx_2 \wedge dx_3$$

$$da_3 \wedge dx_3 = -\frac{\partial a_3}{\partial x_1} dx_3 \wedge dx_1 + \frac{\partial a_3}{\partial x_2} dx_2 \wedge dx_3$$

したがって,

$$d\omega = \left(\frac{\partial a_3}{\partial x_2} - \frac{\partial a_2}{\partial x_3}\right) dx_2 \wedge dx_3 + \left(\frac{\partial a_1}{\partial x_3} - \frac{\partial a_3}{\partial x_1}\right) dx_3 \wedge dx_1$$

$$+ \left(\frac{\partial a_2}{\partial x_1} - \frac{\partial a_1}{\partial x_2}\right) dx_1 \wedge dx_2 \tag{3}$$

この計算結果より,ベクトル場 $\boldsymbol{A} = (A_1, A_2, A_3)$ に対して,$\omega = A_1 dx_1 + A_2 dx_2 + A_3 dx_3$ とおくと,$d\omega = B_1 dx_2 \wedge dx_3 + B_2 dx_3 \wedge dx_1 + B_3 dx_1 \wedge dx_2$ となることがわかる.ここで,$\boldsymbol{B} = (B_1, B_2, B_3) = \mathrm{rot}\,\boldsymbol{A} = \nabla \times \boldsymbol{A}$ である.また,スカラー場 f に対して,$df = g_1 dx_1 + g_2 dx_2 + g_3 dx_3$ となる.ここで,$\boldsymbol{g} = (g_1, g_2, g_3) = \mathrm{grad}\,f = \nabla f$ である.

> **定義 2.A.4** 2次微分形式 $\omega = a_1 dx_2 \wedge dx_3 + a_2 dx_3 \wedge dx_1 + a_3 dx_1 \wedge dx_2$ に対し,
>
> $$d\omega = da_1 \wedge dx_2 \wedge dx_3 + da_2 \wedge dx_3 \wedge dx_1 + da_3 \wedge dx_1 \wedge dx_2 \tag{4}$$
>
> と定義する.3次微分形式 $d\omega$ を2次微分形式 ω の外微分という.

問 2.A.2 式 (4) の右辺が $(\mathrm{div}\,\boldsymbol{A}) dx_1 \wedge dx_2 \wedge dx_3$ に等しいことを示せ.ここで,$\boldsymbol{A} = (a_1, a_2, a_3)$ とする.

✔ **注意 2.A.1** 4次以上の微分形式は 0 であるから,3次微分形式の外微分は 0 である.

微分形式 ω から外微分 $d\omega$ をつくる演算は d で表される.この d を**外微分作用素**という.外微分作用素は次の重要な性質をもつ.

> **定理 2.A.1** $d^2 = 0$, すなわち,すべての微分形式 ω に対して $d^2\omega = d(d\omega) = 0$.

例えば，0 次微分形式 f に対して，$df = \dfrac{\partial f}{\partial x_1}dx_1 + \dfrac{\partial f}{\partial x_2}dx_2 + \dfrac{\partial f}{\partial x_3}dx_3$ であるから，式 (3) を用いると

$$\begin{aligned}
d^2 f = d(df) &= \left\{ \frac{\partial}{\partial x_2}\left(\frac{\partial f}{\partial x_3}\right) - \frac{\partial}{\partial x_3}\left(\frac{\partial f}{\partial x_2}\right) \right\} dx_2 \wedge dx_3 \\
&\quad + \left\{ \frac{\partial}{\partial x_3}\left(\frac{\partial f}{\partial x_1}\right) - \frac{\partial}{\partial x_1}\left(\frac{\partial f}{\partial x_3}\right) \right\} dx_3 \wedge dx_1 \\
&\quad + \left\{ \frac{\partial}{\partial x_1}\left(\frac{\partial f}{\partial x_2}\right) - \frac{\partial}{\partial x_2}\left(\frac{\partial f}{\partial x_1}\right) \right\} dx_1 \wedge dx_2 \\
&= \left(\frac{\partial^2 f}{\partial x_2 \partial x_3} - \frac{\partial^2 f}{\partial x_3 \partial x_2} \right) dx_2 \wedge dx_3 \\
&\quad + \left(\frac{\partial^2 f}{\partial x_3 \partial x_1} - \frac{\partial^2 f}{\partial x_1 \partial x_3} \right) dx_3 \wedge dx_1 \\
&\quad + \left(\frac{\partial^2 f}{\partial x_1 \partial x_2} - \frac{\partial^2 f}{\partial x_2 \partial x_1} \right) dx_1 \wedge dx_2 \\
&= 0
\end{aligned}$$

となる．これより，命題 2.1 で示した等式 $\mathrm{rot}(\mathrm{grad}\, f) = \boldsymbol{0}$ が導かれる．

問 2.A.3 1 次微分形式 ω に対して，$d^2\omega = 0$ となることを示せ．また，命題 2.1 で示した等式 $\mathrm{div}(\mathrm{rot}\,\boldsymbol{A}) = 0$ が導かれることを確かめよ．

補遺 1.2　積分定理

$x_1 x_2 x_3$ 空間内の領域上で定義された k 次微分形式 ω の積分を考えよう．ただし，$k = 1, 2, 3$ であり，$x_1 x_2 x_3$ 空間内の各点を $\boldsymbol{r} = (x_1, x_2, x_3)$ で表す．

$k = 1$ のとき，

$$\omega = \omega(\boldsymbol{r}) = A_1(\boldsymbol{r})dx_1 + A_2(\boldsymbol{r})dx_2 + A_3(\boldsymbol{r})dx_3 = \boldsymbol{A}(\boldsymbol{r}) \cdot d\boldsymbol{r}$$

の形で表される．ここで，$\boldsymbol{A} = \boldsymbol{A}(\boldsymbol{r}) = (A_1(\boldsymbol{r}), A_2(\boldsymbol{r}), A_3(\boldsymbol{r}))$ である．

定義 2.A.5　曲線 $C : \boldsymbol{r}(t) = (x_1(t), x_2(t), x_3(t))$　$(a \leq t \leq b)$ 上の 1 次微分形式 ω の積分を次式で定義する．

$$\int_C \omega = \int_C \boldsymbol{A} \cdot d\boldsymbol{r} = \sum_{j=1}^{3} \int_a^b A_j(\boldsymbol{r}(t)) \cdot \frac{dx_j(t)}{dt} dt$$

大まかにいえば，微分形式 ω に曲線のパラメータ表示の式を代入して積分すればよいのだが，上の定義式において置換積分の形が現れることに注意してほしい．これにより，積分の値は曲線のパラメータ表示の選び方に依存しないことが保証される．

同様に，2 次微分形式の曲面上の積分が定義できる．$k=2$ のとき，

$$\omega = \omega(\boldsymbol{r}) = A_1(\boldsymbol{r})dx_2 \wedge dx_3 + A_2(\boldsymbol{r})dx_3 \wedge dx_1 + A_3(\boldsymbol{r})dx_1 \wedge dx_2$$

の形で表される．ここで，$\boldsymbol{A} = \boldsymbol{A}(\boldsymbol{r}) = (A_1(\boldsymbol{r}), A_2(\boldsymbol{r}), A_3(\boldsymbol{r}))$ である．

定義 2.A.6 曲面 $S : \boldsymbol{r}(u,v) = (x_1(u,v), x_2(u,v), x_3(u,v))$, $(u,v) \in D$ 上の 2 次微分形式 ω の積分を

$$\int_S \omega = \int_D A_1(\boldsymbol{r}(u,v)) \frac{\partial(x_2, x_3)}{\partial(u,v)} dudv$$
$$+ \int_D A_2(\boldsymbol{r}(u,v)) \frac{\partial(x_3, x_1)}{\partial(u,v)} dudv$$
$$+ \int_D A_3(\boldsymbol{r}(u,v)) \frac{\partial(x_1, x_2)}{\partial(u,v)} dudv$$

で定義する．ここで，

$$\frac{\partial(x_1, x_2)}{\partial(u,v)}, \quad \frac{\partial(x_2, x_3)}{\partial(u,v)}, \quad \frac{\partial(x_3, x_1)}{\partial(u,v)}$$

はヤコビ行列式である．すなわち，

$$\frac{\partial(x_j, x_k)}{\partial(u,v)} = \begin{vmatrix} \dfrac{\partial x_j}{\partial u} & \dfrac{\partial x_j}{\partial v} \\ \dfrac{\partial x_k}{\partial u} & \dfrac{\partial x_k}{\partial v} \end{vmatrix} = \frac{\partial x_j}{\partial u}\frac{\partial x_k}{\partial v} - \frac{\partial x_k}{\partial u}\frac{\partial x_j}{\partial v}$$

上の定義が自然なものであることを確かめてみよう．$x_1 = x_1(u,v)$, $x_2 = x_2(u,v)$ であるから，

$$dx_1 \wedge dx_2 = \left(\frac{\partial x_1}{\partial u}du + \frac{\partial x_1}{\partial v}dv\right) \wedge \left(\frac{\partial x_2}{\partial u}du + \frac{\partial x_2}{\partial v}dv\right)$$
$$= \left(\frac{\partial x_1}{\partial u}\frac{\partial x_2}{\partial v} - \frac{\partial x_2}{\partial u}\frac{\partial x_1}{\partial v}\right)du \wedge dv$$
$$= \frac{\partial(x_1, x_2)}{\partial(u,v)}dudv$$

である．ここで，

$$du \wedge dv = dudv$$

とした．同様に

$$dx_2 \wedge dx_3 = \left(\frac{\partial x_2}{\partial u}\frac{\partial x_3}{\partial v} - \frac{\partial x_3}{\partial u}\frac{\partial x_2}{\partial v}\right)du \wedge dv = \frac{\partial(x_2, x_3)}{\partial(u,v)}dudv$$
$$dx_3 \wedge dx_1 = \left(\frac{\partial x_3}{\partial u}\frac{\partial x_1}{\partial v} - \frac{\partial x_1}{\partial u}\frac{\partial x_3}{\partial v}\right)du \wedge dv = \frac{\partial(x_3, x_1)}{\partial(u,v)}dudv$$

である．これより，2 次微分形式の積分の定義において，ヤコビ行列式が現れる理由がわかり，その定義が自然なものであることがわかる．また，積分の値は曲面のパラメータ表示の選び方に依存しない．

定義 2.A.7 領域 V 上の 3 次微分形式 $\omega = \omega(\boldsymbol{r}) = f(\boldsymbol{r})dx_1 dx_2 dx_3$ の積分を次式で定義する．

$$\int_V \omega = \iiint_V f(\boldsymbol{r})dx_1 dx_2 dx_3$$

微分形式を用いると，微積分学の基本定理

$$\int_a^b \frac{df}{dx}dx = f(b) - f(a)$$

は次のように一般化されることが知られている．

> **定理 2.A.2** 領域 D 上の微分形式 ω に対して
> $$\int_D d\omega = \int_{\partial D} \omega$$
> が成り立つ．ここで，∂D は D の境界を表す．

本章の第 7 節で述べた 3 つの定理は，すべて定理 2.A.2 の等式から導かれる．ここでは，ガウスの発散定理を導いてみる．V を $x_1 x_2 x_3$ 空間内の領域とすると，$S = \partial V$ は $x_1 x_2 x_3$ 空間内の曲面である．まず，S 上の 2 次微分形式 $\omega = A_1 dx_2 \wedge dx_3 + A_2 dx_3 \wedge dx_1 + A_3 dx_1 \wedge dx_2$ に対して

$$\int_{\partial V} \omega = \int_S \boldsymbol{A} \cdot \boldsymbol{n} dS, \quad \boldsymbol{A} = (A_1, A_2, A_3)$$

が成り立つことを示す．曲面 S が 2 つのパラメータ u, v を用いて $S : \boldsymbol{r}(u, v) = (x_1(u,v), x_2(u,v), x_3(u,v)), \ (u,v) \in D$ で表されるとき，$dS = |\boldsymbol{r}_u \times \boldsymbol{r}_v| du dv$ および $\boldsymbol{n} = \dfrac{\boldsymbol{r}_u \times \boldsymbol{r}_v}{|\boldsymbol{r}_u \times \boldsymbol{r}_v|}$ より

$$n_1 dS = \left(\frac{\partial x_2}{\partial u} \frac{\partial x_3}{\partial v} - \frac{\partial x_3}{\partial u} \frac{\partial x_2}{\partial v} \right) du dv,$$

$$n_2 dS = \left(\frac{\partial x_3}{\partial u} \frac{\partial x_1}{\partial v} - \frac{\partial x_1}{\partial u} \frac{\partial x_3}{\partial v} \right) du dv,$$

$$n_3 dS = \left(\frac{\partial x_1}{\partial u} \frac{\partial x_2}{\partial v} - \frac{\partial x_2}{\partial u} \frac{\partial x_1}{\partial v} \right) du dv$$

である．ここで，$\boldsymbol{n} = (n_1, n_2, n_3)$ である．したがって，

$$\omega = A_1 dx_2 \wedge dx_3 + A_2 dx_3 \wedge dx_1 + A_3 dx_1 \wedge dx_2$$
$$= A_1 \left(\frac{\partial x_2}{\partial u} \frac{\partial x_3}{\partial v} - \frac{\partial x_3}{\partial u} \frac{\partial x_2}{\partial v} \right) du dv$$
$$+ A_2 \left(\frac{\partial x_3}{\partial u} \frac{\partial x_1}{\partial v} - \frac{\partial x_1}{\partial u} \frac{\partial x_3}{\partial v} \right) du dv$$
$$+ A_3 \left(\frac{\partial x_1}{\partial u} \frac{\partial x_2}{\partial v} - \frac{\partial x_2}{\partial u} \frac{\partial x_1}{\partial v} \right) du dv$$
$$= (A_1 n_1 + A_2 n_2 + A_3 n_3) dS = \boldsymbol{A} \cdot \boldsymbol{n} dS$$

となる．よって，
$$\int_{\partial V} \omega = \int_S \boldsymbol{A} \cdot \boldsymbol{n} dS$$
が成り立つ．また，問 2.A.2 の結果より $d\omega = (\mathrm{div}\boldsymbol{A})\,dx_1 \wedge dx_2 \wedge dx_3$ である．したがって，
$$\int_V d\omega = \int_V (\mathrm{div}\boldsymbol{A})\,dx_1 \wedge dx_2 \wedge dx_3 = \iiint_V (\mathrm{div}\boldsymbol{A})\,dx_1 dx_2 dx_3$$
が成り立つ．ゆえに，定理 2.A.2 より，次の等式を得る．
$$\iiint_V (\mathrm{div}\boldsymbol{A})\,dx_1 dx_2 dx_3 = \int_S \boldsymbol{A} \cdot \boldsymbol{n} dS$$

問 2.A.4 S を $x_1 x_2 x_3$ 空間内の曲面とする．曲線 $C = \partial S$ 上の 1 次微分形式 $\omega = a_1 dx_1 + a_2 dx_2 + a_3 dx_3$ に対して，定理 2.A.2 を適用し，ストークスの定理を導け．

問 2.A.5 定理 2.A.2 を用いてグリーンの定理を導け．

補遺 2　曲線と曲面の曲率

補遺 2.1　曲線の曲率

弧長パラメータ s を用いて $\boldsymbol{p}(s) = (x(s), y(s))$ のように表される平面上の曲線を C とする．このとき，$\boldsymbol{e}_1(s) = \boldsymbol{p}'(s)$ は大きさ 1 の単位ベクトルであるから，$\boldsymbol{e}_1(s) \cdot \boldsymbol{e}_1(s) = 1$ が成り立つ．よって，この両辺を s で微分すると，$\boldsymbol{e}_1{}'(s) \cdot \boldsymbol{e}_1(s) = 0$ となる．すなわち，$\boldsymbol{e}_1{}'(s)$ と $\boldsymbol{e}_1(s)$ は直交する．したがって，$\boldsymbol{e}_1(s)$ を反時計回りに $\pi/2$ 回転して得られる単位ベクトルを $\boldsymbol{e}_2(s)$ とすると（図 2.25），

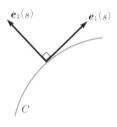

図 2.25

$$\boldsymbol{e}_1{}'(s) = \kappa(s) \boldsymbol{e}_2(s) \qquad (1)$$

をみたすスカラー量 $\kappa(s)$ が存在する．$\kappa(s)$ を曲線 C の**曲率**という．$\boldsymbol{e}_2(s) \cdot \boldsymbol{e}_2(s) = 1$ より

$$|\kappa(s)| = \sqrt{\boldsymbol{e_1}'(s) \cdot \boldsymbol{e_1}'(s)} = \sqrt{\boldsymbol{p}''(s) \cdot \boldsymbol{p}''(s)} = \sqrt{x''(s)^2 + y''(s)^2}$$

であることに注意しよう．これより，平面上の曲線の曲率の大きさは，曲線を描きながら一定の速さ 1 で動く点の加速度の大きさに等しいことがわかる．

同様に，$\boldsymbol{e_2}(s) \cdot \boldsymbol{e_2}(s) = 1$ の両辺を s で微分すると，$\boldsymbol{e_2}'(s) \cdot \boldsymbol{e_2}(s) = 0$ となるから，$\boldsymbol{e_2}'(s)$ と $\boldsymbol{e_2}(s)$ は直交する．また，$\boldsymbol{e_1}(s) \cdot \boldsymbol{e_2}(s) = 0$ の両辺を s で微分すると，$\boldsymbol{e_1}'(s) \cdot \boldsymbol{e_2}(s) + \boldsymbol{e_1}(s) \cdot \boldsymbol{e_2}'(s) = 0$ となる．これに式 (1) を代入すると，$\boldsymbol{e_1}(s) \cdot \boldsymbol{e_2}'(s) = -\kappa(s)$ を得る．したがって，

$$\boldsymbol{e_2}'(s) = -\kappa(s)\boldsymbol{e_1}(s) \tag{2}$$

が成り立つ．式 (1) と式 (2) をまとめて書くと，次のようになる．

$$\begin{pmatrix} \boldsymbol{e_1}'(s) \\ \boldsymbol{e_2}'(s) \end{pmatrix} = \begin{pmatrix} 0 & \kappa(s) \\ -\kappa(s) & 0 \end{pmatrix} \begin{pmatrix} \boldsymbol{e_1}(s) \\ \boldsymbol{e_2}(s) \end{pmatrix} \tag{3}$$

曲率は平面上の曲線を特徴付ける量である．すなわち，次の定理が成り立つことが知られている[*22]．

定理 2.A.3 曲率が等しい 2 つの平面上の曲線は，平行移動と回転移動により重ね合わせることができる．

例題 2.A.1 原点を中心とする半径 r の円 C の曲率を求めよ．

[解] 円 C は弧長パラメータ s を用いて $\boldsymbol{p}(s) = \left(r\cos\dfrac{s}{r}, r\sin\dfrac{s}{r}\right)$ ($0 \leq s \leq 2\pi r$) で表される．$\boldsymbol{e_1}(s) = \boldsymbol{p}'(s)$ であることと，$\boldsymbol{e_2}(s)$ が $\boldsymbol{e_1}(s)$ を半時計回りに $\pi/2$ 回転して得られることから，

$$\boldsymbol{e_1}(s) = \left(-\sin\dfrac{s}{r}, \cos\dfrac{s}{r}\right), \quad \boldsymbol{e_2}(s) = \left(-\cos\dfrac{s}{r}, -\sin\dfrac{s}{r}\right)$$

となることがわかる．

$$\boldsymbol{e_1}'(s) = \left(-\dfrac{1}{r}\cos\dfrac{s}{r}, -\dfrac{1}{r}\sin\dfrac{s}{r}\right) = \dfrac{1}{r}\boldsymbol{e_2}(s)$$

であるから，円 C の曲率は $\kappa(s) \equiv 1/r$ である．よって，半径 r を十分大き

[*22] この定理は，常微分方程式の解の一意存在定理（第 1 章の第 6 節）を式 (3) に適用して示される．

くすれば，曲率は小さくなり 0 に近づく．これは，半径が大きくなると円は（局所的には）直線に近づくことを意味している．◆

問 2.A.6 曲線の曲率が常に 0 になるのは，曲線が直線のときに限ることを示せ．

空間内の曲線についても，平面上の曲線と同様に考えることができる．空間内の曲線 C が，弧長パラメータ s を用いて $\boldsymbol{p}(s) = (x(s), y(s), z(s))$ のように表されているとき，曲線 C の**曲率**を

$$\kappa(s) = \sqrt{\boldsymbol{e}_1{}'(s) \cdot \boldsymbol{e}_1{}'(s)} = \sqrt{\boldsymbol{p}''(s) \cdot \boldsymbol{p}''(s)}$$
$$= \sqrt{x''(s)^2 + y''(s)^2 + z''(s)^2} \geq 0$$

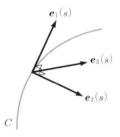

図 2.26

で定義する．ただし，$\boldsymbol{e}_1(s) = \boldsymbol{p}'(s)$ は大きさ 1 の単位ベクトルである．$\kappa(s) > 0$ のときは，$\boldsymbol{e}_2(s) = \boldsymbol{e}_1{}'(s)/\kappa(s)$ とおくと，$\boldsymbol{e}_2(s)$ は $\boldsymbol{e}_1(s)$ に直交する大きさ 1 の単位ベクトルになる．実際，$\boldsymbol{e}_1(s) \cdot \boldsymbol{e}_1(s) = 1$ の両辺を s で微分すると，$\boldsymbol{e}_1{}'(s) \cdot \boldsymbol{e}_1(s) = 0$ であるから，$\boldsymbol{e}_1(s) \cdot \boldsymbol{e}_2(s) = 0$ となる．

以下では，$\kappa(s) > 0$ とする．このとき，$\boldsymbol{e}_3(s) = \boldsymbol{e}_1(s) \times \boldsymbol{e}_2(s)$ とおくと，$\boldsymbol{e}_1(s), \boldsymbol{e}_2(s), \boldsymbol{e}_3(s)$ は図 2.26 のような互いに直交する大きさ 1 の単位ベクトルになる．すなわち，

$$\boldsymbol{e}_i(s) \cdot \boldsymbol{e}_j(s) = \begin{cases} 1 & (i = j) \\ 0 & (i \neq j) \end{cases}$$

である．上式の両辺を s で微分して，平面上の曲線の場合と同様に考えると，

$$\begin{pmatrix} \boldsymbol{e}_1{}'(s) \\ \boldsymbol{e}_2{}'(s) \\ \boldsymbol{e}_3{}'(s) \end{pmatrix} = \begin{pmatrix} 0 & \kappa(s) & 0 \\ -\kappa(s) & 0 & \tau(s) \\ 0 & -\tau(s) & 0 \end{pmatrix} \begin{pmatrix} \boldsymbol{e}_1(s) \\ \boldsymbol{e}_2(s) \\ \boldsymbol{e}_3(s) \end{pmatrix} \quad (4)$$

を得る．ここで，$\tau(s)$ は空間内の曲線の**捩率**とよばれるスカラー量である．

問 2.A.7 式 (4) を導け．

例題 2.A.2 曲率が常に正である空間内の曲線を考える．このとき，捩率が常に 0 になるのは，曲線がある 1 つの平面内に含まれているときに限ることを示せ．

[解] 曲線 C は弧長パラメータ s を用いて $\boldsymbol{p}(s)$ で表されるとする．曲線 C がある 1 つの平面内に含まれているとき，$\boldsymbol{a} \cdot \boldsymbol{p}(s) = c$ が成り立つ．ただし，$\boldsymbol{a}$ は平面の法線ベクトルであり，c は定数である．この両辺を s で微分して $\boldsymbol{a} \cdot \boldsymbol{e}_1(s) = 0$ となる．さらに，この両辺を s で微分して $\boldsymbol{e}_1'(s) = \kappa(s)\boldsymbol{e}_2(s)$ を用いると，$\kappa(s)\boldsymbol{a} \cdot \boldsymbol{e}_2(s) = 0$ を得る．よって，$\kappa(s) > 0$ であることに注意すると，$\boldsymbol{a} \cdot \boldsymbol{e}_2(s) = 0$ となる．ゆえに，$\boldsymbol{a}$ は $\boldsymbol{e}_1(s)$ と $\boldsymbol{e}_2(s)$ の両方に直交する．また，$\boldsymbol{a} \cdot \boldsymbol{e}_2(s) = 0$ の両辺を s で微分して $\boldsymbol{e}_2'(s) = -\kappa(s)\boldsymbol{e}_1(s) + \tau(s)\boldsymbol{e}_3(s)$ を用いると，$\tau(s)\boldsymbol{a} \cdot \boldsymbol{e}_3(s) = 0$ を得る．$\boldsymbol{a}$ は $\boldsymbol{e}_1(s)$ と $\boldsymbol{e}_2(s)$ の両方に直交しているから，$\boldsymbol{a} \cdot \boldsymbol{e}_3(s) \neq 0$ でなければならない．したがって，$\tau(s) \equiv 0$ であり，曲線 C の捩率は常に 0 となる．

逆に，曲線 C の捩率が常に 0，すなわち，$\tau(s) \equiv 0$ であるとする．このとき，$\boldsymbol{e}_3'(s) = -\tau(s)\boldsymbol{e}_2(s)$ より，$\boldsymbol{e}_3'(s) \equiv 0$ となる．よって，$\boldsymbol{e}_3(s)$ は s によらない一定の単位ベクトル $\boldsymbol{e}_3$ になる．したがって，

$$\frac{d}{ds}(\boldsymbol{e}_3 \cdot \boldsymbol{p}(s)) = \boldsymbol{e}_3 \cdot \boldsymbol{p}'(s) = \boldsymbol{e}_3 \cdot \boldsymbol{e}_1(s) = 0$$

となる．これより，$\boldsymbol{e}_3 \cdot \boldsymbol{p}(s) = c$ （c は定数）を得る．これは，曲線 C がある 1 つの平面内に含まれていることを意味する． ◆

問 2.A.8 空間内のらせん曲線 $\boldsymbol{p}(s) = (a\cos(s/c), a\sin(s/c), b(s/c))$ を考える．ただし，a, b は正の定数であり，$c = \sqrt{a^2 + b^2}$ である．この曲線の曲率と捩率を求めよ．

曲率と捩率は空間内の曲線を特徴付ける量である．すなわち，次の定理が成り立つことが知られている[*23]．

定理 2.A.4 曲率と捩率が等しい 2 つの空間内の曲線は，平行移動と回転移動により重ね合わせることができる．

[*23] この定理は，常微分方程式の解の一意存在定理（第 1 章の第 6 節）を式 (4) に適用して示される．

補遺 2.2　曲面の曲率

空間内の曲面上の任意の点 P において，曲面がどのくらい曲がっているのかを考えよう．図 2.27 のように，曲面上の曲線で点 P を通るものを選び，その曲線を空間内の曲線と見て，曲率を求める．曲線上の点 P における曲率の値は，曲線の選び方によって様々な値をとると考えられるが，

図 2.27

そのうちで最大のものと最小のものが，曲面上の点 P における曲面の曲がり具合を特徴付けていると考えるのが自然だろう．そこで，この考えにもとづいて計算を始めてみよう．

曲面が 2 つのパラメータ (u,v) を用いて，$\bm{p}(u,v)$ で表されているとする．曲面上の点 P を通る曲線が，弧長パラメータ s を用いて，$\bm{p}(s) = \bm{p}(u(s),v(s))$ で与えられているとする．ただし，$\bm{p}(s_0) = P$ とする．このとき，

$$\bm{p}'(s) = \frac{d}{ds}\bm{p}(u(s),v(s)) = \bm{p}_u \frac{du}{ds} + \bm{p}_v \frac{dv}{ds}$$

$$\bm{p}''(s) = \frac{d^2}{ds^2}\bm{p}(u(s),v(s))$$
$$= \bm{p}_{uu}\left(\frac{du}{ds}\right)^2 + 2\bm{p}_{uv}\frac{du}{ds}\frac{dv}{ds} + \bm{p}_{vv}\left(\frac{dv}{ds}\right)^2$$

である．$\bm{p}'(s)$ の大きさは 1 であるから，$\bm{p}'(s) \cdot \bm{p}'(s) = 1$ より

$$E\left(\frac{du}{ds}\right)^2 + 2F\frac{du}{ds}\frac{dv}{ds} + G\left(\frac{dv}{ds}\right)^2 = 1$$

である．ここで，$E = \bm{p}_u \cdot \bm{p}_u$, $F = \bm{p}_u \cdot \bm{p}_v$, $G = \bm{p}_v \cdot \bm{p}_v$ は，曲面の**第 1 基本量**とよばれている．$s = s_0$ のときの du/ds と dv/ds をそれぞれ ξ, η で表す．ξ, η が曲線の選び方によって様々な値をとりうることに注意すれば，条件

$$E\xi^2 + 2F\xi\eta + G\eta^2 = 1$$

の下で，$|\bm{p}''(s_0)|^2$ を最大・最小にする (ξ, η) と，そのときの $|\bm{p}''(s_0)|^2$ の値を

求めればよいと思われる[*24]. しかしながら,この計算を実行するのは難しい. そこで,曲面上の各点における単位法線ベクトル

$$\bm{e} = \frac{\bm{p}_u \times \bm{p}_v}{|\bm{p}_u \times \bm{p}_v|}$$

をとり,

$$\bm{p}''(s) \cdot \bm{e} = L\left(\frac{du}{ds}\right)^2 + 2M\frac{du}{ds}\frac{dv}{ds} + N\left(\frac{dv}{ds}\right)^2$$

を考える. ここで,$L = \bm{p}_{uu} \cdot \bm{e}$, $M = \bm{p}_{uv} \cdot \bm{e}$, $N = \bm{p}_{vv} \cdot \bm{e}$ は,曲面の**第2基本量**とよばれている. $\bm{p}''(s) \cdot \bm{e}$ は,曲面上に曲線を描きながら一定の速さ1で動く点の加速度の法線方向の成分である. 以下では,点 P における曲面の単位法線ベクトルを $\bm{e}(s_0)$ とするとき,

$$\bm{p}''(s_0) \cdot \bm{e}(s_0) = L\xi^2 + 2M\xi\eta + N\eta^2$$

を最大・最小にする (ξ, η) と,そのときの $\bm{p}''(s_0) \cdot \bm{e}(s_0)$ の値を求めよう.

$$f(\xi, \eta) = L\xi^2 + 2M\xi\eta + N\eta^2$$

とおく. 条件 $E\xi^2 + 2F\xi\eta + G\eta^2 = 1$ の下で,$f(\xi, \eta)$ の最大・最小を与える (ξ, η) をラグランジュの未定係数法を用いて求める[*25].

$$\varphi(\xi, \eta) = L\xi^2 + 2M\xi\eta + N\eta^2 - \lambda(E\xi^2 + 2F\xi\eta + G\eta^2 - 1)$$

とおく. ここで,λ は未定係数である. $\varphi_\xi = \varphi_\eta = 0$ より

$$(L - \lambda E)\xi + (M - \lambda F)\eta = 0, \quad (M - \lambda F)\xi + (N - \lambda G)\eta = 0 \quad (1)$$

を得る. これは (ξ, η) の連立1次方程式であり,$\xi = \eta = 0$ 以外の解をもたなければならない. よって,

---

[*24] ここでは,$E = \bm{p}_u \cdot \bm{p}_u$ は点 P における値 $\bm{p}_u(u(s_0), v(s_0)) \cdot \bm{p}_u(u(s_0), v(s_0))$ である. F, G についても同様である. よって,E, F, G は ξ, η に依存しない.

[*25] ここでは,$L = \bm{p}_{uu} \cdot \bm{e}$ は点 P における値 $\bm{p}_{uu}(u(s_0), v(s_0)) \cdot \bm{e}(u(s_0), v(s_0))$ である. M, N についても同様である. よって,E, F, G, L, M, N は ξ, η に依存しない.

$$\begin{vmatrix} L - \lambda E & M - \lambda F \\ M - \lambda F & N - \lambda G \end{vmatrix} = 0$$

が成り立つ．これより，

$$(EG - F^2)\lambda^2 - (EN + GL - 2FM)\lambda + LN - M^2 = 0 \qquad (2)$$

を得る．また，連立1次方程式 (1) の第1式と第2式にそれぞれ ξ と η を掛けて，それらを加え合わせると，

$$L\xi^2 + 2M\xi\eta + N\eta^2 = \lambda(E\xi^2 + 2F\xi\eta + G\eta^2)$$

が成り立つ．したがって，$E\xi^2 + 2F\xi\eta + G\eta^2 = 1$ のとき，式 (1) をみたす (ξ, η) を $f(\xi, \eta) = L\xi^2 + 2M\xi\eta + N\eta^2$ に代入すると，その値は λ になる．よって，$f(\xi, \eta)$ の最大値・最小値は2次方程式 (2) の解であり，それらを与える (ξ, η) は連立1次方程式 (1) の解であることがわかる．2次方程式 (2) の解を κ_1, κ_2 で表すと，解と係数の関係より，

$$K := \kappa_1 \kappa_2 = \frac{LN - M^2}{EG - F^2}, \qquad (3)$$

$$H := \frac{\kappa_1 + \kappa_2}{2} = \frac{EN + GL - 2FM}{2(EG - F^2)} \qquad (4)$$

となる．K と H は曲面上の点 P における曲面の曲がり具合を表す量であると考えてよいだろう．K を曲面の**ガウス曲率**，H を曲面の**平均曲率**という[*26]．

✔ **注意 2.A.2** 曲面のガウス曲率 K と平均曲率 H は，**型作用素**とよばれる行列

$$A := \begin{pmatrix} E & F \\ F & G \end{pmatrix}^{-1} \begin{pmatrix} L & M \\ M & N \end{pmatrix}$$

の行列式 $\det(A)$ とトレース $\mathrm{tr}(A)$ を用いて

$$K = \det(A), \quad H = \frac{\mathrm{tr}(A)}{2}$$

で定義することができる．すなわち，型作用素 A の固有値は2次方程式 (2) の解 κ_1, κ_2

[*26] ガウス曲率 K と平均曲率 H は曲面上で定義された実数値関数である．

で与えられる*27. κ_1, κ_2 を曲面の**主曲率**という.

例題 2.A.3 原点を中心とする半径 r の球面 S のガウス曲率と平均曲率を求めよ.

［解］ 球面 S は $\boldsymbol{p}(u,v) = (r\cos u\cos v, r\cos u\sin v, r\sin u)$ と表される. ここで, パラメータ u, v は図 2.28 のようにとる. このとき,

$$\boldsymbol{p}_u = (-r\sin u\cos v, -r\sin u\sin v, r\cos u),$$
$$\boldsymbol{p}_v = (-r\cos u\sin v, r\cos u\cos v, 0),$$
$$\boldsymbol{p}_{uu} = (-r\cos u\cos v, -r\cos u\sin v, -r\sin u),$$
$$\boldsymbol{p}_{uv} = (r\sin u\sin v, -r\sin u\cos v, 0),$$
$$\boldsymbol{p}_{vv} = (-r\cos u\cos v, -r\cos u\sin v, 0)$$

および

$$\boldsymbol{e} = \frac{\boldsymbol{p}_u \times \boldsymbol{p}_v}{|\boldsymbol{p}_u \times \boldsymbol{p}_v|}$$
$$= (-\cos u\cos v, -\cos u\sin v, -\sin u)$$

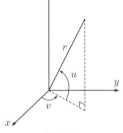

図 2.28

である*28. よって,

$$E = \boldsymbol{p}_u \cdot \boldsymbol{p}_u = r^2, \quad F = \boldsymbol{p}_u \cdot \boldsymbol{p}_v = 0, \quad G = \boldsymbol{p}_v \cdot \boldsymbol{p}_v = r^2\cos^2 u,$$
$$L = \boldsymbol{p}_{uu} \cdot \boldsymbol{e} = r, \quad M = \boldsymbol{p}_{uv} \cdot \boldsymbol{e} = 0, \quad N = \boldsymbol{p}_{vv} \cdot \boldsymbol{e} = r\cos^2 u$$

であるから, 式 (3) と式 (4) より

$$K = \frac{LN - M^2}{EG - F^2} = \frac{1}{r^2}, \quad H = \frac{EN + GL - 2FM}{2(EG - F^2)} = \frac{1}{r}. \qquad \blacklozenge$$

問 2.A.9 $0 < r < R$ とする. トーラス面

$$\boldsymbol{p}(u,v) = ((R + r\cos u)\cos v, (R + r\cos u)\sin v, r\sin u)$$

---

*27 2 次方程式 (2) は型作用素 A の固有方程式である.
*28 $\boldsymbol{e}$ が内向きであることに注意せよ. 通常の極座標の場合は $\boldsymbol{e}$ が外向きになる.

のガウス曲率と平均曲率を求めよ．

◆ 発展 2.A.1 曲面の第 1 基本量は，曲面の接ベクトルだけを用いて定義されている．よって，第 1 基本量は曲面上に束縛されている観測者が知ることのできる量（内在量）であるといえる．一方，曲面の第 2 基本量は，曲面の法線ベクトルを用いて定義されているため，観測者が曲面から離れて外に出て行かなければ知ることのできない量（外在量）である．式 (3) を見ると，ガウス曲率は第 1 基本量と第 2 基本量を用いて表されている．それゆえ，ガウス曲率は曲面の外在量であるように思われる．しかし，ガウス曲率は内在量であることが証明されている（ガウスの驚きの定理）．

◆ 発展 2.A.2 針金を使って閉じた曲線をつくり，石けん液の中にひたしてから静かにゆっくり引き上げると，針金の枠に石けん膜が張る．このとき，針金の枠の形に応じて，どのような形の石けん膜が張るのかという問題が考えられる．これは，与えられた閉曲線を境界にもつような曲面のうちで，表面積が最小になるようなものを求める問題として定式化され，プラトー問題（等周問題）とよばれている．平均曲率が常に 0 になる曲面は極小曲面とよばれており，プラトー問題の解であることが証明されている．現在では，極小曲面には様々な形のものがあることが知られている．

補遺 3 電磁ポテンシャル

ベクトルポテンシャルには任意性があることから示唆されるように，命題 2.5 の証明で与えたものとは異なる形のベクトルポテンシャルもある．例えば，$\boldsymbol{R}^3$ 上のベクトル場 $\boldsymbol{V}$ が $\mathrm{div}\,\boldsymbol{V} = \nabla \cdot \boldsymbol{V} = 0$ をみたし，無限遠方で $\boldsymbol{0}$ に収束するとき，

$$\boldsymbol{B}(\boldsymbol{x}) = \frac{1}{4\pi} \int_{\boldsymbol{y}} \frac{\boldsymbol{V}(\boldsymbol{y}) \times (\boldsymbol{x} - \boldsymbol{y})}{|\boldsymbol{x} - \boldsymbol{y}|^3} d\boldsymbol{y} \tag{1}$$

とおくと，$\boldsymbol{V} = \mathrm{rot}\,\boldsymbol{B} = \nabla \times \boldsymbol{B}$ が成り立つ．ここで，

$$\int_{\boldsymbol{y}} \frac{\boldsymbol{V}(\boldsymbol{y}) \times (\boldsymbol{x} - \boldsymbol{y})}{|\boldsymbol{x} - \boldsymbol{y}|^3} d\boldsymbol{y} = \iiint_{\boldsymbol{R}^3} \frac{\boldsymbol{V}(\boldsymbol{y}) \times (\boldsymbol{x} - \boldsymbol{y})}{|\boldsymbol{x} - \boldsymbol{y}|^3} dy_1 dy_2 dy_3$$

である．これより，$\boldsymbol{B}$ が $\boldsymbol{V}$ のベクトルポテンシャルであることがわかる．それは以下のように示される．$\boldsymbol{x}$ に関する勾配を $\nabla_{\boldsymbol{x}}$ で表すとき，

$$\nabla_{\boldsymbol{x}} \left(\frac{1}{|\boldsymbol{x} - \boldsymbol{y}|} \right) = -\frac{\boldsymbol{x} - \boldsymbol{y}}{|\boldsymbol{x} - \boldsymbol{y}|^3}$$

であることに注意する（問 2.3）．計算公式 $\nabla \times (f\boldsymbol{X}) = \nabla f \times \boldsymbol{X} + f(\nabla \times \boldsymbol{X})$（練習問題 2.6）より，$\boldsymbol{Y}$ が $\boldsymbol{x}$ に依存しないとき

$$\nabla_x \times (f\boldsymbol{Y}) = \nabla_x f \times \boldsymbol{Y} + f(\nabla_x \times \boldsymbol{Y}) = \nabla_x f \times \boldsymbol{Y}$$

が成り立つから

$$\begin{aligned}\boldsymbol{B} &= -\frac{1}{4\pi}\int_y \boldsymbol{V}(\boldsymbol{y}) \times \nabla_x \left(\frac{1}{|\boldsymbol{x}-\boldsymbol{y}|}\right) d\boldsymbol{y} \\ &= \frac{1}{4\pi}\int_y \nabla_x \left(\frac{1}{|\boldsymbol{x}-\boldsymbol{y}|}\right) \times \boldsymbol{V}(\boldsymbol{y}) d\boldsymbol{y} \\ &= \frac{1}{4\pi}\int_y \nabla_x \times \left(\frac{\boldsymbol{V}(\boldsymbol{y})}{|\boldsymbol{x}-\boldsymbol{y}|}\right) d\boldsymbol{y} \\ &= \nabla_x \times \left(\frac{1}{4\pi}\int_y \frac{\boldsymbol{V}(\boldsymbol{y})}{|\boldsymbol{x}-\boldsymbol{y}|} d\boldsymbol{y}\right)\end{aligned}$$

である．よって，

$$\boldsymbol{A} = \boldsymbol{A}(\boldsymbol{x}) = \frac{1}{4\pi}\int_y \frac{\boldsymbol{V}(\boldsymbol{y})}{|\boldsymbol{x}-\boldsymbol{y}|} d\boldsymbol{y} \tag{2}$$

とおくと，$\boldsymbol{B} = \nabla \times \boldsymbol{A}$ と書ける．ゆえに，計算公式 $\nabla \times (\nabla \times \boldsymbol{X}) = -\Delta \boldsymbol{X} + \nabla(\nabla \cdot \boldsymbol{X})$（練習問題 2.6）を用いると

$$\nabla \times \boldsymbol{B} = \nabla \times (\nabla \times \boldsymbol{A}) = -\Delta \boldsymbol{A} + \nabla(\nabla \cdot \boldsymbol{A})$$

を得る．ところで，$\mathrm{div}\boldsymbol{V} = 0$ であって，無限遠方で $\boldsymbol{V}$ が $\boldsymbol{0}$ に収束すれば $\mathrm{div}\boldsymbol{A} = \nabla \cdot \boldsymbol{A} = 0$ となる．実際，

$$\begin{aligned}\nabla_x \left(\frac{1}{|\boldsymbol{x}-\boldsymbol{y}|}\right) &= -\frac{\boldsymbol{x}-\boldsymbol{y}}{|\boldsymbol{x}-\boldsymbol{y}|^3} = \frac{\boldsymbol{y}-\boldsymbol{x}}{|\boldsymbol{y}-\boldsymbol{x}|^3} \\ &= -\nabla_y \left(\frac{1}{|\boldsymbol{y}-\boldsymbol{x}|}\right) = -\nabla_y \left(\frac{1}{|\boldsymbol{x}-\boldsymbol{y}|}\right)\end{aligned}$$

であるから

$$\begin{aligned}\nabla \cdot \boldsymbol{A} &= \frac{1}{4\pi}\int_y \boldsymbol{V}(\boldsymbol{y}) \cdot \nabla_x \left(\frac{1}{|\boldsymbol{x}-\boldsymbol{y}|}\right) d\boldsymbol{y} \\ &= -\frac{1}{4\pi}\int_y \boldsymbol{V}(\boldsymbol{y}) \cdot \nabla_y \left(\frac{1}{|\boldsymbol{x}-\boldsymbol{y}|}\right) d\boldsymbol{y}\end{aligned}$$

が成り立つ．部分積分法の公式および $\lim_{|y_j|\to\infty} V_j(\boldsymbol{y}) = 0$ を用いると

$$\int_{-\infty}^{\infty}\int_{-\infty}^{\infty}\int_{-\infty}^{\infty} V_j(\boldsymbol{y}) \cdot \frac{\partial}{\partial y_j}\left(\frac{1}{|\boldsymbol{x}-\boldsymbol{y}|}\right) dy_j dy_k dy_\ell$$

$$= \int_{-\infty}^{\infty}\int_{-\infty}^{\infty} dy_k dy_\ell \int_{-\infty}^{\infty} V_j(\boldsymbol{y}) \cdot \frac{\partial}{\partial y_j}\left(\frac{1}{|\boldsymbol{x}-\boldsymbol{y}|}\right) dy_j$$

$$= \int_{-\infty}^{\infty}\int_{-\infty}^{\infty} dy_k dy_\ell \left\{ \left[\frac{V_j(\boldsymbol{y})}{|\boldsymbol{x}-\boldsymbol{y}|}\right]_{y_j=-\infty}^{y_j=\infty} - \int_{-\infty}^{\infty} \frac{\partial}{\partial y_j}(V_j(\boldsymbol{y})) \cdot \frac{1}{|\boldsymbol{x}-\boldsymbol{y}|} dy_j \right\}$$

$$= -\int_{-\infty}^{\infty}\int_{-\infty}^{\infty}\int_{-\infty}^{\infty} \frac{\partial}{\partial y_j}(V_j(\boldsymbol{y})) \cdot \frac{1}{|\boldsymbol{x}-\boldsymbol{y}|} dy_j dy_k dy_\ell$$

であるから，$\mathrm{div}\boldsymbol{V} = \nabla \cdot \boldsymbol{V} = 0$ より

$$\nabla \cdot \boldsymbol{A} = \frac{1}{4\pi}\int_{\boldsymbol{y}} (\nabla_{\boldsymbol{y}} \cdot \boldsymbol{V}(\boldsymbol{y})) \frac{1}{|\boldsymbol{x}-\boldsymbol{y}|} d\boldsymbol{y} = 0$$

となる．したがって，

$$\nabla \times \boldsymbol{B} = -\Delta \boldsymbol{A} = -\Delta_{\boldsymbol{x}}\left(\frac{1}{4\pi}\int_{\boldsymbol{y}} \frac{\boldsymbol{V}(\boldsymbol{y})}{|\boldsymbol{x}-\boldsymbol{y}|} d\boldsymbol{y}\right)$$

$$= -\frac{1}{4\pi}\int_{\boldsymbol{y}} \boldsymbol{V}(\boldsymbol{y}) \Delta_{\boldsymbol{x}}\left(\frac{1}{|\boldsymbol{x}-\boldsymbol{y}|}\right) d\boldsymbol{y}$$

となる．ここで，次の等式

$$\Delta_{\boldsymbol{x}}\left(-\frac{1}{4\pi} \cdot \frac{1}{|\boldsymbol{x}-\boldsymbol{y}|}\right) = \delta(\boldsymbol{x}-\boldsymbol{y})$$

を用いると[*29]

$$\nabla \times \boldsymbol{B} = \int_{\boldsymbol{y}} \boldsymbol{V}(\boldsymbol{y})\delta(\boldsymbol{x}-\boldsymbol{y}) d\boldsymbol{y} = \boldsymbol{V}(\boldsymbol{x}) = \boldsymbol{V}$$

を得る．よって，$\boldsymbol{B}$ は $\boldsymbol{V}$ のベクトルポテンシャルである．以上の議論は，電磁気学（静磁場）においてビオ・サバールの法則からアンペールの法則を導出する議論と同じものである．実際，式 (1) は電流密度を用いて磁場を与えるビ

[*29] δ はディラックのデルタ関数である（第 4 章の第 9 節）．空間 2 次元の場合の等式 $\Delta_{\boldsymbol{x}}\left(\frac{1}{2\pi}\log|\boldsymbol{x}-\boldsymbol{y}|\right) = \delta(\boldsymbol{x}-\boldsymbol{y})$ は第 5 章の第 3 節で示される．空間 3 次元の場合も同様に示すことができる（第 5 章の練習問題 5.4）．

オ・サバールの法則と同じ形である．命題 2.5 の証明で与えたベクトルポテンシャルとは異なり，このベクトルポテンシャルを純粋な数学的推論だけによって見つけ出すことは難しいかもしれない．また，式 (2) は磁場を与える電磁ポテンシャルに相当する[*30]．

[*30] 正確には，電場を与えるスカラーポテンシャル（電位）と磁場を与えるベクトルポテンシャルの組を**電磁ポテンシャル**という．

3 複素関数

本章では，複素関数論の基本事項を説明する．複素数の範囲で考えると，関数の微分可能性を仮定するだけで，関数をテイラー展開による無限級数の形で表すことが可能になる．また，指数関数や3角関数などの初等関数を統一的に理解することが可能になる．

1 複 素 数

1.1 複素数の定義と性質

実数は平面上の数直線，すなわち，x 軸と見なすことができる．ここでは，まだ利用されていない y 軸を用いて 2 乗すると負になる数を導入してみよう．

図 3.1 を見ればわかるように，y 軸上の点 $(0,1)$ は，x 軸上の点 $(1,0)$ を反時計回りに 90° 回転して得られる．この点を i と表す．このとき，x 軸上の点 $(1,0)$ を反時計回りに 90° 回転する操作を 2 回続けて行えば，x 軸上の点 $(-1,0)$ が得られることから，

$$i^2 = -1$$

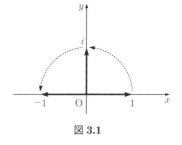

図 3.1

と定義するのは全く自然だろう．すなわち，2 乗すると -1 になる数は y 軸上の点 $(0,1)$ であると考えられる．

さらに,平面上の点 $z=(x,y)$ に対応する数を

$$z = (x,y) = (x,0) + (0,y) = x(1,0) + y(0,1)$$

と考えることにより,

$$z = x + yi$$

と表すこともできる.このような形で表される数 z を複素数とよび,x を z の実部,y を z の虚部という.これらは,記号で $x = \mathrm{Re}(z)$,$y = \mathrm{Im}(z)$ で表される.また,複素数は平面上の点と見なせるから,複素数の全体を $\boldsymbol{C}$ で表し,複素平面(ガウス平面)という.このとき,x 軸を実軸,y 軸を虚軸という.

上で述べたことから,2つの複素数 $z=a+bi$ と $w=c+di$ の和と差は

$$z \pm w = (a \pm c) + (b \pm d)i$$

のように定義するのが自然だろう.また,$i^2 = -1$ に注意すれば

$$z \cdot w = (a+bi)(c+di) = ac + adi + bci + bdi^2 = ac - bd + (ad+bc)i$$

であるから,2つの複素数 $z=a+bi$ と $w=c+di$ の積は

$$z \cdot w = ac - bd + (ad+bc)i$$

と定義すればよい.2つの複素数 $z=a+bi$ と $w=c+di$ の商については,

$$\frac{z}{w} = \frac{a+bi}{c+di} = \frac{(a+bi)(c-di)}{(c+di)(c-di)} = \frac{ac+bd}{c^2+d^2} + \frac{bc-ad}{c^2+d^2}i \quad (w \neq 0)$$

のように定義する.

次に,複素数の積を極座標を用いて考えてみよう.複素数 $z=x+yi$ は,平面上のベクトル $\overrightarrow{\mathrm{OZ}} = (x,y)$ と見なすことができるから,z の大きさを

$$r = |z| = \sqrt{x^2 + y^2}$$

で定義する.また,$z \neq 0$ のとき,$\overrightarrow{\mathrm{OZ}}$ が

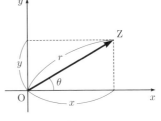

図 **3.2**

x 軸の正の向きとなす角 θ を z の偏角とよび $\arg z$ で表す。すなわち、
$$\arg z = \theta \qquad (z \neq 0)$$
である。このとき、図 3.2 から
$$x = r\cos\theta, \quad y = r\sin\theta$$
が成り立つ。いま、2 つの複素数 $z_1 = a_1 + b_1 i$ と $z_2 = a_2 + b_2 i$ の大きさと偏角をそれぞれ $r_1 = |z_1|$, $\theta_1 = \arg z_1$ および $r_2 = |z_2|$, $\theta_2 = \arg z_2$ で表す。このとき、
$$a_1 = r_1\cos\theta_1, \quad b_1 = r_1\sin\theta_1, \quad a_2 = r_2\cos\theta_2, \quad b_2 = r_2\sin\theta_2$$
であるから、複素数の積の定義と 3 角関数の加法定理より
$$\begin{aligned}z_1 z_2 &= (r_1\cos\theta_1 + ir_1\sin\theta_1)(r_2\cos\theta_2 + ir_2\sin\theta_2)\\&= r_1 r_2\{(\cos\theta_1\cos\theta_2 - \sin\theta_1\sin\theta_2) + i(\cos\theta_1\sin\theta_2 + \sin\theta_1\cos\theta_2)\}\\&= r_1 r_2\{\cos(\theta_1 + \theta_2) + i\sin(\theta_1 + \theta_2)\}\end{aligned}$$
を得る。したがって、次式が成り立つ。
$$|z_1||z_2| = |z_1 z_2|, \quad \arg z_1 + \arg z_2 = \arg z_1 z_2$$

1.2 共役複素数

$\bar{z} = x - yi$ を $z = x + yi$ の共役複素数という。複素数に関する様々な計算は、共役複素数を用いると見通しよくできる。共役複素数については、以下の性質が成り立つ。

> **命題 3.1**
> $$\operatorname{Re}(z) = \frac{z + \bar{z}}{2}, \quad \operatorname{Im}(z) = \frac{z - \bar{z}}{2i},$$
> $$|z| = |\bar{z}| = \sqrt{z\bar{z}}, \quad \arg \bar{z} = -\arg z$$

> **命題 3.2**　　z は実数 $\iff z = \bar{z}$

問 3.1　上の命題 3.1 と 3.2 が成り立つことを確かめよ．

1.3　オイラーの公式

大きさ r，偏角 θ の複素数 $z = x + yi$ を

$$z = re^{i\theta}$$

と表してみると，指数法則を用いて複素数の積の計算を

$$z_1 z_2 = r_1 e^{i\theta_1} r_2 e^{i\theta_2} = (r_1 r_2) e^{i(\theta_1 + \theta_2)}$$

のように行うことができ，$|z_1||z_2| = |z_1 z_2|$, $\arg z_1 + \arg z_2 = \arg z_1 z_2$ が成り立つことが直ちにわかる．また，$x = r\cos\theta$ と $y = r\sin\theta$ より $z = x + yi = r(\cos\theta + i\sin\theta)$ であるから，**オイラーの公式**とよばれる次の等式を得る．

> **定理 3.1**　θ が実数のとき
>
> $$e^{i\theta} = \cos\theta + i\sin\theta$$

問 3.2　オイラーの公式を用いて，次の等式が成り立つことを示せ．
$$\cos\theta = \frac{e^{i\theta} + e^{-i\theta}}{2}, \quad \sin\theta = \frac{e^{i\theta} - e^{-i\theta}}{2i} \tag{1}$$

問 3.3　指数法則 $e^{i(\theta_1 + \theta_2)} = e^{i\theta_1} e^{i\theta_2}$ とオイラーの公式を用いて，3 角関数の加法定理を導け．

オイラーの公式を見ると，複素数 z に対する指数関数 e^z の値をどのように定義すべきかということがわかる．実際，$z = x + yi$ に対して

$$e^z = e^{x+yi} = e^x e^{yi} = e^x(\cos y + i\sin y)$$

のように定義すればよい．一方，(1) を見ると，(何らかの方法で) 複素数 z に対する指数関数の値 e^z が定義されていれば，それを用いて 3 角関数を定義できることがわかる．

2 複素微分

複素平面 C 上の領域で定義され，複素数の値をもつ関数を複素関数という．実数値関数の場合と同様に，複素関数の微分可能性が次のように定義される．

> **定義 3.1** 複素平面 C 上の領域 D で定義された複素関数 $w = f(z)$ が，D 上の点 $z = z_0$ で微分可能であるとは，極限
> $$\lim_{z \to z_0} \frac{f(z) - f(z_0)}{z - z_0} \tag{1}$$
> が存在するときをいう．この極限値を $f'(z_0)$ で表す．複素関数 f が D 上の各点で微分可能で，導関数 f' が D 上で連続であるとき，f は D 上で**正則**であるという．

説明は省略するが，実数値関数の場合と同様に，複素関数 f, g が正則であるとき
$$\alpha f + \beta g \quad (\alpha, \beta \in C), \quad fg, \quad \frac{f}{g} \quad (g \neq 0)$$
は正則で，
$$(\alpha f + \beta g)' = \alpha f' + \beta g', \quad (fg)' = f'g + fg', \quad \left(\frac{f}{g}\right)' = \frac{f'g - fg'}{g^2}$$
が成り立つ．また，合成関数の微分法の公式
$$\frac{d}{dz}f(g(z)) = f'(g(z))g'(z)$$
および逆関数の微分法の公式
$$\frac{dw}{dz} = \frac{1}{\dfrac{dz}{dw}}$$
が成り立つこともわかるだろう．

複素関数 $w = f(z)$ において，複素数 z と w をそれぞれ実部，虚部に分けて
$$z = x + iy, \quad w = f(z) = u + iv$$

のように考えると，2つの2変数実数値関数

$$u = u(x,y), \quad v = v(x,y)$$

を得る．この2つの関数を用いて，$w = f(z)$ の微分可能性の定義を見直してみよう．

極限の定義 (1) において，$z \to z_0$ はあらゆる方向から z を z_0 に近づけることを意味している．そこで，z を x 軸に平行な方向から z_0 に近づけてみる．すなわち，$z = x + iy_0$ とおいて $x \to x_0$ とすれば

$$\begin{aligned}
f'(z_0) &= \lim_{x \to x_0} \frac{(u(x,y_0) + iv(x,y_0)) - (u(x_0,y_0) + iv(x_0,y_0))}{(x + iy_0) - (x_0 + iy_0)} \\
&= \lim_{x \to x_0} \frac{u(x,y_0) - u(x_0,y_0)}{x - x_0} + i \lim_{x \to x_0} \frac{v(x,y_0) - v(x_0,y_0)}{x - x_0} \\
&= \frac{\partial u}{\partial x}(x_0,y_0) + i\frac{\partial v}{\partial x}(x_0,y_0)
\end{aligned}$$

同様に，z を y 軸に平行な方向から z_0 に近づけてみる．すなわち，$z = x_0 + iy$ とおいて $y \to y_0$ とすれば

$$\begin{aligned}
f'(z_0) &= \lim_{y \to y_0} \frac{(u(x_0,y) + iv(x_0,y)) - (u(x_0,y_0) + iv(x_0,y_0))}{(x_0 + iy) - (x_0 + iy_0)} \\
&= \frac{1}{i} \lim_{y \to y_0} \frac{u(x_0,y) - u(x_0,y_0)}{y - y_0} + \lim_{y \to y_0} \frac{v(x_0,y) - v(x_0,y_0)}{y - y_0} \\
&= -i\frac{\partial u}{\partial y}(x_0,y_0) + \frac{\partial v}{\partial y}(x_0,y_0)
\end{aligned}$$

上の2式を比べて，**コーシー・リーマンの関係式**とよばれる次の式を得る．

$$\frac{\partial u}{\partial x} = \frac{\partial v}{\partial y}, \quad \frac{\partial u}{\partial y} = -\frac{\partial v}{\partial x} \tag{2}$$

> **定理 3.2** $f = u + iv$ が領域 D で正則ならば，u, v はともに D 上で C^1 級[*1]であり，コーシー・リーマンの関係式 (2) をみたす．逆に，u, v がともに D 上で C^1 級であり，コーシー・リーマンの関係式 (2) をみたすならば，$f = u + iv$ は D 上で正則である．

[*1] 関数が各変数について偏微分可能で，その偏導関数が連続であるとき，C^1 級であるという（巻末の付録の第6節）．

定理 3.2 の証明は省略する．この定理を用いると，与えられた複素関数が正則であるかどうかを判定することができる．

例題 3.1 $f(z) = 1/\bar{z}$ は $D = \{z \mid z \neq 0\}$ 上で正則かどうか調べよ．

[解] $z = x + iy \neq 0$ に対して

$$\frac{1}{\bar{z}} = \frac{1}{x-iy} = \frac{x+iy}{(x-iy)(x+iy)} = \frac{x}{x^2+y^2} + i\frac{y}{x^2+y^2}$$

であるから，

$$u(x,y) := \frac{x}{x^2+y^2}, \quad v(x,y) := \frac{y}{x^2+y^2}$$

とおくと，$f = u + iv$ と表せる．このとき，

$$u_x = \frac{1 \cdot (x^2+y^2) - x \cdot 2x}{(x^2+y^2)^2} = -\frac{x^2-y^2}{(x^2+y^2)^2}$$

$$v_y = \frac{1 \cdot (x^2+y^2) - y \cdot 2y}{(x^2+y^2)^2} = \frac{x^2-y^2}{(x^2+y^2)^2}$$

より $u_x \neq v_y$ であるから，コーシー・リーマンの関係式は成立しない．よって，$f(z) = 1/\bar{z}$ は D 上で正則でない． ◆

✓ **注意 3.1** 関数の正則性を判定するのに，関数の微分可能性を直接に調べたほうが早い場合もある．例えば，$f(z) = z$ が $\boldsymbol{C}$ 上で正則であることは，$f'(z) = 1$ より明らかである．

問 3.4 次の関数が $\boldsymbol{C}$ 上で正則かどうか調べよ．
(1) $f(z) = z^2$ (2) $f(z) = \bar{z}$ (3) $f(z) = |z|^2$
(4) $f(z) = e^x(\cos y + i \sin y)$ $(z = x + iy)$
(5) $f(z) = x^4 - y^4 + 2x^2y^2 i$ $(z = x + iy)$

✓ **注意 3.2** 複素数は $z = 1 + 2i$ のように $z = x + yi$ の形で表される場合と，$z = \cos\theta + i\sin\theta$ のように $z = x + iy$ の形で表される場合がある．読みやすいほうを用いて自然に使い分ければよい．

3 べき級数と初等関数

応用上重要な指数関数，対数関数，3角関数，べき関数は**初等関数**とよばれる．ここでは，べき級数を用いて複素数の指数関数，対数関数，3角関数，べ

き関数を定義する．

3.1 級数の収束

数列 $\{a_n\}$ に対して，初項から第 n 項までの和

$$S_n = \sum_{k=1}^{n} a_k = a_1 + a_2 + \cdots + a_n$$

を考える．数列 $\{S_n\}$ が S に収束する，すなわち，

$$\lim_{n \to \infty} S_n = S$$

が成り立つとき，無限級数

$$\sum_{k=1}^{\infty} a_k = a_1 + a_2 + \cdots + a_n + \cdots$$

は収束するといい，その和を S とする．無限級数が収束しないとき，発散するという．

無限級数 $\sum_{k=1}^{\infty} a_k$ が収束すれば，$\lim_{n \to \infty} a_n = 0$ である．実際，級数の和を S とすると

$$\lim_{n \to \infty} a_n = \lim_{n \to \infty} (S_n - S_{n-1}) = \lim_{n \to \infty} S_n - \lim_{n \to \infty} S_{n-1} = S - S = 0$$

である．

問 3.5 無限級数 $\sum_{k=1}^{\infty} a_k$ が収束すれば，$\lim_{n \to \infty} \sum_{k=n}^{\infty} a_k = 0$ であることを示せ．

無限級数 $\sum_{k=1}^{\infty} |a_k|$ が収束するとき，$\sum_{k=1}^{\infty} a_k$ は絶対収束するという．絶対収束する無限級数について，次が成り立つ．

命題 3.3 絶対収束する無限級数は収束する．

証明の概略 数列 $\{a_n\}$ は $\lim_{n,m \to \infty} |a_n - a_m| = 0$ が成り立つとき，コーシー列であるという．数列 $\{a_n\}$ は収束すれば，コーシー列である．実際，

$$0 \leq |a_n - a_m| = |a_n - \alpha + \alpha - a_m| \leq |a_n - \alpha| + |\alpha - a_m|$$

であるから，$\lim_{n\to\infty} a_n = \alpha$ とすると，

$$0 \le \lim_{n,m\to\infty} |a_n - a_m| \le \lim_{n\to\infty} |a_n - \alpha| + \lim_{m\to\infty} |\alpha - a_m| = 0$$

である．実数列については，この逆も正しいことが知られている（実数の完備性）．すなわち，数列 $\{a_n\}$ がコーシー列ならば，収束列である．同様に，複素数列についても，コーシー列ならば収束列である．このことを認めると，上の命題を示すことができる．実際，$\sum_{k=1}^{\infty} |a_k|$ が収束すれば，$n \ge m$ とするとき[*2]

$$0 \le \lim_{n,m\to\infty} |S_n - S_m| = \lim_{m\to\infty} \left| \sum_{k=m+1}^{n} a_k \right|$$
$$\le \lim_{m\to\infty} \sum_{k=m+1}^{n} |a_k| \le \lim_{m\to\infty} \sum_{k=m+1}^{\infty} |a_k| = 0$$

であるから（問 3.5），$\{S_n\}$ はコーシー列である．よって，$\{S_n\}$ は収束する．すなわち，$\sum_{k=1}^{\infty} a_k$ は収束する．■

3.2 べき級数

$\sum_{n=0}^{\infty} a_n(z-z_0)^n$ を中心 z_0 の**べき級数**という．例えば，$\sum_{n=0}^{\infty} z^n$ は初項 1，公比 z の等比級数である．これは，原点を中心とするべき級数で，$|z| < 1$ のとき絶対収束する．よって，$\sum_{n=0}^{\infty} z^n$ は収束し，$|z| < 1$ のとき

$$\sum_{n=0}^{\infty} z^n = \frac{1}{1-z}$$

が成り立つ．それゆえ，原点中心のべき級数 $\sum_{n=0}^{\infty} z^n$ の収束半径は 1 であるという．

一般に，べき級数 $\sum_{n=0}^{\infty} a_n(z-z_0)^n$ が収束するような z の範囲は，z_0 を中心とする半径 R の円の内部 $|z-z_0| < R$ で与えられる．このときの R をべき級数 $\sum_{n=0}^{\infty} a_n(z-z_0)^n$ の**収束半径**という．次の定理は，べき級数の収束半径を求

[*2] このように仮定しても一般性は失われない．

めるのに役立つもので，**コーシー・アダマールの公式**とよばれる．

> **定理 3.3**
> $$R = \lim_{n \to \infty} \left| \frac{a_n}{a_{n+1}} \right| \quad \left(\frac{1}{R} = \lim_{n \to \infty} \left| \frac{a_{n+1}}{a_n} \right| \right)$$

例えば，等比級数 $\sum_{n=0}^{\infty} z^n$ について，上の定理を適用してみると

$$R = \lim_{n \to \infty} \left| \frac{1}{1} \right| = 1$$

となり，$\sum_{n=0}^{\infty} z^n$ の収束半径 1 を得る．

定理 3.3 の証明の概略 $R = \lim_{n \to \infty} |a_n/a_{n+1}|$ であるから，十分大きな n に対し $|a_n|$ は公比 $1/R$ の等比数列であると考えてよいだろう．すなわち，ある番号 N があって，

$$|a_{n+1}| \fallingdotseq \frac{1}{R} |a_n| \quad (n \geq N)$$

と考えてよいだろう．

$$\sum_{n=0}^{\infty} a_n (z - z_0)^n = \sum_{n=0}^{N-1} a_n (z - z_0)^n + \sum_{n=N}^{\infty} a_n (z - z_0)^n$$

であるから，べき級数 $\sum_{n=0}^{\infty} a_n (z - z_0)^n$ が収束するかどうかは，右辺の第 2 項の無限和 $\sum_{n=N}^{\infty} a_n (z - z_0)^n$ が収束するかどうかを調べればわかる．

$n \geq N$ のとき，$|a_n|$ は公比 $1/R$ の等比数列であると考えれば，

$$\begin{aligned}
\sum_{n=N}^{\infty} |a_n (z - z_0)^n| &= \sum_{n=N}^{\infty} |a_n| |z - z_0|^n \\
&\fallingdotseq \sum_{n=N}^{\infty} |a_N| \left(\frac{1}{R} \right)^{n-N} |z - z_0|^n \\
&= |a_N| R^N \sum_{n=N}^{\infty} \left(\frac{|z - z_0|}{R} \right)^n
\end{aligned}$$

となる．この和は，公比 $|z-z_0|/R$ の等比級数であるから，$|z-z_0|/R < 1$ のとき収束する．よって，$|z-z_0| < R$ のとき $\sum_{n=N}^{\infty} a_n(z-z_0)^n$ は絶対収束する．したがって，べき級数 $\sum_{n=0}^{\infty} a_n(z-z_0)^n$ は $|z-z_0| < R$ のとき収束する． ■

問 3.6 べき級数 $\sum_{n=0}^{\infty} a_n(z-z_0)^n$ の収束半径は $R = \dfrac{1}{\lim_{n\to\infty} \sqrt[n]{|a_n|}}$ で与えられることを示せ．

基本的な関数はべき級数を用いて定義される．例えば，

$$\sum_{n=0}^{\infty} \frac{z^n}{n!} = 1 + z + \frac{1}{2!}z^2 + \frac{1}{3!}z^3 + \cdots$$

の収束半径は

$$R = \lim_{n\to\infty} \left|\frac{a_n}{a_{n+1}}\right| = \lim_{n\to\infty} \left|\frac{\frac{1}{n!}}{\frac{1}{(n+1)!}}\right| = \lim_{n\to\infty}(n+1) = +\infty$$

で与えられる．これは上の級数が任意の複素数 z に対して収束することを示している．この級数の極限値を e^z と表す．すなわち，

$$e^z = \sum_{n=0}^{\infty} \frac{z^n}{n!} = 1 + z + \frac{1}{2!}z^2 + \frac{1}{3!}z^3 + \cdots$$

これが，数学的に厳密な**指数関数**の定義である[*3]．z は複素数であり，実数値の指数関数を複素数の範囲まで拡張していることに注意してほしい．

問 3.7 べき級数を用いて定義された指数関数について，指数法則 $e^z e^w = e^{z+w}$ が成立することを確かめよ．

このようにして定義された e^z を用いて，3 角関数

$$\cos z = \frac{e^{iz} + e^{-iz}}{2}, \quad \sin z = \frac{e^{iz} - e^{-iz}}{2i}, \quad \tan z = \frac{\sin z}{\cos z}$$

を定義することができる[*4]．また，双曲線関数

$$\cosh z = \frac{e^z + e^{-z}}{2}, \quad \sinh z = \frac{e^z - e^{-z}}{2}, \quad \tanh z = \frac{\sinh z}{\cosh z}$$

[*3] 微分積分学では，（実数値）指数関数の定義を別の方法で与えたあとで，テイラー展開を用いてこの形の級数を導いた（巻末の付録 5）．

[*4] このように定義すれば，オイラーの公式が成り立つことは自明である．

も定義することができる．3角関数については，指数法則を用いて
$$\cos^2 z + \sin^2 z = \left(\frac{e^{iz}+e^{-iz}}{2}\right)^2 + \left(\frac{e^{iz}-e^{-iz}}{2i}\right)^2 = 1$$
が成り立つことが確かめられる．それゆえ，3角関数を円関数とよぶこともある．同様に，双曲線関数について $\cosh^2 z - \sinh^2 z = 1$ が成り立つこともわかる．高校で学んだ指数関数と3角関数の定義は直観にもとづくものであるのに対し，上で与えた指数関数と3角関数の定義は数学的に厳密なものである．

べき級数で定義された関数の微分可能性について考えよう．
$$f(z) = \sum_{n=0}^{\infty} a_n(z-z_0)^n = a_0 + a_1(z-z_0) + a_2(z-z_0)^2 + \cdots$$
とする．このとき，
$$f'(z) = \sum_{n=1}^{\infty} na_n(z-z_0)^{n-1} = a_1 + 2a_2(z-z_0) + 3a_3(z-z_0)^2 + \cdots$$
であると思われる．証明は省略するが，次の定理が成り立つ．

> **定理 3.4** $f(z) = \sum_{n=0}^{\infty} a_n(z-z_0)^n$ の収束半径が R であるとき，$f(z)$ は $|z-z_0| < R$ で微分可能であり，
> $$f'(z) = \sum_{n=1}^{\infty} na_n(z-z_0)^{n-1}$$

問 3.8 上のべき級数 $\sum_{n=1}^{\infty} na_n(z-z_0)^{n-1}$ の収束半径が R であることを確かめよ．

問 3.9 定理 3.4 を用いて $(e^z)' = e^z$ を確かめよ．また，$(\sin z)' = \cos z$, $(\cos z)' = -\sin z$, $(\sinh z)' = \cosh z$, $(\cosh z)' = \sinh z$ を示せ．

3.3 対数関数

実数の指数関数 $y = e^x$ は1対1の関数である．すなわち，y に対して $y = e^x$ となる x は存在すればただ1つである．それゆえ，$y = e^x$ の逆関数が定義され，それを対数関数とよんだ．すなわち，$x > 0$ に対して，$x = e^y$ をみたす y を $\log x$ と定義したのである．

$$y = \log x \iff x = e^y$$

一方,複素数の指数関数 $w = e^z$ は 1 対 1 の関数ではない.実際

$$e^z = e^{x+iy} = e^x \cdot e^{iy} = e^x(\cos y + i \sin y)$$

において,$\cos y$ と $\sin y$ は 1 対 1 ではないので,$w = e^z$ は 1 対 1 の関数ではない.

複素数 $w \neq 0$ に対して,$w = Re^{i\theta}$(極座標表示)を行うと,$w = e^z$ のとき

$$Re^{i\theta} = e^z = e^x \cdot e^{iy}$$

より $R = e^x$ および $e^{i\theta} = e^{iy}$ を得る.オイラーの公式を用いると

$$\cos\theta + i\sin\theta = e^{i\theta} = e^{iy} = \cos y + i\sin y$$

であるから,

$$x = \log R, \quad y = \theta + 2n\pi \quad (n = 0, \pm 1, \pm 2, \cdots)$$

となることがわかる.よって,

$$z = x + iy = \log R + i(\theta + 2n\pi) \quad (n = 0, \pm 1, \pm 2, \cdots)$$

となる.$R = |w|$ および $\arg w = \theta + 2n\pi$ であることに注意して

$$z = \log|w| + i\arg w$$

をみたす z を複素数 w の対数と定義する.したがって,文字 w と z を入れ換えれば,$w = e^z$ の逆関数

$$\log z = \log|z| + i\arg z \quad (z \neq 0)$$

を得る.

$\arg z$ は多価(1 つの z に対して,複数の値をとりうる)であるから,$\log z$ は多価関数である.とくに,$\arg z$ として $-\pi < \arg z \leq \pi$ をみたすものを選

ぶ．このときの $\log z$ の値を対数の**主値**といい，$\mathrm{Log}\, z$ で表す．すなわち，複素数 $z \neq 0$ に対して

$$\mathrm{Log}\, z = \log |z| + i \arg z, \quad -\pi < \arg z \leq \pi$$

と定義する．$\mathrm{Log}\, z$ は 1 対 1 の関数である．

> **例題 3.2** $\log i$ と $\mathrm{Log}(1+i)$ の値をそれぞれ求めよ．

[**解**] $\log i = \log |i| + \arg i = \dfrac{\pi}{2} + 2n\pi \quad (n = 0, \pm 1, \pm 2, \cdots)$

$\mathrm{Log}(1+i) = \log |1+i| + i \arg (1+i) = \log \sqrt{2} + \dfrac{\pi}{4} i$ ◆

> **問 3.10** 逆関数の微分法の公式を用いて，次の式が成り立つことを示せ．
> $$\dfrac{d}{dz} \mathrm{Log}\, z = \dfrac{1}{z}$$

3.4 べき関数

a が実数であるとき，実数 x に対して，x^a は x を a 回掛けるものとして定義された[*5]．例えば，$x^2 = x \cdot x$ は x を 2 回掛けたのである．

α を複素数とするとき，複素数 z に対して，z を α 回掛けたものとして z^α を考えることは無理がある．ここでは，複素数の対数関数を用いて，z^α を

$$z^\alpha = e^{\alpha \log z} \quad (z \neq 0)$$

のように定義する．実際，上式の両辺の対数をとると

$$\log z^\alpha = \log e^{\alpha \log z} \quad \therefore \quad \alpha \log z = \alpha \log z$$

となるので，この定義が妥当なものであることがわかる．複素数の対数関数 $\log z = \log |z| + i \arg z$ は多価関数であるから，べき関数 z^α も多価関数である．とくに，

$$z^\alpha = \exp(\alpha \mathrm{Log}\, z)$$

を z^α の**主値**という．ここで，$\exp(z)$ は指数関数 e^z を表す．

[*5] 正確には，a が自然数のときに x^a を定義してから，a の範囲を整数，有理数，実数へ拡張していく．

例題 3.3 $(1+i)^i$ の値を求めよ．

[解]
$$\begin{aligned}
(1+i)^i &= e^{i\log(1+i)} = e^{i(\log|1+i|+i\arg(1+i))} \\
&= e^{i(\log\sqrt{2}+i(\pi/4+2n\pi))} = e^{i\log\sqrt{2}-(\pi/4+2n\pi)} \\
&= e^{-(\pi/4+2n\pi)}(\cos(\log\sqrt{2})+i\sin(\log\sqrt{2})) \\
&\qquad\qquad (n=0,\pm 1,\pm 2,\cdots)
\end{aligned}$$
◆

問 3.11 $z^\alpha = \exp(\alpha\operatorname{Log} z)$ と定義したとき，次の式が成り立つことを示せ．
$$\frac{d}{dz}z^\alpha = \alpha z^{\alpha-1}$$

以上により，べき級数を用いると，高校までに学んだ 3 角関数，指数関数，対数関数，べき関数はすべて複素数の範囲まで拡張され，実数の範囲で考えた場合と同様の計算公式がそのまま成立していることがわかる．

4　複素積分

複素平面上の点 z_0 から点 z_1 へ向かう道（連続な曲線）C が，パラメータを用いて

$$z = z(t) \quad (a \leq t \leq b),$$
$$z(a) = z_0, \quad z(b) = z_1$$

で表されているとする（図 3.3）．このとき，複素関数 $w = f(z)$ の C に沿う線積分を次のように定義する．

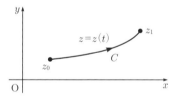

図 3.3

$$\int_C f(z)dz = \int_a^b f(z)\frac{dz}{dt}dt = \int_a^b f(z(t))z'(t)dt \tag{1}$$

$w = f(z)$ において，複素数 z と w をそれぞれ実部，虚部に分けて

$$z = x+iy, \quad w = f(z) = u+iv$$

のように考えると

$$\int_C f(z)dz = \int_C (u+iv)(dx+idy) = \int_C (udx-vdy) + i\int_C (vdx+udy)$$

$$= \int_C (u(x,y)dx - v(x,y)dy) + i\int_C (v(x,y)dx + u(x,y)dy)$$

であるから，曲線 C を実部，虚部に分けて

$$z(t) = x(t) + iy(t) \quad (a \leq t \leq b),$$
$$x(a) = x_0, \quad x(b) = x_1, \quad y(a) = y_0, \quad y(b) = y_1$$

のように表せば，式 (1) は

$$\int_C f(z)dz = \int_a^b \left\{ u(x(t),y(t))\frac{dx}{dt} - v(x(t),y(t))\frac{dy}{dt} \right\} dt$$
$$+ i\int_a^b \left\{ v(x(t),y(t))\frac{dx}{dt} + u(x(t),y(t))\frac{dy}{dt} \right\} dt$$

となる．証明は省略するが，複素積分について，次の性質が成り立つことは直観的に理解できるだろう．

命題 3.4 (1) 曲線 C の向きを逆にした曲線を $-C$ で表すとき (図 3.4(a))[*6]，

$$\int_{-C} f dz = -\int_C f dz$$

(2) 2つの曲線 C_1, C_2 をつないだ曲線を $C_1 + C_2$ で表すとき (図 3.4(b))，

$$\int_{C_1+C_2} f dz = \int_{C_1} f dz + \int_{C_2} f dz$$

(3) α, β を定数とするとき

$$\int_C (\alpha f + \beta g)\, dz = \alpha \int_C f dz + \beta \int_C g dz$$

(4) 次の不等式が成り立つ．

$$\left| \int_C f dz \right| \leq \int_C |f|\,|dz|$$

[*6] 例えば，原点を中心とする半径 1 の円 C が $z(t) = \cos t + i\sin t\ (0 \leq t \leq 2\pi)$ で表されているとき，$-C$ は $z(t) = \cos(2\pi - t) + i\sin(2\pi - t) = \cos t - i\sin t\ (0 \leq t \leq 2\pi)$ で表される．

ここで，$|dz|$ は曲線 C の微小部分の長さを表し，

$$\int_C |f||dz| = \int_a^b |f(z(t))||z'(t)|dt, \quad C = \{z(t)\,|\,a \leq t \leq b\}$$

図 3.4 (a) 曲線の向きを逆にする，(b) 曲線をつなぐ

例題 3.4 $f(z) = z^2$ を図 3.5 の曲線（折れ線）C_1 に沿って積分せよ．

[**解**] 曲線 C_1 は 2 つの曲線（線分）$C_{11} : z = t \ (0 \leq t \leq 1)$ と $C_{12} : z = 1 + it \ (0 \leq t \leq 1)$ をつないだものであり，

$$\int_{C_1} z^2 dz = \int_{C_{11}} z^2 dz + \int_{C_{12}} z^2 dz$$

が成り立つ．曲線 C_{11} 上の線積分は，$dz/dt = 1$ より $dz = dt$ であるから

$$\int_{C_{11}} z^2 dz = \int_0^1 t^2 dt = \frac{1}{3}$$

同様に，曲線 C_{12} 上の線積分は，$dz/dt = i$ より $dz = idt$ であるから

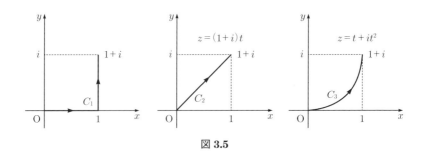

図 3.5

$$\int_{C_{12}} z^2 dz = \int_0^1 (1+it)^2 i dt = \int_0^1 (1-t^2+2it)i dt$$
$$= i\int_0^1 (1-t^2)dt - 2\int_0^1 t dt$$
$$= i\left[t-\frac{1}{3}t^3\right]_0^1 - 2\left[\frac{1}{2}t^2\right]_0^1$$
$$= \frac{2}{3}i - 1$$

したがって，
$$\int_{C_1} z^2 dz = \frac{1}{3} + \left(\frac{2}{3}i-1\right) = -\frac{2}{3} + \frac{2}{3}i. \qquad \blacklozenge$$

問 3.12 $f(z) = z^2$ を図 3.5 の 2 つの曲線 $C_2 : z = (1+i)t \ (0 \leq t \leq 1)$ と $C_3 : z = t + it^2 \ (0 \leq t \leq 1)$ に沿ってそれぞれ積分せよ．

例題 3.5 $f(z) = \bar{z}$ を図 3.5 の 3 つの曲線 C_1, C_2, C_3 に沿ってそれぞれ積分せよ．

[解] 例題 3.4 と同様に考える．曲線 C_1 は 2 つの曲線 $C_{11} : z = t \ (0 \leq t \leq 1)$ と $C_{12} : z = 1+it \ (0 \leq t \leq 1)$ をつないだものである．$z = t$ に対して $\bar{z} = t$, $dz/dt = 1$ であることと，$z = 1+it$ に対して $\bar{z} = 1-it$, $dz/dt = i$ であることから

$$\int_{C_1} \bar{z} dz = \int_{C_{11}} \bar{z} dz + \int_{C_{12}} \bar{z} dz = \int_0^1 t dt + \int_0^1 (1-it)i dt = 1+i$$

また，$z = (1+i)t$ に対して $\bar{z} = (1-i)t$, $dz/dt = 1+i$ であるから，

$$\int_{C_2} \bar{z} dz = \int_0^1 (1-i)t(1+i)dt = 2\int_0^1 t dt = 1$$

さらに，$z = t+it^2$ に対して $\bar{z} = t-it^2$, $dz/dt = 1+2it$ であるから，

$$\int_{C_3} \bar{z} dz = \int_0^1 (t-it^2)(1+2it)dt$$
$$= \int_0^1 (t+2t^3)dt + i\int_0^1 t^2 dt = 1 + \frac{1}{3}i. \qquad \blacklozenge$$

✔ **注意 3.3** 関数 $f(z) = \bar{z}$ は正則でない（問 3.4(2)）.

例題 3.5 からわかるように，一般に，複素関数を曲線に沿って積分するとき，その積分値は（始点と終点が同じであっても）曲線の選び方によって異なる．一方，例題 3.4 と問 3.12 の結果は，関数 $f(z) = z^2$ を始点と終点が同じである 3 つの曲線に沿ってそれぞれ積分したとき，その積分値がすべて等しいことを示している．この理由は次節で明らかになる．

例題 3.6

$$\int_{|z-a|=\rho} (z-a)^n dz = \begin{cases} 0 & (n \neq -1) \\ 2\pi i & (n = -1) \end{cases}$$

を示せ．ただし，円周 $|z-a| = \rho$ の向きは円の内部を左手に見て進む向きにとる（図 3.6）．

[**解**] $z - a = \rho e^{i\theta}$ $(0 \leq \theta \leq 2\pi)$ より

$$\frac{dz}{d\theta} = \rho i e^{i\theta} \quad \therefore \quad dz = \rho i e^{i\theta} d\theta$$

である．よって

$$\int_{|z-a|=\rho} (z-a)^n dz$$
$$= \int_0^{2\pi} \rho^n e^{in\theta} \rho i e^{i\theta} d\theta$$
$$= \rho^{n+1} i \int_0^{2\pi} e^{i(n+1)\theta} d\theta$$

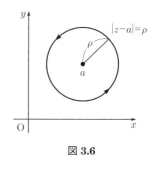

図 3.6

となる．したがって，$n + 1 \neq 0$ すなわち $n \neq -1$ のとき

$$\int_{|z-a|=\rho} (z-a)^n dz = i\rho^{n+1} \left[\frac{e^{i(n+1)\theta}}{i(n+1)} \right]_0^{2\pi} = 0$$

である．また，$n + 1 = 0$ すなわち $n = -1$ のとき

$$\int_{|z-a|=\rho} (z-a)^n dz = i \int_0^{2\pi} d\theta = 2\pi i.$$

◆

問 3.13 図 3.7 の 3 つの曲線（線分）C_1, C_2, C_3 をつないだ曲線（折れ線）を C で表す．関数 $f(z) = 1/z$ を曲線 C に沿って積分せよ．

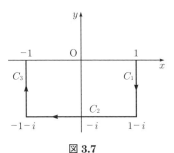

図 3.7

5 コーシーの積分定理

5.1 グリーンの定理

領域には内部と外部を分ける境界がある．境界を含む場合は閉領域，含まない場合は単に領域という．互いに交わらない有限個の単純閉曲線で囲まれた閉領域とは，図 3.8 で示されているような領域である．ただし，単純閉曲線とは自己交差しない連続な閉曲線を意味する．例えば，数字の「0」は単純閉曲線だが，「8」は単純閉曲線ではない．最も基本的な閉領域は，図 3.8(i) のように，ただ 1 つの単純閉曲線で囲まれた閉領域であり，領域の内部に穴が空いていない．ここで，境界の向きは領域内部を左手に見て進む向きにとる*7．一方，図 3.8(ii) のように，例えば領域の内部に穴が 1 つ空いている場合は，互いに交わらない 2 つの単純閉曲線で囲まれた領域を考えることになる．この領域の境界は外側の閉曲線と内側の閉曲線の 2 つの閉曲線からなる．外側の境界の向きは穴の空いていない場合と同じであるが，内側の境界の向きは反対になることに注意しよう．また，図 3.8(iii) のように，閉領域の境界を表す単純閉曲線には角があってもよい．

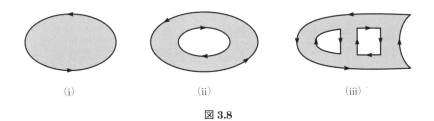

図 3.8

---

*7 曲線の向きと間違えないように注意せよ．曲線の向きは 2 通り考えられるが，境界の向きはただ 1 通りに定まる．

> **定理 3.5** D を xy 平面上の互いに交わらない有限個の単純閉曲線で囲まれた閉領域とし，$f(x,y)$, $g(x,y)$ を D 上の滑らかな関数とするとき[*8]，
> $$\int_{\partial D} f dx + g dy = \iint_D \left(-\frac{\partial f}{\partial y} + \frac{\partial g}{\partial x}\right) dx dy \qquad (1)$$
> が成り立つ．ただし，∂D は閉領域 D の境界を表し，その向きは D の内部を左手に見て進むようにとる．

式 (1) の右辺の積分は，領域 D 上で定義された 2 変数関数の重積分であり，大学 1 年次の微分積分学で扱われている．一方，式 (1) の左辺の積分は，線積分とよばれるものであり，次のように計算される．簡単のため，閉領域 D は互いに交わらない 2 つの閉曲線 C_1（外側）と C_2（内側）で囲まれているとする．すなわち，境界 ∂D が図 3.8(ii) のように向きづけられた 2 つの閉曲線 C_1 と C_2 で表されるとする．このとき，
$$\int_{\partial D} f dx + g dy = \int_{C_1} f dx + g dy + \int_{C_2} f dx + g dy$$
である．閉曲線 C_1 が $C_1 = \{(x(t), y(t)) \,|\, a \le t \le b\}$ で与えられていれば，この式の右辺の第 1 項の積分は
$$\int_{C_1} f dx + g dy = \int_a^b \left\{ f(x(t), y(t)) \frac{dx}{dt} + g(x(t), y(t)) \frac{dy}{dt} \right\} dt$$
のように計算される．右辺の第 2 項の積分も同様に計算される．なお，上式において置換積分の形が現れることに注意してほしい．これにより，積分の値は曲線のパラメータ表示の選び方に依存しないことがわかる．

定理 3.5 は，グリーンの定理とよばれ，第 2 章の第 7 節でも取り上げられている．定理 3.5 の証明の概略については，第 2 章の第 7 節の定理 2.2 の証明の概略を参照してほしい．

[*8] 正確には，f, g は D を含む開集合上で定義された C^1 級実数値関数である．

5.2 コーシーの積分定理

定理 3.6 (コーシーの積分定理) $f(z)$ は互いに交わらない有限個の単純閉曲線で囲まれた領域 D 上で定義された正則関数とする．このとき，

$$\int_{\partial D} f(z)dz = 0$$

が成り立つ．ここで，∂D は D の境界を表し，その向きは D の内部を左手に見て進むようにとる．

証明 $f(z) = u(x,y) + iv(x,y)$, $z = x + iy$ と考えると，

$$\int_{\partial D} f(z)dz = \int_{\partial D}(u+iv)(dx+idy) = \int_{\partial D}(udx - vdy) + i\int_{\partial D}(vdx + udy)$$

である．ここで，グリーンの定理を用いると

$$\int_{\partial D}(udx - vdy) + i\int_{\partial D}(vdx + udy)$$
$$= \iint_D \left(-\frac{\partial u}{\partial y} - \frac{\partial v}{\partial x}\right)dxdy + i\iint_D \left(-\frac{\partial v}{\partial y} + \frac{\partial u}{\partial x}\right)dxdy$$

である．さらに，コーシー・リーマンの関係式

$$\frac{\partial u}{\partial x} = \frac{\partial v}{\partial y}, \quad \frac{\partial u}{\partial y} = -\frac{\partial v}{\partial x}$$

を用いると，上の 2 重積分の値は 0 になることがわかる．したがって，

$$\int_{\partial D} f(z)dz = 0. \blacksquare$$

例題 3.7 C_1 と C_2 は，図 3.9(a) のような 2 点 z_0, z_1 を結ぶ互いに交わらない曲線であるとする．このとき，$f(z)$ が C_1 と C_2 で囲まれた領域で正則ならば，次の等式が成り立つことを示せ．

$$\int_{C_1} f(z)dz = \int_{C_2} f(z)dz \tag{1}$$

[解] C_1 と C_2 で囲まれた領域を D で表すと，コーシーの積分定理より

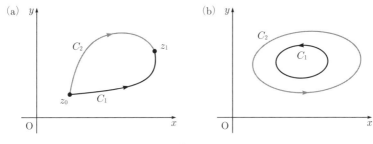

図 3.9

$$0 = \int_{\partial D} f(z)dz = \int_{C_1} f(z)dz + \int_{-C_2} f(z)dz = \int_{C_1} f(z)dz - \int_{C_2} f(z)dz$$

であるから，式 (1) が成り立つ． ◆

問 3.14 C_1 と C_2 は，図 3.9(b) のような互いに交わらない単純閉曲線であるとする．このとき，$f(z)$ が C_1 と C_2 で囲まれた領域で正則ならば，式 (1) が成り立つことを示せ．

ここで，例題 3.4 と問 3.12 の結果を見直してみよう．$f(z) = z^2$ は複素平面 $\boldsymbol{C}$ 上で微分可能で，$f'(z) = 2z$ である．すなわち，$f(z)$ は $\boldsymbol{C}$ 上の正則関数である．例題 3.4 と問 3.12 では，$f(z) = z^2$ を図 3.10 のように原点と $1+i$ を結ぶ 3 つの曲線 C_1, C_2, C_3 に沿ってそれぞれ積分した．このとき，例題 3.7 の結果より

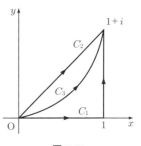

図 3.10

$$\int_{C_1} f(z)dz = \int_{C_2} f(z)dz = \int_{C_3} f(z)dz$$

が成り立つ．

問 3.15 $f(z) = \cos \pi z$ および図 3.10 の曲線 C_1 と C_2 に対しても式 (1) が成り立つことを，複素積分の値を実際に計算することによって確かめよ．

例題 3.8 C_1 と C_2 は，図 3.11 のような 2 点 $z = 1$ と $z = -1$ を結ぶ互いに交わらない曲線であるとする．このとき，$f(z) = 1/z$ に対して

$$\int_{C_1} f(z)dz \neq \int_{C_2} f(z)dz$$

であることを示せ．

[**解説**] $f(z) = 1/z$ は $z = 0$ で微分不可能（関数の値が定義されていない）であるから，曲線 C_1 と C_2 で囲まれる領域で $f(z) = 1/z$ は正則でないことに注意してほしい．問 3.13 の結果より，

$$\int_{C_1} \frac{1}{z} dz = -\pi i$$

一方，曲線 C_2 は，$z = e^{i\theta}$ $(0 \leq \theta \leq \pi)$ で表されるから，例題 3.6 と同様に

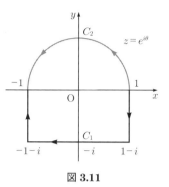

図 3.11

$$\int_{C_2} \frac{1}{z} dz = \int_0^\pi \frac{ie^{i\theta}}{e^{i\theta}} d\theta = i \int_0^\pi d\theta = \pi i$$

したがって，$\int_{C_1} f(z) dz \neq \int_{C_2} f(z) dz$ であることがわかる． ◆

領域 D 内の任意の単純閉曲線 C に対して，C で囲まれた領域が D の内部に含まれるとき，D は**単連結**であるという．直観的にいえば，穴の空いていない領域が単連結である．関数 $f(z) = 1/z$ は $z = 0$ で微分不可能であるから，複素平面 $\boldsymbol{C}$ 上では正則でない．しかし，$z = 0$ を除いた領域 $D = \{z \mid z \neq 0\}$ 上で $f(z) = 1/z$ は正則である．この領域 D は単連結ではない．

単連結な領域上では，2点を結ぶ曲線を連続的に変形することができる*9．例えば，図 3.10 の曲線 C_1 を連続的に C_2 や C_3 へ変形させることができる．これは，複素平面 $\boldsymbol{C}$ が単連結である（穴が空いていない）からである．一方，図 3.11 の曲線 C_1 を連続的に C_2 へ変形させることはできない．実際，領域 D は単連結ではない（原点に穴が空いている）から，C_1 を切断することなく C_2 へ変形することはできない．

以上の考察から，次の定理が成り立つことがわかるだろう．

---

*9 領域上の2点を伸縮自在なゴムひもで結んだとき，ゴムひもの形を自由に変形させることができる．ただし，領域内に穴（障害物）がある場合は，ゴムひもをはさみで切断（不連続な変形）しなければならないことがある．

> **定理 3.7** f は単連結領域 D 上で正則であるとする．D 内の 2 点を結ぶ曲線 C に沿う f の複素積分の値は，曲線 C の始点と終点のみで決まり，途中の経路にはよらない．

5.3 原始関数の存在

関数 $f(z)$ は領域 D 上で連続とする．関数 $F(z)$ が D 上で正則であって，

$$\frac{dF(z)}{dz} = f(z)$$

をみたすとき，$F(z)$ を $f(z)$ の原始関数という．原始関数は必ずしも存在するとは限らないが，存在する場合には定数の差を除いて一意的に定まる．実際，F_1 と F_2 を f の原始関数とすると，$F_1' = F_2' = f$ より $(F_1 - F_2)' = 0$ であり，

$$F_1 - F_2 = C \quad (C はある定数)$$

が成り立つ．原始関数が存在するとき，次の命題が成り立つ．

> **命題 3.5** 関数 $f(z)$ は領域 D 上で連続で，原始関数 $F(z)$ をもつとする．z_0 を始点，z_1 を終点とする D 上の任意の連続曲線 C に対して
>
> $$\int_C f(z)dz = F(z_1) - F(z_0)$$

証明 曲線 C は $C : z = z(t)$ $(a \leq t \leq b)$ で表され，$z(a) = z_0$, $z(b) = z_1$ をみたすとする．このとき，

$$\int_C f(z)dz = \int_a^b f(z(t))z'(t)dt = \int_a^b \frac{d}{dt}F(z(t))dt$$
$$= F(z(b)) - F(z(a)) = F(z_1) - F(z_0). \quad \blacksquare$$

次の定理は，複素関数 $f(z)$ の原始関数が存在するための十分条件を与えている．

> **定理 3.8** 単連結な領域 D 上で正則な関数 f は原始関数をもつ．

証明の概略 領域 D 上の点 z_0 を選び固定する．D 上の任意の点 z に対して，z_0 と z を結ぶ曲線 C_z をとり，

$$F(z) = \int_{C_z} f(z)dz$$

とおく．f は単連結な領域 D 上で正則であるから，定理 3.7 により，F の値は曲線 C_z の選び方によらない．すなわち，$F(z)$ の値は D 上の点 z によってのみ決まる．したがって，F は D 上の関数である．このとき，詳しい議論は省略するが，

$$\lim_{\Delta z \to 0}\left|\frac{F(z+\Delta z) - F(z)}{\Delta z} - f(z)\right| = 0$$

を示すことができる．よって，F は微分可能であり，$F' = f$ をみたす．■

命題 3.5 と定理 3.8 を用いると，例題 3.4 と問 3.12 の複素積分は次のように計算できる．関数 $f(z) = z^2$ は単連結な領域 $\boldsymbol{C}$ 上で正則であるから原始関数をもつ．また，$(z^3)' = 3z^2$ より $f(z)$ の原始関数（の 1 つ）は $F(z) = z^3/3$ である．したがって，図 3.5 のいずれの曲線 C_j $(j = 1, 2, 3)$ に対しても

$$\int_{C_j} f(z)dz = \Big[F(z)\Big]_{z=0}^{z=1+i} = \frac{1}{3}((1+i)^3 - 0^3) = -\frac{2}{3} + \frac{2}{3}i$$

となることがわかる．

> **問 3.16** 問 3.15 の複素積分を原始関数を利用して計算せよ．

このように，単連結な領域上の正則関数に対しては，（実数値関数の場合と同様に）原始関数を利用して複素積分を計算することができる．しかし，例題 3.5 のように関数が正則でない場合や，例題 3.8 のように領域が単連結でない場合は，この方法によって複素積分を計算することはできない．

6 正則関数の解析性

微分可能な複素関数で，その導関数が連続なものを正則関数とよんだ．しかし，不思議なことに，たった 1 回だけ微分可能な複素関数は，実は何回でも微

分できる（正確には無限のテイラー級数展開の形で表せる）．本節では，この理由を考える．

複素関数 $f(z)$ は領域 D 上で定義されているとする．D 上の任意の点 a をとる．$f(z)$ が $z = a$ のまわりで無限のテイラー級数展開の形で表されると仮定する．すなわち，

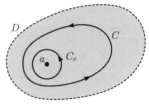

図 3.12

$$f(z) = \sum_{n=0}^{\infty} c_n(z-a)^n$$
$$= c_0 + c_1(z-a) + c_2(z-a)^2 + \cdots \tag{1}$$

ここで，$c_0 = f(a)$, $c_1 = f'(a)$, $c_2 = \dfrac{1}{2}f''(a)$, $\cdots$ である．式 (1) の両辺を $z - a$ で割ると

$$\frac{f(z)}{z-a} = \frac{c_0}{z-a} + c_1 + c_2(z-a) + c_3(z-a)^2 + \cdots \tag{2}$$

a を中心とする半径 ρ の円板が領域 D に含まれるように，$\rho > 0$ を十分小さくとる（図 3.12）．円周 $C_\rho = \{z \mid |z-a| = \rho\}$ 上で式 (2) を線積分すると

$$\int_{C_\rho} \frac{f(z)}{z-a} dz = c_0 \int_{C_\rho} \frac{dz}{z-a} + c_1 \int_{C_\rho} dz$$
$$+ c_2 \int_{C_\rho} (z-a) dz + c_3 \int_{C_\rho} (z-a)^2 dz + \cdots$$

ここで，例題 3.6 の結果

$$\int_{C_\rho} \frac{dz}{z-a} = 2\pi i, \quad \int_{C_\rho} dz = \int_{C_\rho} (z-a) dz = \int_{C_\rho} (z-a)^2 dz = \cdots = 0$$

を利用すると

$$\int_{C_\rho} \frac{f(z)}{z-a} dz = 2\pi i c_0$$

となる．$c_0 = f(a)$ であるから

$$f(a) = \frac{1}{2\pi i} \int_{C_\rho} \frac{f(z)}{z-a} dz \tag{3}$$

を得る．同様に，式 (1) の両辺を $(z-a)^2$ で割ると

$$\frac{f(z)}{(z-a)^2} = \frac{c_0}{(z-a)^2} + \frac{c_1}{z-a} + c_2 + c_3(z-a) + \cdots$$

上式の両辺を円周 $C_\rho = \{z \mid |z-a| = \rho\}$ 上で線積分し，例題 3.6 の結果を利用すれば

$$\int_{C_\rho} \frac{f(z)}{(z-a)^2} dz = 2\pi i c_1$$

となる．$c_1 = f'(a)$ であるから

$$c_1 = f'(a) = \frac{1}{2\pi i} \int_{C_\rho} \frac{f(z)}{(z-a)^2} dz$$

を得る．一般には，式 (1) の両辺を $(z-a)^{n+1}$ で割り，

$$\frac{f(z)}{(z-a)^{n+1}} = \cdots + \frac{c_{n-1}}{(z-a)^2} + \frac{c_n}{z-a} + c_{n+1} + \cdots$$

の両辺を円周 $C_\rho = \{z \mid |z-a| = \rho\}$ 上で線積分し，例題 3.6 の結果を利用すれば

$$c_n = \frac{f^{(n)}(a)}{n!} = \frac{1}{2\pi i} \int_{C_\rho} \frac{f(z)}{(z-a)^{n+1}} dz$$

を得る．これは，関数 f の高階微分係数の値が複素積分によって計算可能であることを意味している．

$f(z)$ は領域 D 上で正則であり，C は図 3.12 のように円周 C_ρ を含む D 上の単純閉曲線であるとする．このとき，C と C_ρ で囲まれた領域で $f(z)/(z-a)$ は正則であるから，コーシーの積分定理により

$$\int_{C_\rho} \frac{f(z)}{z-a} dz = \int_C \frac{f(z)}{z-a} dz \tag{4}$$

が成り立つ（問 3.14）．したがって，式 (3) と式 (4) より

$$f(a) = \frac{1}{2\pi i} \int_C \frac{f(z)}{z-a} dz$$

となる．上式において，a は D 上の任意の点であるから，改めて z と書き直し，積分変数 z を ζ に書き直すと[*10]，

[*10] ζ はギリシャ文字で「ゼータ」と読む．積分変数として ζ を用いるのは複素関数論の慣例である．

第 3 章　複素関数

$$f(z) = \frac{1}{2\pi i} \int_C \frac{f(\zeta)}{\zeta - z} d\zeta$$

を得る．ここで，C は点 z を囲み，その内部が D に含まれる単純閉曲線である．上式を**コーシーの積分公式**という．

以上の考察により，次の定理が成り立つことがわかるだろう．

> **定理 3.9**　f は領域 D で定義された正則関数であるとする．D 上の任意の点 z および点 z を囲み，その内部が D に含まれる単純閉曲線 C に対して
>
> $$f(z) = \frac{1}{2\pi i} \int_C \frac{f(\zeta)}{\zeta - z} d\zeta$$
>
> が成り立つ．また，D 上の任意の点 a に対して，$f(z)$ は
>
> $$f(z) = \sum_{n=0}^{\infty} c_n (z-a)^n$$
>
> の形でテイラー展開できる．ただし
>
> $$c_n = \frac{f^{(n)}(a)}{n!} = \frac{1}{2\pi i} \int_{|\zeta - a| = \rho} \frac{f(\zeta)}{(\zeta - a)^{n+1}} d\zeta$$
>
> であり，閉円板 $\{\zeta \mid |\zeta - a| \leq \rho\}$ は領域 D に含まれる．

この定理は，正則関数が無限回微分可能であり，その高階微分係数の値が複素積分によって計算可能であることを意味している．

本節では，正則関数 f が D 上の任意の点 a のまわりで無限のテイラー級数展開の形で表せたと仮定して，定理 3.9 が成り立つ必然性を説明した．しかし，これは証明ではない．興味のある読者は，複素関数論の本を参照してほしい．

問 3.17　f は領域 D で定義された正則関数であるとする．D 上の任意の点 z および点 z を囲み，その内部が D に含まれる単純閉曲線 C に対して

$$f^{(n)}(z) = \frac{n!}{2\pi i} \int_C \frac{f(\zeta)}{(\zeta - z)^{n+1}} d\zeta$$

が成り立つことを説明せよ．また，この結果を用いて $\displaystyle\int_{|z|=2} \frac{e^{iz}}{(z-i)^4} dz$ を求めよ．

7 ローラン展開

領域 D で定義された正則関数 $f(z)$ は,

$$f(z) = \sum_{n=0}^{\infty} c_n(z-a)^n$$

の形で無限のテイラー級数展開の形で表せる．ここで，点 a は D 上の任意の点である．それでは，

$$f(z) = \sum_{n=-\infty}^{\infty} c_n(z-a)^n$$

のように，負のべき項を含む級数展開の形で表される関数はないのだろうか．例えば，

$$f(z) = \frac{1}{(z-1)^2} = (z-1)^{-2}$$

はそのような関数である．これは，自明な例であるが，

$$f(z) = \frac{1}{(z-1)(z-2)}$$

もそのような関数の例である．実際，$|z-1| < 1$ のとき

$$\frac{1}{z-2} = -\frac{1}{1-(z-1)} = -\sum_{n=0}^{\infty}(z-1)^n$$

であるから[*11]，$0 < |z-1| < 1$ のとき

$$\frac{1}{(z-1)(z-2)} = \frac{-1}{z-1} \cdot \sum_{n=0}^{\infty}(z-1)^n = -\sum_{n=-1}^{\infty}(z-1)^n$$

である．この関数は，$0 < |z-1| < 1$ で正則である（$z=1$ で関数の値は定義できない）．

[*11] 無限等比級数の和の公式 $\sum_{n=0}^{\infty} ar^n = \dfrac{a}{1-r}$ の形に注意せよ．

> **定理 3.10** $f(z)$ は $r_1 < |z - a| < r_2 \ (0 \le r_1 < r_2 \le +\infty)$ で正則のとき,
> $$f(z) = \sum_{n=-\infty}^{\infty} c_n (z-a)^n \tag{1}$$
> の形に展開できる．ここで,
> $$c_n = \frac{1}{2\pi i} \int_{|\zeta - a| = \rho} \frac{f(\zeta)}{(\zeta - a)^{n+1}} d\zeta \quad (r_1 < \rho < r_2)$$

式 (1) を関数 $f(z)$ の $r_1 < |z-a| < r_2$ での**ローラン展開**といい，とくに，$r_1 = 0$ のとき，$z = a$ のまわりのローラン展開という[*12]．ローラン展開は，負のべき項を含む形でテイラー展開を拡張したものである．このような展開が可能な理由は，前節の定理 3.9 が成り立つ理由と同様である．

問 3.18 上式の c_n の値が ρ の選び方に依存しないことを示せ．

とくに，$f(z)$ が $0 < |z - a| < r$ で正則であり，点 a でその値が定義されていないか，定義されていても $z = a$ で微分不可能な（正則でない）とき，点 a を $f(z)$ の**孤立特異点**という．孤立特異点は次の 3 つに分類される．

> **定義 3.2** 点 a を関数 f の孤立特異点とし，f が $z = a$ のまわりで式 (1) のようにローラン展開されているとする．このとき,
>
> - $c_n \ne 0$ となる負の整数 n が存在しなければ $z = a$ は**除去可能な特異点**
> - $c_n \ne 0$ となる負の整数 n が有限個存在すれば $z = a$ は**極**
> - $c_n \ne 0$ となる負の整数 n が無限個存在すれば $z = a$ は**真性特異点**
>
> であるという．

$z = a$ が f の極であるとき,
$$f(z) = \sum_{n=-N}^{\infty} c_n (z-a)^n \quad (c_{-N} \ne 0)$$
のように表される．このとき，$z = a$ は f の N 位の極であるという．

[*12] 本書では $z = a$ のまわりのローラン展開のみを扱う．

例題 3.9 次の関数の孤立特異点を分類せよ.

(1) $f(z) = \dfrac{1}{(z-1)(z-2)}$

(2) $f(z) = \begin{cases} \dfrac{\sin z}{z} & (z \neq 0) \\ -1 & (z = 0) \end{cases}$

(3) $f(z) = e^{1/z}$

[**解**] (1) $z=1$ と $z=2$ で関数の値が定義されていないから,特異点は $z=1$ と $z=2$ である.$f(z)$ は $z=1$ のまわりで $f(z) = -\sum_{n=-1}^{\infty}(z-1)^n$ のようにローラン展開できる.したがって,$z=1$ は 1 位の極である.同様に,$|z-2| < 1$ のとき

$$\frac{1}{z-1} = \frac{1}{1-(2-z)} = \sum_{n=0}^{\infty}(2-z)^n = \sum_{n=0}^{\infty}(-1)^n(z-2)^n$$

に注意すると,$z=2$ が 1 位の極であることもわかる.

(2) $z=0$ で関数の値が定義されているが,$f(z)$ は $z=0$ で微分不可能である($z=0$ では正則でない)から,特異点は $z=0$ である.実際,

$$\lim_{z \to 0} f(z) = \lim_{z \to 0} \frac{\sin z}{z} = 1 \neq -1 = f(0)$$

であるから,$f(z)$ は $z=0$ で不連続で,微分不可能である.しかし,$z=0$ のまわりで

$$\sin z = z - \frac{1}{3!}z^3 + \frac{1}{5!}z^5 - \frac{1}{7!}z^7 + \cdots$$

のようにテイラー展開できることに注意すると,$f(z)$ は $z \neq 0$ で正則であり,$z=0$ のまわりで

$$f(z) = \frac{\sin z}{z} = 1 - \frac{1}{3!}z^2 + \frac{1}{5!}z^4 - \frac{1}{7!}z^6 + \cdots$$

のようにローラン展開される.上式の中には負のべき項が含まれないから,$z=0$ は除去可能な特異点である[*13].

(3) $z=0$ で関数の値が定義されていないから,特異点は $z=0$ である.$z=0$ のまわりで

[*13] $f(z)$ の $z=0$ における値を -1 から 1 に修正すれば,$f(z)$ は $z=0$ を含む範囲で正則になると考えられる.この意味で $z=0$ は除去可能な特異点とよばれる.

$$e^z = 1 + z + \frac{1}{2!}z^2 + \frac{1}{3!}z^3 + \cdots$$

のようにテイラー展開できるから，$f(z)$ は $z = 0$ のまわりで

$$f(z) = e^{1/z} = 1 + z^{-1} + \frac{1}{2!}z^{-2} + \frac{1}{3!}z^{-3} + \cdots$$

のようにローラン展開され，その中には負のべき項が無限個含まれる．よって，$z = 0$ は真性特異点である．◆

関数 $f(z)$ は $z = a$ のまわりで正則であるとする．ある正の整数 m に対して

$$f(a) = f'(a) = \cdots = f^{(m-1)}(a) = 0, \quad f^{(m)}(a) \neq 0$$

が成り立つとき，$z = a$ を $f(z)$ の m 位の**零点**という．f が $z - a$ のまわりで

$$f(z) = c_0 + c_1(z-a) + c_2(z-a)^2 + \cdots$$

のようにべき級数展開されていれば，$c_k = \dfrac{f^{(k)}(a)}{k!}$ であるから，$z = a$ が f の m 位の零点であるとき，

$$f(z) = c_m(z-a)^m + c_{m+1}(z-a)^{m+1} + \cdots \quad (c_m \neq 0)$$

である．この式を

$$f(z) = (z-a)^m(c_m + c_{m+1}(z-a) + \cdots) = (z-a)^m \tilde{f}(z)$$

のように書き直す．$\tilde{f}(z)$ は $z = a$ のまわりでべき級数展開できるから正則であり，$\tilde{f}(a) = c_m \neq 0$ である．よって，$z = a$ が $f(z)$ の m 位の零点ならば $f(z) = (z-a)^m \tilde{f}(z)$，$\tilde{f}(a) \neq 0$ をみたす正則関数 $\tilde{f}(z)$ が存在する．

命題3.6 $g(z), h(z)$ は $z = a$ のまわりで正則であるとする．

$$f(z) = \frac{g(z)}{h(z)}$$

とおく．$z = a$ が h の m 位の零点であり，かつ，$g(a) \neq 0$ ならば，$z = a$ は f の m 位の極である．とくに，

$$f(z) = \frac{g(z)}{(z-a)^m}$$

のとき，$g(a) \neq 0$ ならば，$z = a$ は f の m 位の極である．

証明 $z = a$ は h の m 位の零点であるから，$h(z) = (z-a)^m \tilde{h}(z)$, $\tilde{h}(a) \neq 0$ をみたす正則関数 $\tilde{h}(z)$ がある．$g/\tilde{h}$ は $z = a$ のまわりで正則であるから，$g(z)/\tilde{h}(z) = \sum_{n=0}^{\infty} c_n(z-a)^n$ のように級数展開できる．ただし，$g(a)/\tilde{h}(a) = c_0 \neq 0$ である．よって，$f(z)$ は $z = a$ のまわりで

$$f(z) = \frac{1}{(z-a)^m} \sum_{n=0}^{\infty} c_n (z-a)^n = \frac{c_0}{(z-a)^m} + \frac{c_1}{(z-a)^{m-1}} + \cdots$$

のようにローラン展開できるから，$z = a$ は m 位の極である．■

問 3.19 $g(z)$, $h(z)$ は $z = a$ のまわりで正則であるとする．ある正の整数 m, k ($m > k$) に対して $z = a$ が g の k 位の零点で，かつ，h の m 位の零点であるとき，$z = a$ は $f(z) = g(z)/h(z)$ の $m - k$ 位の極であることを示せ．

問 3.20 次の関数の極をすべて求め，その位数を調べよ．
(1) $f(z) = \dfrac{z^4}{(z-1)^3(z+1)^2}$
(2) $f(z) = \dfrac{1-\cos z}{z^3}$

複素関数を利用して自然科学や工学の様々な問題を考えるとき，極以外の特異点が現れることはほとんどない．次節では，極を用いた重要な応用例として，留数定理と偏角の原理を説明する．

8 留数定理と偏角の原理

8.1 留数定理

定義 3.3 $f(z)$ は $0 < |z - a| < r$ で正則とする．$0 < \rho < r$ に対して

$$\mathrm{Res}(f, a) := \frac{1}{2\pi i} \int_{|\zeta - a| = \rho} f(\zeta) d\zeta$$

を f の a における**留数**という．

上式の右辺の積分の値は ρ の選び方に依存しない（問 3.18）．定理 3.10 より，f の $z=a$ のまわりのローラン展開を

$$f(z) = \sum_{n=-\infty}^{\infty} c_n(z-a)^n$$

とするとき

$$c_{-1} = \mathrm{Res}(f,a)$$

が成り立つ．

以下では，$z=a$ は f の高々 N 位の極であるとする．すなわち，

$$f(z) = \sum_{n=-N}^{\infty} c_n(z-a)^n$$

とする[*14]．このとき，

$$g(z) = f(z)(z-a)^N$$

とおくと，

$$g(z) = (z-a)^N \sum_{n=-N}^{\infty} c_n(z-a)^n$$
$$= \sum_{n=-N}^{\infty} c_n(z-a)^{n+N} = \sum_{m=0}^{\infty} c_{m-N}(z-a)^m$$

である．よって，$g(z)$ は $z=a$ のまわりで負のべき項をもたない級数で表され，$|z-a|<r$ で正則である．一方，$g(z)$ の $z=a$ のまわりのべき級数展開は

$$g(z) = \sum_{m=0}^{\infty} \frac{g^{(m)}(a)}{m!}(z-a)^m$$

で与えられる．上の 2 通りのべき級数の $m=N-1$ の項を比較して

$$c_{-1} = \frac{g^{(N-1)}(a)}{(N-1)!} = \lim_{z\to a}\left\{\frac{1}{(N-1)!}\frac{d^{N-1}}{dz^{N-1}}(f(z)(z-a)^N)\right\}$$

[*14] ここでは，$c_{-N}=0$ の場合も含めて考える（後出の例題 3.11）．したがって，極の位数が N であるとは限らない．

を得る．よって，留数の値を計算する次の公式を得る．

$$\mathrm{Res}(f,a) = \lim_{z \to a}\left\{ \frac{1}{(N-1)!}\frac{d^{N-1}}{dz^{N-1}}(f(z)(z-a)^N) \right\} \qquad (1)$$

例題 3.10 $f(z) = \dfrac{z^4}{(z-1)(z+1)^2}$ のとき，$f(z)$ の $z=1$ と $z=-1$ における留数をそれぞれ求めよ．

[**解**] $z=1$ は f の 1 位の極である．式 (1) より

$$\mathrm{Res}(f,1) = \lim_{z \to 1} f(z)(z-1) = \lim_{z \to 1} \frac{z^4}{(z+1)^2} = \frac{1}{2^2} = \frac{1}{4}$$

また，$z=-1$ は f の 2 位の極である．式 (1) より

$$\begin{aligned}
\mathrm{Res}(f,-1) &= \lim_{z \to -1} \frac{d}{dz}(f(z)(z+1)^2) = \lim_{z \to -1} \frac{d}{dz}\left(\frac{z^4}{z-1}\right) \\
&= \lim_{z \to -1} \frac{4z^3(z-1) - z^4 \cdot 1}{(z-1)^2} = \lim_{z \to -1} \frac{3z^4 - 4z^3}{(z-1)^2} \\
&= \frac{3+4}{(-2)^2} = \frac{7}{4}.
\end{aligned}$$ ◆

例題 3.11 $f(z) = \dfrac{e^z - 1}{z^3}$ のとき，$f(z)$ の $z=0$ における留数を求めよ．

[**解説**] $z=0$ は f の 3 位の極ではない．実際，$g(z) = e^z - 1$ とおくと，$g(0) = 0$, $g'(0) \neq 0$ であるから，$z=0$ は g の 1 位の零点である．また，$h(z) = z^3$ とおくと，$z=0$ は h の 3 位の零点である．よって，$z=0$ は $f(z) = g(z)/h(z)$ の 2 位の極である（問 3.19）．しかし，

$$e^z = 1 + z + \frac{1}{2!}z^2 + \cdots$$

であることに注意して

$$\frac{e^z - 1}{z^3} = 0 \cdot z^{-3} + z^{-2} + \frac{1}{2!}z^{-1} + \frac{1}{3!} + \cdots$$

のように考えれば，$z=0$ は f の高々 3 位の極であり，$N=3$ として式 (1) を適用することができる．

$$\operatorname{Res}(f,0) = \lim_{z\to 0} \frac{1}{2!}\frac{d^2}{dz^2}(f(z)z^3) = \frac{1}{2}\lim_{z\to 0}\frac{d^2}{dz^2}(e^z-1)$$
$$= \frac{1}{2}\lim_{z\to 0} e^z = \frac{1}{2}$$

$z=0$ が f の 2 位の極であることから，$N=2$ として式 (1) を適用することもできるが，計算は面倒になる．この例からもわかるように，ある正の整数 m に対して，

$$f(z) = \frac{g(z)}{(z-a)^m} \qquad (g(z) \text{ は } z=a \text{ のまわりで正則})$$

のときは，f を高々 m 位の極と考えて，$N=m$ として式 (1) を適用してもよい[*15]．◆

次の命題は，1 位の極の留数の値を計算するときに有用な公式を与える．

命題 3.7 $z=a$ で正則な関数 $f(z), g(z)$ に対して，$f(a)\neq 0$ かつ $z=a$ が $g(z)$ の 1 位の零点であるとする．このとき，$z=a$ は $f(z)/g(z)$ の 1 位の極であり，
$$\operatorname{Res}\left(\frac{f}{g}, a\right) = \frac{f(a)}{g'(a)}$$

証明 $z=a$ は $g(z)$ の 1 位の零点であるから，正則な関数 $h(z)$ を用いて $g(z)=(z-a)h(z)$, $h(a)\neq 0$ と表される．よって，

$$\frac{f(z)}{g(z)} = \frac{1}{z-a}\cdot\frac{f(z)}{h(z)}$$

において，$f(z)/h(z)$ は $z=a$ で正則であり，$z=a$ のまわりで

$$\frac{f(z)}{h(z)} = \sum_{n=0}^{\infty} c_n (z-a)^n$$

の形でテイラー展開される．したがって，

$$\frac{f(z)}{g(z)} = \frac{1}{z-a}\cdot\sum_{n=0}^{\infty} c_n(z-a)^n = \frac{c_0}{z-a} + c_1 + c_2(z-a) + \cdots$$

[*15] $z=a$ が g の零点であるかどうかは気にしなくてもよい．

となり，$z = a$ は $f(z)/g(z)$ の 1 位の極である．$g(z) = (z-a)h(z)$ の両辺を z で微分すると $g'(z) = h(z) + (z-a)h'(z)$ であり，$g'(a) = h(a)$ となる．よって，式 (1) より

$$\mathrm{Res}\left(\frac{f}{g}, a\right) = \lim_{z \to a}\left(\frac{f(z)}{g(z)}(z-a)\right) = \lim_{z \to a}\frac{f(z)}{h(z)}$$
$$= \frac{f(a)}{h(a)} = \frac{f(a)}{g'(a)}. \qquad \blacksquare$$

問 3.21 $f(z) = \dfrac{e^{\pi z}}{z^2 + 1}$ の孤立特異点を求め，その留数を求めよ．

定理 3.11 C を複素平面内の滑らかな単純閉曲線とし，有限個の点 $a_1, a_2, \cdots, a_m$ は C で囲まれた領域 D の内部にあるとする（図 3.13）．f は D の境界 $\partial D = C$ を含む閉領域（ただし，$a_1, a_2, \cdots, a_m$ を除く）で正則であるとする．このとき

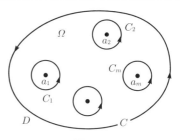

図 3.13

$$\int_C f(z)dz = 2\pi i \cdot \sum_{k=1}^{m}\mathrm{Res}(f, a_k) \qquad (2)$$

証明 m 個の閉円板 $B_k = \{z \mid |z - a_k| \leq r\}$ $(k = 1, 2, \cdots, m)$ が D の内部にあり，かつ重なることがないように十分小さい正の数 r をとる．$C_k = \partial B_k = \{z \mid |z - a_k| = r\}$ とすると，D から $B_1, B_2, \cdots, B_m$ を取り除いた領域 Ω で $f(z)$ は正則であるから，コーシーの積分定理より

$$0 = \int_{\partial \Omega} f(z)dz = \int_C f(z)dz + \sum_{k=1}^{m}\int_{-C_k} f(z)dz$$
$$= \int_C f(z)dz - \sum_{k=1}^{m}\int_{C_k} f(z)dz$$

が成り立つ．一方，留数の定義より

$$\frac{1}{2\pi i}\int_{C_k} f(z)dz = \mathrm{Res}(f, a_k)$$

例題 3.12 次の積分の値を求めよ．
$$\int_0^{2\pi} \frac{d\theta}{2+\sin\theta}$$

[**解**] $z = e^{i\theta}$ $(0 \leq \theta \leq 2\pi)$ とおくと，$\bar{z} = z^{-1} = e^{-i\theta}$ より
$$\sin\theta = \frac{e^{i\theta} - e^{-i\theta}}{2i} = \frac{z - \bar{z}}{2i} = \frac{1}{2i}\left(z - \frac{1}{z}\right)$$
また，$0 \leq \theta \leq 2\pi$ のとき $|z| = 1$ であり，
$$\frac{dz}{d\theta} = ie^{i\theta} = iz \quad \therefore \quad d\theta = \frac{dz}{iz}$$
したがって，
$$\int_0^{2\pi} \frac{d\theta}{2+\sin\theta} = \int_{|z|=1} \frac{1}{2 + \frac{1}{2i}\left(z - \frac{1}{z}\right)} \cdot \frac{dz}{iz}$$
$$= 2\int_{|z|=1} \frac{dz}{z^2 + 4iz - 1}$$

$f(z) = 1/g(z)$，$g(z) = z^2 + 4iz - 1$ とおく．$g(z) = 0$ を解くと
$$z = -2i \pm \sqrt{(2i)^2 - 1 \cdot (-1)} = -2i \pm \sqrt{-3} = (-2 \pm \sqrt{3})i$$
であり，$|z| < 1$ 内に $g(z)$ の 1 位の零点（$f(z)$ の 1 位の極）$a = (-2 + \sqrt{3})i$ が含まれる（図 3.14(a)）．よって，命題 3.7 と留数定理より

$$\int_0^{2\pi} \frac{d\theta}{2+\sin\theta} = 2\int_{|z|=1} f(z)dz = 2 \cdot 2\pi i \cdot \text{Res}(f, a)$$
$$= 4\pi i \cdot \text{Res}\left(\frac{1}{g}, a\right) = 4\pi i \cdot \frac{1}{g'(a)} = \frac{4\pi i}{2a + 4i}$$
$$= \frac{2\pi}{\sqrt{3}}.$$

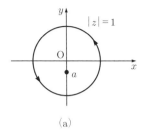
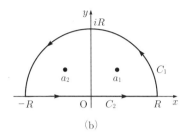

図 3.14

問 3.22 次の積分の値を求めよ.

(1) $\displaystyle\int_0^{2\pi} \frac{d\theta}{5-3\sin\theta}$ (2) $\displaystyle\int_0^{2\pi} \frac{d\theta}{1+a\cos\theta}$ $(0<a<1)$

例題 3.13 次の積分の値を求めよ.
$$\int_0^\infty \frac{dx}{x^4+1}$$

[解]
$$\int_0^\infty \frac{dx}{x^4+1} = \frac{1}{2}\int_{-\infty}^\infty \frac{dx}{x^4+1}$$

に注意する.$f(z)=1/g(z)$ とおく.ただし,$g(z)=z^4+1$ である.十分大きな正の数 R に対して,曲線 $C_1: z=Re^{i\theta}$ $(0\leq\theta\leq\pi)$ と直線 $C_2: z=x$ $(-R\leq x\leq R)$ をつないで単純閉曲線 C をつくる(図 3.14(b)).このとき,

$$\int_C f(z)dz = \int_{C_1} f(z)dz + \int_{C_2} f(z)dz \tag{3}$$

が成り立つ.C で囲まれた領域 D 内における $g(z)=z^4+1=0$ の解は

$$a_1 = \frac{1+i}{\sqrt{2}}, \quad a_2 = \frac{-1+i}{\sqrt{2}}$$

であり,これらは D 内の $g(z)$ の 1 位の零点($f(z)$ の 1 位の極)である.よって,命題 3.7 と留数定理より

$$\int_C f(z)dz = 2\pi i\left(\mathrm{Res}(f,a_1)+\mathrm{Res}(f,a_2)\right)$$

$$= 2\pi i \left(\mathrm{Res}\left(\frac{1}{g}, a_1\right) + \mathrm{Res}\left(\frac{1}{g}, a_2\right) \right)$$
$$= 2\pi i \left(\frac{1}{g'(a_1)} + \frac{1}{g'(a_2)} \right)$$
$$= 2\pi i \left(\frac{1}{4a_1{}^3} + \frac{1}{4a_2{}^3} \right)$$
$$= \frac{\pi i}{2}(-a_1 - a_2) = \frac{\pi}{\sqrt{2}}$$

となる．ここで，$a_1{}^4 = a_2{}^4 = -1$ を用いた．一方，

$$\lim_{z \to \infty} |z^2 f(z)| = \lim_{z \to \infty} \left| \frac{z^2}{z^4 + 1} \right| = \lim_{z \to \infty} \frac{|z|^2}{|z^4 + 1|} = 0$$

であるから，$|z^2 f(z)| < M$ をみたす正の数 M がとれる．したがって，命題 3.4(4) を用いると，

$$\left| \int_{C_1} f(z) dz \right| \leq \int_{C_1} |f(z)| |dz|$$
$$\leq M \int_{C_1} \frac{|dz|}{|z|^2} = \frac{M\pi R}{R^2} \to 0 \quad (R \to \infty),$$
$$\int_{C_2} f(z) dz = \int_{-R}^{R} \frac{dx}{x^4 + 1} \to \int_{-\infty}^{\infty} \frac{dx}{x^4 + 1} \quad (R \to \infty)$$

ゆえに，式 (3) において，$R \to \infty$ とすれば

$$\int_{-\infty}^{\infty} \frac{dx}{x^4 + 1} = \frac{\pi}{\sqrt{2}} \quad \therefore \quad \int_{0}^{\infty} \frac{dx}{x^4 + 1} = \frac{\pi}{2\sqrt{2}}. \quad \blacklozenge$$

問 3.23 次の積分の値を求めよ．

(1) $\displaystyle\int_{-\infty}^{\infty} \frac{dx}{x^2 + x + 1}$　　　(2) $\displaystyle\int_{0}^{\infty} \frac{x^2}{x^4 + 1} dx$

留数定理を利用すると，様々なタイプの実関数の定積分が計算できることが知られている．興味のある読者は複素関数論の本を参照してほしい．

8.2　偏角の原理

関数 $f(z)$ が特異点として，極または除去可能な特異点しかもたないとき，$f(z)$ を**有理型関数**という．例えば，

$$f(z) = \frac{z+3}{z^2+z-2}$$

で定義される関数は有理型関数である．実際，$z^2 + z - 2 = (z+2)(z-1)$ と因数分解されるから，この関数の特異点は $z=1$ と $z=-2$ であり，それらは1位の極である．一般に，2つの多項式の商を用いて

$$f(z) = \frac{a_0 + a_1 z + \cdots + a_n z^n}{b_0 + b_1 z + \cdots + b_m z^m} \qquad (b_m \neq 0)$$

で定義される関数（有理関数という）は有理型関数である．また，

$$f_1(z) = \frac{1 - \cos z}{z^2}, \qquad f_2(z) = \frac{e^z}{(z-i)^4}$$

は有理型関数である．大まかにいうと，2つの正則関数 $g(z)$, $h(z)$ を用いて，$f(z) = g(z)/h(z)$ の形で表される関数は有理型関数である．

問 3.24 関数 $f_1(z)$ と $f_2(z)$ の特異点が極または除去可能であることを確かめよ．

有理型関数を特異点のまわりでローラン展開したとき，負のべき項があるとしても，それは有限個である．また，有理型関数についても，正則関数の場合と同様に零点が定義される．

有理型関数 f は単純閉曲線 C 上に零点と極をもたないとする．複素平面上の点 z が閉曲線 C 上を1周するとき，点 $f(z)$ の描く軌跡は閉曲線になる．このとき，点 $f(z)$ が原点のまわりを回る回数を $T_f(C)$ で表す[16]．次の定理は，**偏角の原理**とよばれており，$T_f(C)$ の値を与えている．

定理 3.12 有理型関数 f は単純閉曲線 C 上に零点と極をもたないとする．また，f は C で囲まれる領域の内部に N 個の零点と P 個の極をもつとする．ただし，この領域の内部にある f の各零点をその位数だけ重複して数える．極の個数についても同様である．このとき，次の等式が成り立つ．

$$T_f(C) = N - P$$

---

[16] 反時計回りのときは $T_f(C) > 0$，時計回りのときは $T_f(C) < 0$．

証明の概略 簡単のため，f は $z=a$ に p 位の極をもち，$z=b$ に n 位の零点をもつとする．また，f はそれ以外の極と零点をもたないとする．$f'(z)/f(z)$ の原始関数は，
$$\log f(z) = \log|f(z)| + i\arg f(z)$$
であるが，C の始点と終点で $\log|f(z)|$ が同じ値をとることに注意すると
$$\int_C \frac{f'(z)}{f(z)} dz = \Big[\log|f(z)| + i\arg f(z)\Big]_C = i\Big[\arg f(z)\Big]_C = 2\pi i\, T_f(C)$$
である[*17]．一方，f は $z=a$ に p 位の極をもち，$z=b$ に n 位の零点をもつから，
$$f(z) = \frac{(z-b)^n}{(z-a)^p} g(z)$$
と書ける．ここで，$g(z)$ は正則で，零点と極をもたない．このとき，簡単な計算により
$$\frac{f'(z)}{f(z)} = \frac{n}{z-b} - \frac{p}{z-a} + \frac{g'(z)}{g(z)}$$
であることが示せる．$g'(z)/g(z)$ が正則であることに注意すると，例題 3.6 とコーシーの積分定理より
$$\int_C \frac{dz}{z-b} = \int_C \frac{dz}{z-a} = 2\pi i, \qquad \int_C \frac{g'(z)}{g(z)} dz = 0$$
であるから，$T_f(C) = n - p$ となることがわかる．∎

偏角の原理を理解するために，次のような例を考えてみよう．単純閉曲線 C は，複素平面上の 4 点 $z_1 = 1-i$, $z_2 = 1+i$, $z_3 = -1+i$, $z_4 = -1-i$ でつくられる図 3.15(a) のような正方形であるとする．$f(z) = z^2$ は有理型関数であり，C 上に零点と極をもたない．また，f は C で囲まれる領域（正方形）の内部に 2 位の零点 ($z=0$) をもつ．点 z が C 上を 1 周するとき，点 $f(z)$ の描く軌跡は図 3.15(b) のような閉曲線であり，点 $f(z)$ が原点のまわりを回る回数は $T_f(C) = 2$ である．

問 3.25 図 3.15(a) の単純閉曲線 C を $f(z) = z^2$ によって写した図形 $f(C)$ が図 3.15(b) のようになることを確かめよ．また，$T_f(C) = 2$ であることを確かめよ．

[*17] $f(z)$ が原点のまわりを反時計回りに 1 周すると $\arg f(z)$ は 2π 増える．

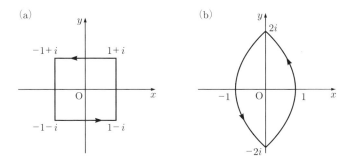

図 3.15 $f(z) = z^2$ で正方形を写す

練習問題

3.1 次の関数が正則であれば，その範囲を求めよ．
  (1) $f(z) = z^4 + z^2$ (2) $f(z) = |z|^2$ (3) $f(z) = \dfrac{1}{z^2}$
  (4) $f(z) = \sin x \cosh y - i \cos x \sinh y \quad (z = x + iy)$

3.2 次の方程式を解け．
  (1) $e^z = 1 + i$ (2) $\sin z = \dfrac{1}{2}$ (3) $\cos z = 2$

3.3 $z = x + iy$ を極座標を用いて $z = re^{i\theta}$ で表すとき，コーシー・リーマンの関係式 $u_x = v_y$, $u_y = -v_x$ は次のようになることを示せ．
$$u_r = \frac{1}{r} v_\theta, \quad v_r = -\frac{1}{r} u_\theta$$

3.4 $f(z) = \dfrac{z}{1 + z^2}$ を $z = i$ のまわりでローラン展開せよ．

3.5 次の関数を図の 3 つの曲線（線分）C_1, C_2, C_3 に沿ってそれぞれ積分せよ．
  (1) $f(z) = \mathrm{Re}(z)$ (2) $f(z) = |z|^2$
  (3) $f(z) = z^3$

3.6 $f(z) = \dfrac{1}{z^2 - 1}$ を 3 つの円 $C_1 : |z| = 2$, $C_2 : |z - 1| = 1$, $C_3 : |z + 1| = 1$ に沿ってそれぞれ積分せよ．

3.7 次の積分の値を求めよ．
  (1) $\displaystyle\int_{|z|=1} \frac{\cosh z}{z^3} dz$ (2) $\displaystyle\int_{|z-i|=1} \frac{\sin z}{z^2 + 1} dz$

(3) $\int_{|z|=2} \dfrac{z^n}{z^2+a^2} dz \quad (a>0,\ a\neq 2)$

3.8 次の積分の値を求めよ．

(1) $\int_0^\pi \dfrac{d\theta}{1+\sin^2\theta}$ 　(2) $\int_0^\infty \dfrac{x^2}{1+x^6} dx$ 　(3) $\int_0^\infty \dfrac{x^2}{(1+x^2)^2} dx$

3.9 有理型関数 $w=f(z)=z+1/z$ を考える．

(1) $z=r(\cos\theta+i\sin\theta)\ (0\leq\theta\leq 2\pi),\ w=u+iv$ のとき，u,v を r,θ を用いて表せ．

(2) $r\neq 1$ のとき，原点を中心とする半径 r の円 $C:|z|=r$ は f によって楕円に写されることを示せ．また，点 z が C 上を 1 周するとき，点 $f(z)$ が原点のまわりを回る回数 $T_f(C)$ を調べよ．

補遺 1　ディリクレ積分

コーシーの積分定理を利用して，次の等式が成り立つことを示す．

命題 3.A.1
$$\int_0^\infty \dfrac{\sin x}{x} dx = \dfrac{\pi}{2}$$

証明　$0<r<R$ とする．4 つの曲線

$C_1: z=x\quad (r\leq x\leq R)$,

$C_2: z=Re^{i\theta}\quad (0\leq\theta\leq\pi)$,

$C_3: z=x\quad (-R\leq x\leq -r)$,

$C_4: z=re^{i(\pi-\theta)}\quad (0\leq\theta\leq\pi)$

をつないで $C=C_1+C_2+C_3+C_4$ とする

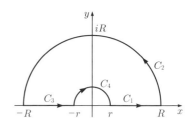

図 3.16

（図 3.16）．$f(z)=e^{iz}/z$ は C で囲まれた閉領域で正則であるから，コーシーの積分定理により，任意の $0<r<R$ に対して

$$\int_C \dfrac{e^{iz}}{z} dz = \int_r^R \dfrac{e^{ix}}{x} dx + \int_{C_2} \dfrac{e^{iz}}{z} dz$$
$$+ \int_{-R}^{-r} \dfrac{e^{ix}}{x} dx + \int_{C_4} \dfrac{e^{iz}}{z} dz \qquad (1)$$

の値は 0 となる.

まず, 式 (1) の右辺の第 1 項と第 3 項の積分を調べる. オイラーの公式 $e^{ix} = \cos x + i\sin x$ より $\sin x = \dfrac{e^{ix} - e^{-ix}}{2i}$ であるから,

$$\int_r^R \frac{e^{ix}}{x}dx + \int_{-R}^{-r} \frac{e^{ix}}{x}dx = \int_r^R \frac{e^{ix} - e^{-ix}}{x}dx = 2i\int_r^R \frac{\sin x}{x}dx$$

となる. よって, $r \to 0$, $R \to \infty$ のとき

$$\int_r^R \frac{e^{ix}}{x}dx + \int_{-R}^{-r} \frac{e^{ix}}{x}dx \to 2i\int_0^\infty \frac{\sin x}{x}dx$$

次に, 式 (1) の右辺の第 2 項の積分を調べる. $C_2 : z = Re^{i\theta}$ より $dz/d\theta = iRe^{i\theta} = iz$ である. $|e^{iz}| = |e^{iR(\cos\theta + i\sin\theta)}| = |e^{iR\cos\theta} \cdot e^{-R\sin\theta}| = e^{-R\sin\theta}$ であるから

$$\left| \int_{C_2} \frac{e^{iz}}{z} dz \right| = \left| i \int_0^\pi e^{iz} d\theta \right| \leq \int_0^\pi |e^{iz}| d\theta = \int_0^\pi e^{-R\sin\theta} d\theta$$

となる. ここで, $f(\theta) = \sin\theta$ のグラフが直線 $\theta = \pi/2$ に関して対称であることから

$$\int_0^\pi e^{-R\sin\theta} d\theta = \int_0^{\pi/2} e^{-R\sin\theta} d\theta + \int_{\pi/2}^\pi e^{-R\sin\theta} d\theta = 2\int_0^{\pi/2} e^{-R\sin\theta} d\theta$$

また, $0 \leq \theta \leq \pi/2$ のとき $\sin\theta \geq \dfrac{2}{\pi}\theta$ であるから (問 3.A.1),

$$\int_0^{\pi/2} e^{-R\sin\theta} d\theta \leq \int_0^{\pi/2} e^{-\frac{2R}{\pi}\theta} d\theta = \frac{\pi}{2R}(1 - e^{-R}) \to 0 \quad (R \to \infty)$$

したがって, $R \to \infty$ のとき

$$\left| \int_{C_2} \frac{e^{iz}}{z} dz \right| \leq 2\int_0^{\pi/2} e^{-R\sin\theta} d\theta = \frac{\pi}{R}(1 - e^{-R}) \to 0$$

最後に, 式 (1) の右辺の第 4 項の積分を調べる.

$$\int_{C_4} \frac{e^{iz}}{z}dz = \int_{C_4} \frac{e^{iz}-1}{z}dz + \int_{C_4} \frac{1}{z}dz$$

において，右辺の第2項の積分は，$C_4 : z = re^{i(\pi-\theta)}$ より $dz/d\theta = -ire^{i(\pi-\theta)} = -iz$ であるから

$$\int_{C_4} \frac{1}{z}dz = -i\int_0^\pi d\theta = -\pi i$$

となる．また，C_4 上の点 z に対して $|z| = r$ であることと，

$$\left|e^{iz}-1\right| \leq \left|\sum_{n=1}^\infty \frac{(iz)^n}{n!}\right| \leq \sum_{n=1}^\infty \frac{|z|^n}{n!} = e^{|z|}-1$$

であることに注意して，命題 3.4(4) を用いると，$r \to 0$ のとき

$$\left|\int_{C_4} \frac{e^{iz}-1}{z}dz\right| \leq \int_{C_4}\left|\frac{e^{iz}-1}{z}\right||dz| \leq \frac{(e^r-1)}{r}\int_{C_4}|dz| = \pi(e^r-1) \to 0$$

以上をまとめて，$r \to 0$, $R \to \infty$ のとき

$$\int_C \frac{e^{iz}}{z}dz \to 2i\int_0^\infty \frac{\sin x}{x}dx - \pi i$$

を得る．したがって，次の等式が成り立つ．

$$\int_0^\infty \frac{\sin x}{x}dx = \frac{\pi}{2}. \qquad \blacksquare$$

問 3.A.1 $0 \leq \theta \leq \pi/2$ のとき $\sin\theta \geq \dfrac{2}{\pi}\theta$ が成り立つことを確かめよ．

問 3.A.2 a, b を正の実数とする．

$$\int_{-\infty}^\infty e^{-a(x+ib)^2}dx = \int_{-\infty}^\infty e^{-ax^2}dx = \sqrt{\frac{\pi}{a}} \qquad (2)$$

が成り立つことを次の手順に従って示せ．

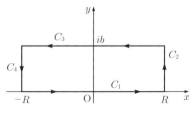

図 3.17

(i) R を十分大きな正の数とする. 4つの線分 $C_1 : z = x$ $(-R \leq x \leq R)$, $C_2 : z = R + iy$ $(0 \leq y \leq b)$, $C_3 : z = -x + ib$ $(-R \leq x \leq R)$, $C_4 : z = -R + i(b-y)$ $(0 \leq y \leq b)$ をつないだ図 3.17 のような長方形に沿って正則関数 $f(z) = e^{-az^2}$ を積分することにより,次の等式が成り立つことを確かめよ.

$$\int_{-R}^{R} e^{-a(x+ib)^2} dx = \int_{-R}^{R} e^{-ax^2} dx + \int_{C_2} e^{-az^2} dz + \int_{C_4} e^{-az^2} dz$$

(ii) 次の不等式が成り立つことを示せ.

$$\left| \int_{C_2} e^{-az^2} dz \right| \leq b e^{-a(R^2 - b^2)}, \quad \left| \int_{C_4} e^{-az^2} dz \right| \leq b e^{-a(R^2 - b^2)}$$

(iii) (i) で得られた等式において,$R \to \infty$ とすることにより,式 (2) を導け.

✔ **注意 3.A.1** 式 (2) は任意の実数 b に対して成り立つ.

補遺 2 　等角写像

複素平面上の曲線 $z = z(t)$ は $z'(t) \neq 0$ をみたすとき正則曲線であるという.複素平面上の点 z_0 を通る 2 つの正則曲線 $C_1 : z = z_1(t)$ と $C_2 : z = z_2(t)$ に対し,C_1 と C_2 が点 z_0 でなす角 θ を,C_1 と C_2 の点 z_0 における接線のなす角として定義する(図 3.18).すなわち,

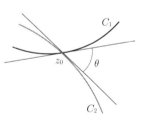

図 **3.18**

$$\theta = \arg \frac{z_2'(0)}{z_1'(0)}$$

である.ただし,$z_1(0) = z_2(0) = z_0$ とする.

定義 3.A.1　複素関数 f は,次の 2 つの条件をみたすとき,点 z_0 で等角であるという.
(i) f は正則曲線を正則曲線に移す.
(ii) z_0 を通る任意の正則曲線 C_1, C_2 に対し,$f(C_1)$ と $f(C_2)$ が $w_0 = f(z_0)$ でなす角は,C_1 と C_2 が z_0 でなす角に等しい.

定理 3.A.1 正則関数 $w = f(z)$ は，$f'(z_0) \neq 0$ をみたす点 z_0 で等角である．

証明の概略 点 z_0 を通る任意の正則曲線 $C : z = z(t)$ を考える．ただし，$z_0 = z(t_0)$ とする．C を f で写した曲線 $f(C)$ は，$w(t) = f(z(t))$ で与えられる．$w'(t) = f'(z(t))z'(t)$ より $w'(t_0) = f'(z_0)z'(t_0)$ である．$f'(z_0) \neq 0$, $z'(t_0) \neq 0$ より $w'(t_0) \neq 0$ であるから，$f(C)$ は点 $f(z_0)$ を通る正則曲線であると考えてよい．また，

$$\arg w'(t_0) = \arg (f'(z_0)z'(t_0)) = \arg f'(z_0) + \arg z'(t_0)$$

となる[*18]．これは，点 z_0 における C の接線と点 $f(z_0)$ における $f(C)$ の接線のなす角が曲線 C の選び方によらず一定であることを意味している．よって，z_0 を通る任意の正則曲線 C_1, C_2 に対し，$f(C_1)$ と $f(C_2)$ が $f(z_0)$ でなす角は，C_1 と C_2 が z_0 でなす角に等しい．■

問 3.A.3 複素平面上の 3 点 $z_1 = i$, $z_2 = -\sqrt{3}/2 - i/2$, $z_3 = \sqrt{3}/2 - i/2$ でつくられる正 3 角形がある（図 3.19）．正 3 角形の各頂点を結ぶ線分を $f(z) = z^2$ で写して得られる曲線が $f(z_1), f(z_2), f(z_3)$ でなす角は $\pi/3$ であることを示せ．

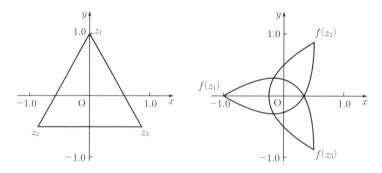

図 3.19 $f(z) = z^2$ で正 3 角形を写す

[*18] $f'(z_0) = 0$ のときは $\arg f'(z_0)$ が定義できないことに注意せよ．

補遺 3　調和関数と複素ポテンシャル

補遺 3.1　調和関数

正則関数 $f(z) = u(x,y) + iv(x,y)$ の実部 $u = u(x,y)$ と虚部 $v = v(x,y)$ は，コーシー・リーマンの関係式

$$\frac{\partial u}{\partial x} = \frac{\partial v}{\partial y}, \quad \frac{\partial u}{\partial y} = -\frac{\partial v}{\partial x}$$

をみたしている．この関係式を用いると，

$$\begin{aligned}\frac{\partial^2 u}{\partial x^2} + \frac{\partial^2 u}{\partial y^2} &= \frac{\partial}{\partial x}\left(\frac{\partial u}{\partial x}\right) + \frac{\partial}{\partial y}\left(\frac{\partial u}{\partial y}\right) \\ &= \frac{\partial}{\partial x}\left(\frac{\partial v}{\partial y}\right) + \frac{\partial}{\partial y}\left(-\frac{\partial v}{\partial x}\right) \\ &= \frac{\partial^2 v}{\partial x \partial y} - \frac{\partial^2 v}{\partial x \partial y} = 0\end{aligned}$$

であるから，u はラプラス方程式とよばれる偏微分方程式（第5章の第3節）

$$\Delta u = 0, \quad \Delta = \frac{\partial^2}{\partial x^2} + \frac{\partial^2}{\partial y^2}$$

をみたす．同様に，v もラプラス方程式をみたすことがわかる．すなわち，

$$\Delta v = 0, \quad \Delta = \frac{\partial^2}{\partial x^2} + \frac{\partial^2}{\partial y^2}$$

ラプラス方程式をみたす関数は，**調和関数**とよばれている[19]．また，コーシー・リーマンの関係式をみたす1組の調和関数 u と v は互いに共役であるという．すなわち，v は u の共役調和関数であり，u は v の**共役調和関数**である．以上により，次の定理を得る．

> **定理 3.A.2**　正則関数の実部と虚部は，互いに共役な調和関数である．

問 3.A.4　$z \neq 0$ で正則な関数 $f(z) = 1/z$ の実部と虚部は $(x,y) \neq (0,0)$ で互いに共役な調和関数であることを確かめよ．

---

[19] 一般には，$\Delta u(x_1,\cdots,x_n) = 0$, $\Delta = \frac{\partial^2}{\partial x_1{}^2} + \cdots + \frac{\partial^2}{\partial x_n{}^2}$ をみたす n 変数の調和関数をいう．ここでは，2変数の調和関数を考える．

補遺 3.2　複素ポテンシャル

電磁気学や流体力学で用いられる複素ポテンシャルについて説明する．ここでは，常微分方程式（第 1 章）およびベクトル解析（第 2 章）の記号と用語を利用する．

平面 $\boldsymbol{R}^2$ 内の領域 D 上のベクトル場 $\boldsymbol{V} = (f(x,y), g(x,y))$ に対して，

$$\omega(x,y) = \frac{\partial g}{\partial x} - \frac{\partial f}{\partial y}$$

を $\boldsymbol{V}$ の回転という．ベクトル場 $\boldsymbol{V}$ の回転が 0 のとき，D 上に点 $\mathrm{P}_0(x_0, y_0)$ をとり，

$$u(x,y) = -\int_{\mathrm{P}_0}^{\mathrm{P}} f dx + g dy \tag{1}$$

とおく．ただし，$\mathrm{P}(x,y)$ は D 上の任意の点であり，右辺の線積分は点 P_0 と点 P を結ぶ D 内の（区分的に）滑らかな曲線に沿って行う．このとき，領域 D が単連結であれば，この線積分の値は点 P_0 と点 P を結ぶ曲線の選び方に依存せずに定まる．実際，グリーンの定理により，点 P_0 と点 P を結ぶ 2 つの曲線 C_1 と C_2 に対して，

$$\int_{C_1} f dx + g dy - \int_{C_2} f dx + g dy = \int_{C_1} f dx + g dy + \int_{-C_2} f dx + g dy$$
$$= \int_{C} f dx + g dy = \iint_{S} \left(\frac{\partial g}{\partial x} - \frac{\partial f}{\partial y} \right) dx dy = 0$$

が成り立つ．ここで，C は C_1 と $-C_2$ でつくられる閉曲線であり，S は C で囲まれた領域である（図 3.20(a)）．

いま，簡単のため，$D = \boldsymbol{R}^2$ とする．このとき，図 3.20(b) のように，点 $\mathrm{P}_0(x_0, y_0)$ と点 $\mathrm{Q}(x, y_0)$ を結ぶ線分 C_1 に沿う線積分と，点 $\mathrm{Q}(x, y_0)$ と点 $\mathrm{P}(x, y)$ を結ぶ線分 C_2 に沿う線積分を用いて

$$u(x,y) = -\int_{x_0}^{x} f(s, y_0) ds - \int_{y_0}^{y} g(x, s) ds$$

とおくと，$u(x,y)$ は D 上の全微分可能な関数であり，

$$du = \frac{\partial u}{\partial x} dx + \frac{\partial u}{\partial y} dy = -f dx - g dy$$

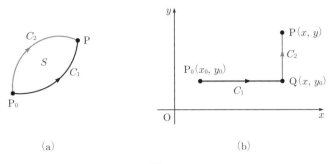

図 3.20

が成り立つ．よって，$f = -\partial u/\partial x$, $g = -\partial u/\partial y$, すなわち,

$$\boldsymbol{V} = -\nabla u \qquad (2)$$

が成り立つ．これより，$\boldsymbol{V}$ によって定義される流れは，スカラー場 u の勾配によって生じる勾配流である．この結果は，D が一般の単連結領域であるときも成り立つ．u を（勾配流の）ポテンシャルという．

さらに，式 (2) の両辺の発散をとると，

$$\mathrm{div}(\nabla u) = -\mathrm{div}\,\boldsymbol{V} = -\frac{\partial f}{\partial x} - \frac{\partial g}{\partial y}$$

となる．よって,

$$\mathrm{div}(\nabla u) = \frac{\partial}{\partial x}\left(\frac{\partial u}{\partial x}\right) + \frac{\partial}{\partial y}\left(\frac{\partial u}{\partial y}\right) = \frac{\partial^2 u}{\partial x^2} + \frac{\partial^2 u}{\partial y^2} = \Delta u$$

より

$$\Delta u = -\rho$$

を得る[20]．ここで，$\rho = \mathrm{div}\,\boldsymbol{V} = \partial f/\partial x + \partial g/\partial y$ である．ゆえに，$\mathrm{div}\,\boldsymbol{V} = 0$ のとき，$\Delta u = 0$ となり，u は調和関数であることがわかる．

一般に，ベクトル場 $\boldsymbol{V}$ の回転が 0 のとき，$\boldsymbol{V}$ によって定義される流れは，渦なしであるという．また，ベクトル場 $\boldsymbol{V}$ の発散が 0 のとき，$\boldsymbol{V}$ によって定義される流れは，湧き出しがないという．この用語を用いると，以上の結果は次

---

[20] ポアソン方程式とよばれる（第 5 章の第 3 節）．

のようにまとめられる.

> **定理 3.A.3** 平面上の単連結領域上の渦なしの流れは勾配流である. さらに, このとき湧き出しがなければ, (勾配流の) ポテンシャルは調和関数である.

以下では, ベクトル場 $\boldsymbol{V}$ によって定義される流れは定理 3.A.3 の仮定をみたしているとする. このとき, 流れに沿って動いていく点の描く曲線 (流線), すなわち, 連立常微分方程式

$$\frac{dx}{dt} = f(x,y), \quad \frac{dy}{dt} = g(x,y)$$

の解軌道は, ポテンシャル u の共役調和関数 v の等高線で与えられる. 実際, コーシー・リーマンの関係式より

$$\frac{d}{dt}v(x(t), y(t)) = \frac{\partial v}{\partial x}\frac{dx(t)}{dt} + \frac{\partial v}{\partial y}\frac{dy(t)}{dt}$$
$$= -\frac{\partial v}{\partial x}\frac{\partial u}{\partial x} - \frac{\partial v}{\partial y}\frac{\partial u}{\partial y} = -\frac{\partial v}{\partial x}\frac{\partial u}{\partial x} - \frac{\partial u}{\partial x}\left(-\frac{\partial v}{\partial x}\right) = 0$$

である. また,

$$\nabla u \cdot \nabla v = \left(\frac{\partial u}{\partial x}, \frac{\partial u}{\partial y}\right) \cdot \left(\frac{\partial v}{\partial x}, \frac{\partial v}{\partial y}\right)$$
$$= \frac{\partial u}{\partial x}\frac{\partial v}{\partial x} + \left(-\frac{\partial v}{\partial x}\right)\frac{\partial u}{\partial x} = 0$$

であるから, u の勾配と v の勾配は直交する. したがって, 一般に等高線が勾配と直交することに注意すると (第 2 章の例題 2.2), u の等高線と v の等高線は直交することがわかる. 以上により, ベクトル場 $\boldsymbol{V}$ によって定義される流れは, 複素関数

$$\varphi(x,y) = u(x,y) + iv(x,y)$$

によって決定される. φ を ($\boldsymbol{V}$ によって定義される流れの) **複素ポテンシャル** という. $u(x,y)$ と $v(x,y)$ は互いに共役な調和関数であるから, φ は D 上の正則関数である.

問 3.A.5 平面上の領域 $D = \{(x,y) \mid x \geq 0, \ y \geq 0\}$ 上で定義され, 複素ポテンシャル $\varphi(z) = z^2 = (x^2 - y^2) + 2ixy$ によって与えられる流れはどのようなものか.

補遺 4　リーマン面

一般に，正則関数の定義域を拡げることを**解析接続**という．ここでは，簡単な解析接続の例として，多価関数 $w = \sqrt[3]{z}$ と $w = \log z$ の定義域 $\{z \,|\, z \neq 0\}$ を拡げて，1 価関数と見なす方法を説明する．

$w = z^3$ は $\boldsymbol{C}$ 上で正則で，$w' = 3z^2$ である．$z = re^{i\theta}$ に対して $w = z^3$ をみたす $w = Re^{i\Theta}$ を対応させると，$Re^{i\Theta} = r^3 e^{3i\theta}$ より

$$R = r^3, \quad \Theta = 3\theta + 2m\pi \quad (m = 0, \pm 1, \pm 2, \cdots)$$

であり，1 個の w が対応する．これより，z が原点を中心とした半径 r の円周上を反時計回りに 1 周すると，w は原点を中心とした半径 r^3 の円を反時計回りに 3 周することがわかる．そこで，z 平面上の角領域

$$D_1 = \{z \,|\, z \neq 0,\ 0 < \arg z < 2\pi/3\}$$

を考えると，D_1 が $w = z^3$ によって

$$\Omega = \{w \,|\, w \neq 0,\ 0 < \arg w < 2\pi\}$$

に 1 対 1 に写されることがわかる．

$w = z^3$ の逆関数を考える．$w = Re^{i\Theta} \neq 0$ に対して $w = z^3$ をみたす $z = re^{i\theta}$ を対応させると，

$$r = \sqrt[3]{R}, \quad \theta = \frac{1}{3}(\Theta + 2k\pi) + 2m\pi \quad (k = 0, 1, 2,\ m = 0, \pm 1, \pm 2, \cdots)$$

であり，3 個の z が対応する．これら 3 個の z が $w = Re^{i\Theta}$ の 3 乗根である．一方，$w = 0$ に対しては $z = 0$ のみが対応する．いま，1 価関数として 3 乗根関数を定義するために，例えば，Ω 上に w を制限し，その 3 乗根のうち D_1 に含まれるものを対応させる．それ以外にも $D_2 = \{z \,|\, z \neq 0,\ 2\pi/3 < \arg z < 4\pi/3\}$ もしくは，$D_3 = \{z \,|\, z \neq 0,\ 4\pi/3 < \arg z < 2\pi\}$ に含まれる 3 乗根を対応させてもよい．このようにして定義された Ω 上の 3 つの 1 価関数のそれぞれを 3 乗根関数の**分枝**という．その分枝の 1 つを $z = f(w)$ と表すと，逆関数の微分法の公式により f は Ω 上で正則であって，

$$f'(w) = \frac{1}{3z^2} = \frac{1}{3f^2(w)}$$

が成り立つ.

$w = z^3$ の逆関数（多価関数）を 1 価関数にするために，次のように考える．Ω のコピーを 3 枚用意し，それらに Ω_1, Ω_2, Ω_3 と名前をつける．これらは，複素平面 $\boldsymbol{C}$ の正の実軸部分にはさみで切り込みを入れた 3 枚のシートであると考えられる．各 Ω_j の切り込み部分の上側と下側を利用して，Ω_1 の下岸を Ω_2 の上岸に，Ω_2 の下岸を Ω_3 の上岸に，Ω_3 の下岸を Ω_1 の上岸に，（4 次元空間内で）つなげる．このようにしてつくられたものを S で表す（図 3.21 の右端）．いま，Ω_j 上の点には D_j 上の点を対応させる．また，Ω_1 と Ω_2 のつなぎ目上の点には D_1 と D_2 の共通の境界である半直線 $\arg z = 2\pi/3$ 上の点を対応させ

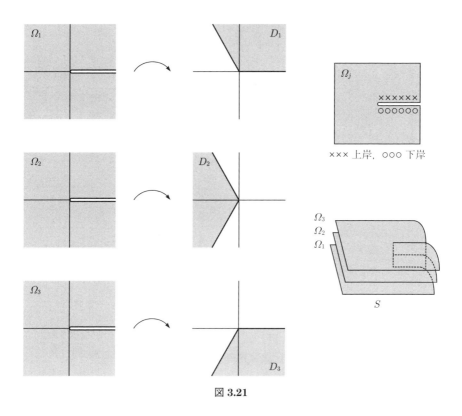

図 **3.21**

る．同様に，Ω_2 と Ω_3 のつなぎ目上の点には半直線 $\arg z = 4\pi/3$ 上の点を，Ω_3 と Ω_1 のつなぎ目上の点には半直線 $\arg z = 2\pi \, (= 0)$ 上の点を対応させる．これらの対応により，$w = z^3$ の逆関数は S 上で定義された 1 価関数となる．S は $w = z^3$ の逆関数を 1 価関数とする**リーマン面**とよばれる．

$w = z^3$ の場合と同様に，$w = e^z$ の逆関数を 1 価関数とするリーマン面もつくられる．

$$\Omega_n = \{w \,|\, w \neq 0, \, 2n\pi < \arg w < 2(n+1)\pi\} \quad (n \text{ は整数})$$

とおく．w を Ω_n に制限し，

$$z = \log|w| + i \arg w, \quad 2n\pi < \arg w < 2(n+1)\pi$$

と分枝を定めれば，Ω_n は z 平面上の領域

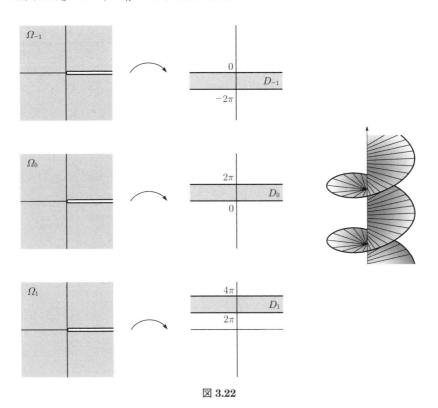

図 3.22

$$D_n = \{z \mid 2n\pi < \text{Im}(z) < 2(n+1)\pi\}$$

に1対1に写される．Ω_n $(n = \pm 1, \pm 2, \cdots)$ は $\Omega = \Omega_0$ のコピーであり，Ω_n の下岸を Ω_{n+1} の上岸につなげていくと図 3.22 の右端のような（螺旋状の）リーマン面ができる．

Chapter 4 フーリエ解析とラプラス変換

本章では，フーリエ級数とフーリエ変換の基本事項を説明する．工学的な応用面を中心に見れば，フーリエ級数とフーリエ変換は最も重要なものであるといえるだろう．また，フーリエ変換とともに工学でよく利用されているラプラス変換について述べた後，ディラックのデルタ関数を説明する．

1 内積空間と正規直交系

1.1 ベクトル空間

高校では，向きと大きさをもつものをベクトルと定義し，物体に働く力，空間内を運動する質点の位置や速度などをベクトルと考えた．ここでは，ベクトルを

和とスカラー倍という演算が定義される

ものと考えて，より多くの対象をベクトルと見なす．例えば，n 個の実数の組

$$\boldsymbol{x} = (x_1, x_2, \cdots, x_n)$$

はベクトルである．実際，$\boldsymbol{x} = (x_1, x_2, \cdots, x_n)$, $\boldsymbol{y} = (y_1, y_2, \cdots, y_n)$, および $c \in \boldsymbol{R}$ に対して，

$$\boldsymbol{x} + \boldsymbol{y} = (x_1 + y_1, x_2 + y_2, \cdots, x_n + y_n), \quad c\boldsymbol{x} = (cx_1, cx_2, \cdots, cx_n)$$

が定義され,和とスカラー倍に関する通常の演算が実行できる.それゆえ,n 個の実数の組を n 次元数ベクトルという.また,それらの全体からなる集合を n 次元数ベクトル空間といい,$\boldsymbol{R}^n$ で表す.一般に,ベクトル全体からなる集合をベクトル空間という.

同様に,閉区間 $[a,b]$ 上で定義された実数値連続関数の全体 $C[a,b]$ はベクトル空間をなす.実際,$f, g \in C[a,b]$ および $c \in \boldsymbol{R}$ とするとき

$$(f+g)(x) = f(x) + g(x), \quad (cf)(x) = cf(x)$$

と定義すれば,$f+g \in C[a,b]$ および $cf \in C[a,b]$ であり,連続関数の和とスカラー倍という演算が可能になる.

1.2 内 積

ベクトルの大きさとなす角は,内積を用いて計ることができる.例えば,$\boldsymbol{R}^3$ 上のベクトル $\boldsymbol{a} = (a_1, a_2, a_3)$,$\boldsymbol{b} = (b_1, b_2, b_3)$ に対して,$\boldsymbol{a}$ と $\boldsymbol{b}$ の内積を

$$\langle \boldsymbol{a}, \boldsymbol{b} \rangle = a_1 b_1 + a_2 b_2 + a_3 b_3 = \sum_{j=1}^{3} a_j b_j$$

と定義すれば,$\boldsymbol{a}$ の大きさは

$$|\boldsymbol{a}| = \sqrt{\langle \boldsymbol{a}, \boldsymbol{a} \rangle}$$

であり,$\boldsymbol{a}$ と $\boldsymbol{b}$ のなす角 θ は

$$\cos \theta = \frac{\langle \boldsymbol{a}, \boldsymbol{b} \rangle}{|\boldsymbol{a}||\boldsymbol{b}|}$$

で与えられる.とくに,

$$\boldsymbol{a} \text{ と } \boldsymbol{b} \text{ は直交} \iff \langle \boldsymbol{a}, \boldsymbol{b} \rangle = 0$$

が成り立つことに注意しよう.

同様に,閉区間 $[a,b]$ 上で定義された実数値連続関数 $f, g \in C[a,b]$ の内積を

$$\langle f, g \rangle = \int_a^b f(x)g(x)dx$$

で定義することができる．このとき，関数 f の大きさは

$$\|f\| = \sqrt{\langle f, f \rangle} = \sqrt{\int_a^b f^2(x)dx}$$

で定義される．ここで，$\|\cdot\|$ は関数の大きさを表すノルムである．また，

$$\langle f, g \rangle = \int_a^b f(x)g(x)dx = 0$$

のとき，2つの関数 f と g は直交するという．

一般に，内積が定義されたベクトル空間を**内積空間**という．内積空間においては，ベクトルの大きさとなす角を計ることができる．

✔ **注意 4.1** 一般に，ベクトルの大きさは絶対値記号 $|\cdot|$ でなく，$\|\cdot\|$ を用いて表す（絶対値記号は実数もしくは複素数の大きさを表すときに用いる）．$\|\cdot\|$ は**ノルム**とよばれ，次の性質をみたす．

(1) $\|\boldsymbol{x}\| \geq 0$. ただし，等号成立は $\boldsymbol{x} = \boldsymbol{0}$ のときに限る．
(2) $\|c\boldsymbol{x}\| = c\|\boldsymbol{x}\|$.
(3) $\|\boldsymbol{x} + \boldsymbol{y}\| \leq \|\boldsymbol{x}\| + \|\boldsymbol{y}\|$.

ノルムが定義されたベクトル空間を**ノルム空間**という．内積空間はノルム空間である．実際，$\|\boldsymbol{x}\| = \sqrt{\langle \boldsymbol{x}, \boldsymbol{x} \rangle}$ によって定義されるノルムを用いればよい．

✔ **注意 4.2** 関数の内積を上のように定義した理由を説明しておく．$[a, b]$ を n 等分する．

$$a = x_0 < x_1 < \cdots < x_n = b$$
$$\Delta x = x_j - x_{j-1} = \frac{b-a}{n} \quad (j = 1, 2, \cdots, n)$$

このとき，$f(x), g(x) \in C[a,b]$ を n 次元ベクトル

$$\tilde{f} = (f(x_1), \cdots, f(x_n)), \quad \tilde{g} = (g(x_1), \cdots, g(x_n))$$

で近似し，$\tilde{f}$ と $\tilde{g}$ の内積を

$$\langle \tilde{f}, \tilde{g} \rangle = \sum_{j=1}^n f(x_j)g(x_j)\Delta x$$

で定義すれば*1, $n \to \infty$ のとき,次が成り立つ.

$$\lim_{n\to\infty} \langle \tilde{f}, \tilde{g} \rangle = \lim_{n\to\infty} \sum_{j=1}^{n} f(x_j)g(x_j)\Delta x = \int_a^b f(x)g(x)dx$$

1.3 正規直交系

内積空間においては,ベクトルの大きさと角度を計ることができるので,大きさが1で互いに直交するベクトルの組

$$\{\boldsymbol{u}_1, \boldsymbol{u}_2, \cdots, \boldsymbol{u}_k\}$$

が考えられる.ただし,k は内積空間の次元を超えない.このようなベクトルの組を**正規直交系**という.

問 4.1 正規直交系をなすベクトル $\boldsymbol{u}_1, \boldsymbol{u}_2, \cdots, \boldsymbol{u}_k$ は線形独立であることを示せ.

命題 4.1 ベクトル $\boldsymbol{x}$ が正規直交系 $\{\boldsymbol{u}_1, \boldsymbol{u}_2, \cdots, \boldsymbol{u}_k\}$ を用いて,

$$\boldsymbol{x} = x_1\boldsymbol{u}_1 + x_2\boldsymbol{u}_2 + \cdots + x_k\boldsymbol{u}_k = \sum_{j=1}^{k} x_j\boldsymbol{u}_j$$

の形で表されているとき,次が成り立つ.

$$x_j = \langle \boldsymbol{x}, \boldsymbol{u}_j \rangle, \quad \|\boldsymbol{x}\|^2 = \sum_{j=1}^{k} x_j^{\,2}$$

証明
$$\langle \boldsymbol{u}_i, \boldsymbol{u}_j \rangle = \begin{cases} 1 & (i = j) \\ 0 & (i \neq j) \end{cases}$$

であるから,例えば,$k = 3$ のとき

$$\begin{aligned}
\langle \boldsymbol{x}, \boldsymbol{u}_2 \rangle &= \langle x_1\boldsymbol{u}_1 + x_2\boldsymbol{u}_2 + x_3\boldsymbol{u}_3, \boldsymbol{u}_2 \rangle \\
&= x_1\langle \boldsymbol{u}_1, \boldsymbol{u}_2 \rangle + x_2\langle \boldsymbol{u}_2, \boldsymbol{u}_2 \rangle + x_3\langle \boldsymbol{u}_3, \boldsymbol{u}_2 \rangle \\
&= x_1 \cdot 0 + x_2 \cdot 1 + x_3 \cdot 0 = x_2
\end{aligned}$$

---

*1 Δx を掛けたのは,極限 $n \to \infty$ をとるためである.この時点では,Δx は定数であるから,$\tilde{f}$ と $\tilde{g}$ の内積を定義するときに Δx を掛けてもかまわない.

のように計算できる．一般には，

$$\langle \boldsymbol{x}, \boldsymbol{u}_m \rangle = \langle x_1 \boldsymbol{u}_1 + \cdots + x_k \boldsymbol{u}_k, \boldsymbol{u}_m \rangle = \sum_{j=1}^{k} x_j \langle \boldsymbol{u}_j, \boldsymbol{u}_m \rangle = x_m$$

が成り立つ．また，例えば，$k = 2$ のとき

$$\|\boldsymbol{x}\|^2 = \langle \boldsymbol{x}, \boldsymbol{x} \rangle = \langle x_1 \boldsymbol{u}_1 + x_2 \boldsymbol{u}_2, x_1 \boldsymbol{u}_1 + x_2 \boldsymbol{u}_2 \rangle$$

$$= x_1{}^2 \langle \boldsymbol{u}_1, \boldsymbol{u}_1 \rangle + x_1 x_2 \langle \boldsymbol{u}_1, \boldsymbol{u}_2 \rangle + x_2 x_1 \langle \boldsymbol{u}_2, \boldsymbol{u}_1 \rangle + x_2{}^2 \langle \boldsymbol{u}_2, \boldsymbol{u}_2 \rangle$$

$$= x_1{}^2 \cdot 1 + x_1 x_2 \cdot 0 + x_2 x_1 \cdot 0 + x_2{}^2 \cdot 1 = x_1{}^2 + x_2{}^2 = \sum_{j=1}^{2} x_j{}^2$$

のように計算できる．一般には

$$\|\boldsymbol{x}\|^2 = \langle \boldsymbol{x}, \boldsymbol{x} \rangle = \langle x_1 \boldsymbol{u}_1 + \cdots + x_k \boldsymbol{u}_k,\ x_1 \boldsymbol{u}_1 + \cdots + x_k \boldsymbol{u}_k \rangle$$

$$= \sum_{i=1}^{k} \sum_{j=1}^{k} x_i x_j \langle \boldsymbol{u}_i, \boldsymbol{u}_j \rangle = \sum_{j=1}^{k} x_j{}^2$$

が成り立つ．■

> **例題 4.1** 閉区間 $[-\pi, \pi]$ 上で定義された実数値連続関数の全体からなるベクトル空間 $C[-\pi, \pi]$ は，
>
> $$\langle f, g \rangle = \int_{-\pi}^{\pi} f(x) g(x) dx$$
>
> によって内積が定義された内積空間である．$\cos x, \sin x, \cos 2x \in C[-\pi, \pi]$ は互いに直交することを示せ．また，$\cos x, \sin x, \cos 2x$ の大きさを求め，これら3つの関数をもとにした正規直交系をつくれ．

[**解**] $\cos x, \cos 2x$ は偶関数，$\sin x$ は奇関数であるから，

$$\langle \cos x, \sin x \rangle = \int_{-\pi}^{\pi} \cos x \sin x dx = 0$$

$$\langle \cos 2x, \sin x \rangle = \int_{-\pi}^{\pi} \cos 2x \sin x dx = 0$$

である．また，

$$
\begin{aligned}
\langle \cos x, \cos 2x \rangle &= \int_{-\pi}^{\pi} \cos x \cos 2x \, dx \\
&= \int_{-\pi}^{\pi} \frac{1}{2}\{\cos(x+2x) + \cos(x-2x)\} dx \\
&= \frac{1}{2}\int_{-\pi}^{\pi} (\cos 3x + \cos x) dx \\
&= \int_{0}^{\pi} (\cos 3x + \cos x) dx = \left[\frac{\sin 3x}{3} + \sin x\right]_{0}^{\pi} = 0
\end{aligned}
$$

よって，$\cos x, \cos 2x, \sin x$ は互いに直交する．

$$
\begin{aligned}
\|\cos x\|^2 &= \langle \cos x, \cos x \rangle = \int_{-\pi}^{\pi} \cos^2 x \, dx = 2\int_{0}^{\pi} \cos^2 x \, dx \\
&= 2\int_{0}^{\pi} \frac{1+\cos 2x}{2} dx = \left[x + \frac{\sin 2x}{2}\right]_{0}^{\pi} = \pi
\end{aligned}
$$

であるから，$\|\cos x\| = \sqrt{\pi}$ である．同様に，$\|\sin x\| = \|\cos 2x\| = \sqrt{\pi}$ であることがわかる．よって，

$$
\left\{ \frac{\cos x}{\sqrt{\pi}}, \frac{\sin x}{\sqrt{\pi}}, \frac{\cos 2x}{\sqrt{\pi}} \right\}
$$

は正規直交系である．◆

問 4.2 $f, g \in C[-\pi, \pi]$ に対して

$$
\langle f, g \rangle = \int_{-\pi}^{\pi} f(x)g(x) dx, \quad \|f\| = \sqrt{\langle f, f \rangle}
$$

と定義する．このとき，$m, n = 1, 2, 3, \cdots$，に対して

$$
\langle 1, \sin mx \rangle = \langle 1, \cos mx \rangle = 0
$$

$$
\langle \cos nx, \sin mx \rangle = \langle \cos nx, \cos mx \rangle = \langle \sin nx, \sin mx \rangle = 0 \quad (m \neq n)
$$

$$
\|1\| = \sqrt{2\pi}, \quad \|\cos nx\| = \|\sin nx\| = \sqrt{\pi}
$$

を示せ．ここで，$1 (= \cos 0x)$ は閉区間 $[-\pi, \pi]$ 上で一定値 1 をとる定数関数を表す．

以上の結果は，次のようにまとめられる．

定理 4.1 閉区間 $[-\pi, \pi]$ 上で定義された実数値連続関数の全体からなるベクトル空間 $C[-\pi, \pi]$ を

$$\langle f, g \rangle = \int_{-\pi}^{\pi} f(x)g(x)dx$$

によって内積空間と見たとき

$$\frac{1}{\sqrt{2\pi}} \left(= \frac{\cos 0x}{\sqrt{2\pi}} \right), \frac{\cos x}{\sqrt{\pi}}, \frac{\cos 2x}{\sqrt{\pi}}, \cdots, \frac{\sin x}{\sqrt{\pi}}, \frac{\sin 2x}{\sqrt{\pi}}, \cdots$$

は正規直交系である[*2].

上の正規直交系は無限個の線形独立なベクトルからなる．命題 4.1 は有限個の線形独立なベクトルからなる正規直交系に関するものであるが，(形式的に) 上の 3 角関数からなる正規直交系に適用してみよう．

$$\begin{aligned}
f(x) &= \left\langle f, \frac{1}{\sqrt{2\pi}} \right\rangle \frac{1}{\sqrt{2\pi}} \\
&\quad + \left\langle f, \frac{\cos x}{\sqrt{\pi}} \right\rangle \frac{\cos x}{\sqrt{\pi}} + \left\langle f, \frac{\cos 2x}{\sqrt{\pi}} \right\rangle \frac{\cos 2x}{\sqrt{\pi}} + \cdots \\
&\quad + \left\langle f, \frac{\sin x}{\sqrt{\pi}} \right\rangle \frac{\sin x}{\sqrt{\pi}} + \left\langle f, \frac{\sin 2x}{\sqrt{\pi}} \right\rangle \frac{\sin 2x}{\sqrt{\pi}} + \cdots \\
&= \left\langle f, \frac{1}{\sqrt{2\pi}} \right\rangle \frac{1}{\sqrt{2\pi}} \\
&\quad + \sum_{k=1}^{\infty} \left\langle f, \frac{\cos kx}{\sqrt{\pi}} \right\rangle \frac{\cos kx}{\sqrt{\pi}} + \sum_{k=1}^{\infty} \left\langle f, \frac{\sin kx}{\sqrt{\pi}} \right\rangle \frac{\sin kx}{\sqrt{\pi}}
\end{aligned}$$

とすると，

$$\left\langle f, \frac{1}{\sqrt{2\pi}} \right\rangle \frac{1}{\sqrt{2\pi}} = \left(\int_{-\pi}^{\pi} \frac{f(x)}{\sqrt{2\pi}} dx \right) \frac{1}{\sqrt{2\pi}} = \left(\frac{1}{\pi} \int_{-\pi}^{\pi} f(x) dx \right) \frac{1}{2}$$

[*2] 数学的には，内積 $\langle f, g \rangle$ を定義するときの積分をルベーグの意味の積分にすれば，この正規直交系は 2 乗可積分な関数の全体 $L^2(-\pi, \pi)$ における**完全正規直交系**（有限次元の場合の正規直交基底に相当）であることが示される．

$$\left\langle f, \frac{\cos kx}{\sqrt{\pi}} \right\rangle \frac{\cos kx}{\sqrt{\pi}} = \left(\int_{-\pi}^{\pi} \frac{f(x)\cos kx}{\sqrt{\pi}} dx \right) \frac{\cos kx}{\sqrt{\pi}}$$

$$= \left(\frac{1}{\pi} \int_{-\pi}^{\pi} f(x)\cos kx dx \right) \cos kx$$

$$\left\langle f, \frac{\sin kx}{\sqrt{\pi}} \right\rangle \frac{\sin kx}{\sqrt{\pi}} = \left(\int_{-\pi}^{\pi} \frac{f(x)\sin kx}{\sqrt{\pi}} dx \right) \frac{\sin kx}{\sqrt{\pi}}$$

$$= \left(\frac{1}{\pi} \int_{-\pi}^{\pi} f(x)\sin kx dx \right) \sin kx$$

であるから

$$a_k = \frac{1}{\pi} \int_{-\pi}^{\pi} f(x)\cos kx dx \qquad (k = 0, 1, 2, \cdots)$$

$$b_k = \frac{1}{\pi} \int_{-\pi}^{\pi} f(x)\sin kx dx \qquad (k = 1, 2, 3, \cdots)$$

とおくと

$$f(x) = \frac{a_0}{2} + \sum_{k=1}^{\infty} (a_k \cos kx + b_k \sin kx)$$

となる．また，

$$\|f\|^2 = \left\langle f, \frac{1}{\sqrt{2\pi}} \right\rangle^2 + \sum_{k=1}^{\infty} \left\langle f, \frac{\cos kx}{\sqrt{\pi}} \right\rangle^2 + \sum_{k=1}^{\infty} \left\langle f, \frac{\sin kx}{\sqrt{\pi}} \right\rangle^2$$

であるから，次の等式を得る．

$$\int_{-\pi}^{\pi} f^2(x)dx = \pi \left(\frac{a_0{}^2}{2} + \sum_{k=1}^{\infty} a_k{}^2 + \sum_{k=1}^{\infty} b_k{}^2 \right)$$

問 4.3　上の等式が成り立つことを確かめよ．

2　フーリエ級数

$$f(x) = \frac{a_0}{2} + \sum_{k=1}^{\infty} (a_k \cos kx + b_k \sin kx)$$

で与えられる関数 $f(x)$ はどのような性質をもっているだろうか．この式の右辺

$$\frac{a_0}{2} + a_1 \cos x + a_2 \cos 2x + \cdots + b_1 \sin x + b_2 \sin 2x + \cdots$$

に現れる関数は，すべて $\boldsymbol{R}$ 上で定義された連続関数であり，周期が 2π の周期関数である．よって，関数 $f(x)$ は周期 2π の連続な周期関数であると思われる．前節でこの等式を（形式的に）導いたとき，$f(x)$ は閉区間 $[-\pi, \pi]$ 上の連続関数であると考えたのだが，（後付の理由になるが）周期 2π の連続な周期関数を閉区間 $[-\pi, \pi]$ に制限して考えていたともいえるだろう．しかし，上の等式の右辺は無限級数であり，その和が収束するのかという疑問は残る．証明は省略するが，実は次の定理が成り立つ．

定理 4.2 $f(x)$ は開区間 $(-\pi, \pi)$ 上で区分的に滑らかで[*3]，$f'(-\pi+0) = \lim_{h \to +0} f'(-\pi+h)$ と $f'(\pi-0) = \lim_{h \to +0} f'(\pi-h)$ をもつとする[*4]．このとき，級数

$$S(x) = \frac{a_0}{2} + \sum_{k=1}^{\infty}(a_k \cos kx + b_k \sin kx) \tag{1}$$

は収束する．ここで，

$$a_k = \frac{1}{\pi}\int_{-\pi}^{\pi} f(x)\cos kx\, dx \quad (k=0,1,2,\cdots)$$

$$b_k = \frac{1}{\pi}\int_{-\pi}^{\pi} f(x)\sin kx\, dx \quad (k=1,2,3,\cdots)$$

である．また，$S(x)$ の値は次のようになる．

$$S(x) = \begin{cases} f(x) & (f \text{ は } x \text{ で連続}) \\ \dfrac{f(x-0)+f(x+0)}{2} & (f \text{ は } x \text{ で不連続}) \end{cases} \tag{2}$$

[*3] 例題 4.2 と例題 4.3 の関数のように，次の 2 つの条件をみたすとき，$f(x)$ を**区分的に滑らかな関数**という．(i) $f(x)$ は有限個の点を除いて微分可能であり，$f'(x)$ はその定義域上で連続である．(ii) $f(x)$ が微分不可能な点において，$f'(x)$ の右極限値と左極限値が存在する．

[*4] $f(x)$ の微分不可能な点は有限個であるから，$x = \pm\pi$ の十分近くで，$f'(x)$ は定義されている．

180　第4章　フーリエ解析とラプラス変換

> ただし, $f(x-0) = \lim_{h \to +0} f(x-h)$ は左極限値で, $f(x+0) = \lim_{h \to +0} f(x+h)$ は右極限値である.

　式 (1) で定義される級数 $S(x)$ を**フーリエ級数**といい, 関数 $f(x)$ をフーリエ級数の形で表すことをフーリエ級数展開という. 直観的にいえば, 関数のフーリエ級数展開とは, 関数を3角関数からなる正規直交系を用いた線形結合の形で表示することである.

✓ **注意 4.3** 定理 4.2 において, $x = -\pi$ と $x = \pi$ を $f(x)$ の定義域から除外したことと, $f(x)$ に微分不可能な点が有限個含まれてもよいとしたことに注意してほしい. 周期 2π の周期関数をつくるには, 開区間 $(-\pi, \pi)$ で定義された関数を 2π ずつ左右に平行移動したものをつないで貼り合わせればよい. このとき, つなぎ目の $x = \pi + 2n\pi$ $(n = 0, \pm 1, \pm 2, \cdots)$ において不連続性が生じる可能性がある. 以下の例で見るように, 定理 4.2 は, そのような場合も想定した内容になっている. また, 定理 4.2 の仮定の下では, 微分不可能な点における $f(x)$ の右極限値と左極限値の存在, および, $f(-\pi+0)$ と $f(\pi-0)$ の存在を示すことができる.

✓ **注意 4.4** $f(x)$ のフーリエ級数展開は, 次のように表されることもある.

$$f(x) \sim \frac{a_0}{2} + \sum_{k=1}^{\infty} (a_k \cos kx + b_k \sin kx)$$

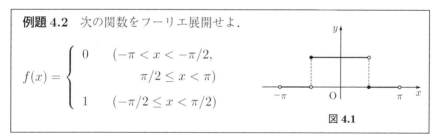

例題 4.2 次の関数をフーリエ展開せよ.
$$f(x) = \begin{cases} 0 & (-\pi < x < -\pi/2, \\ & \pi/2 \leq x < \pi) \\ 1 & (-\pi/2 \leq x < \pi/2) \end{cases}$$

図 4.1

[**解**] $f(x)$ は $x \neq \pm \pi/2$ のとき微分可能で, $f'(x) = 0$ $(x \neq \pm \pi/2)$ である. また,

$$f'\left(-\frac{\pi}{2} + 0\right) = \lim_{h \to +0} f'\left(-\frac{\pi}{2} + h\right) = 0,$$
$$f'\left(-\frac{\pi}{2} - 0\right) = \lim_{h \to +0} f'\left(-\frac{\pi}{2} - h\right) = 0,$$
$$f'\left(\frac{\pi}{2} + 0\right) = \lim_{h \to +0} f'\left(\frac{\pi}{2} + h\right) = 0,$$

$$f'\left(\frac{\pi}{2}-0\right) = \lim_{h\to+0} f'\left(\frac{\pi}{2}-h\right) = 0$$

が成り立つ．よって，$f(x)$ は開区間 $(-\pi, \pi)$ 上で区分的に滑らかである．さらに，$f'(-\pi+0) = \lim_{h\to+0} f'(-\pi+h) = 0$ と $f'(\pi-0) = \lim_{h\to+0} f'(\pi-h) = 0$ が成り立つ．したがって，定理 4.2 より，f はフーリエ級数展開可能である．

$$a_0 = \frac{1}{\pi}\int_{-\pi}^{\pi} f(x)dx = \frac{2}{\pi}\int_0^{\frac{\pi}{2}} dx = 1$$

である．また，$\cos kx$ は偶関数であるから，

$$a_k = \frac{1}{\pi}\int_{-\pi}^{\pi} f(x)\cos kx dx = \frac{1}{\pi}\int_{-\frac{\pi}{2}}^{\frac{\pi}{2}} \cos kx dx = \frac{2}{\pi}\int_0^{\frac{\pi}{2}} \cos kx dx$$

$$= \frac{2}{\pi}\left[\frac{\sin kx}{k}\right]_0^{\frac{\pi}{2}} = \begin{cases} 0 & (k \text{ は偶数,}\ k=2m) \\ \dfrac{2}{\pi}\dfrac{(-1)^{m+1}}{(2m-1)} & (k \text{ は奇数,}\ k=2m-1) \end{cases}$$

である[*5]．さらに，$\sin kx$ は奇関数であるから，

$$b_k = \frac{1}{\pi}\int_{-\pi}^{\pi} f(x)\sin kx dx = \frac{1}{\pi}\int_{-\frac{\pi}{2}}^{\frac{\pi}{2}} \sin kx dx = 0$$

である．ゆえに，$f(x)$ のフーリエ級数展開は次のようになる．

$$S(x) = \frac{1}{2} + \frac{2}{\pi}\sum_{m=1}^{\infty} \frac{(-1)^{m+1}}{(2m-1)}\cos(2m-1)x$$

$$= \frac{1}{2} + \frac{2}{\pi}\left(\cos x - \frac{1}{3}\cos 3x + \frac{1}{5}\cos 5x - \cdots\right). \qquad \blacklozenge$$

上の例題において，$f(x)$ の不連続点におけるフーリエ級数の値を調べてみよう．$f(x)$ は $x=\pi/2$ で不連続であるが，左極限値，右極限値は存在し，

$$f\left(\frac{\pi}{2}-0\right) = 1, \quad f\left(\frac{\pi}{2}+0\right) = 0$$

である．したがって，

[*5] $\sin(k\pi/2)$ の値の規則性は，$k=1,2,3,4,\cdots$ とおいて実際に計算してみるとわかる．

$$S\left(\frac{\pi}{2}\right) = \frac{1}{2} = \frac{f\left(\frac{\pi}{2}+0\right) + f\left(\frac{\pi}{2}-0\right)}{2}$$

が成り立つ．よって，$x = \pi/2$ におけるフーリエ級数の値は，$f(x)$ の左極限値と右極限値の平均である．$x = -\pi/2$ に対しても同様であり，$f(x)$ の不連続点におけるフーリエ級数の値は，$f(x)$ の左極限値と右極限値の平均であることが確かめられた．

また，$S(x)$ は $\boldsymbol{R}$ 上の 2π 周期関数であるから，図 4.2 のように $f(x)$ を $\boldsymbol{R}$ 上の 2π 周期関数へ拡張した関数を $\tilde{f}(x)$ で表すと[*6]，

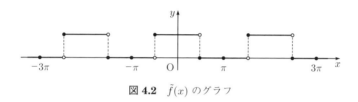

図 4.2 $\tilde{f}(x)$ のグラフ

$$S(x) = \begin{cases} \tilde{f}(x) & (\tilde{f} \text{ は } x \text{ で連続}) \\ \dfrac{\tilde{f}(x-0) + \tilde{f}(x+0)}{2} & (\tilde{f} \text{ は } x \text{ で不連続}) \end{cases}$$

が成り立つ．この意味で，$S(x)$ は $\boldsymbol{R}$ 上の 2π 周期関数 $\tilde{f}(x)$ のフーリエ級数展開であると考えてもよい．

問 4.4 次の関数をフーリエ級数展開せよ．

(1) $f(x) = \begin{cases} 0 & (-\pi < x \leq 0) \\ 1 & (0 < x < \pi) \end{cases}$
(2) $f(x) = \begin{cases} 0 & (-\pi < x < 0) \\ -1 & (0 \leq x < \pi/2) \\ 1 & (\pi/2 \leq x < \pi) \end{cases}$

[*6] $f(x)$ を $\boldsymbol{R}$ 上の 2π 周期関数に拡張する方法はいろいろ考えられるが，$f(-\pi+0) = f(\pi-0) = 0$ であるから，$x = \pm\pi$ における $f(x)$ の値を $f(\pm\pi) = 0$ と定義して，図 4.2 のように拡張するのが自然である．しかし，式 (2) より，不連続点におけるフーリエ級数の値は，関数の値ではなく関数の左極限値と右極限値によって決まる．それゆえ，（不自然ではあるが）$x = \pm\pi$ における $f(x)$ の値を $f(-\pi) = f(\pi) \neq 0$ をみたすように選んで，$f(x)$ を $\boldsymbol{R}$ 上の 2π 周期関数に拡張してもよい．

例題 4.3 次の関数をフーリエ展開せよ.
$$f(x) = \begin{cases} 0 & (-\pi < x \leq 0) \\ x & (0 < x < \pi) \end{cases}$$

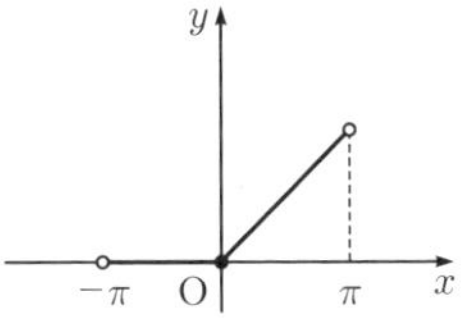

図 4.3

[**解**] 例題 4.2 と同様に考えると $f(x)$ はフーリエ級数展開可能であることがわかる.

$$a_0 = \frac{1}{\pi}\int_{-\pi}^{\pi} f(x)\,dx = \frac{1}{\pi}\int_0^{\pi} x\,dx = \frac{1}{\pi}\left[\frac{x^2}{2}\right]_0^{\pi} = \frac{\pi}{2}$$

$$a_k = \frac{1}{\pi}\int_{-\pi}^{\pi} f(x)\cos kx\,dx = \frac{1}{\pi}\int_0^{\pi} x\cos kx\,dx \quad (k=1,2,3,\cdots)$$

$$= \frac{1}{\pi}\left[x\cdot\frac{\sin kx}{k}\right]_0^{\pi} - \frac{1}{\pi}\cdot\frac{1}{k}\int_0^{\pi}\sin kx\,dx$$

$$= -\frac{1}{k\pi}\left[\frac{-\cos kx}{k}\right]_0^{\pi} = \frac{1}{k^2\pi}(\cos k\pi - 1) = \frac{(-1)^k - 1}{k^2\pi}$$

$$b_k = \frac{1}{\pi}\int_{-\pi}^{\pi} f(x)\sin kx\,dx = \frac{1}{\pi}\int_0^{\pi} x\sin kx\,dx \quad (k=1,2,3,\cdots)$$

$$= \frac{1}{\pi}\left[x\cdot\frac{-\cos kx}{k}\right]_0^{\pi} + \frac{1}{\pi}\cdot\frac{1}{k}\int_0^{\pi}\cos kx\,dx$$

$$= \frac{1}{\pi}\left(\pi\cdot\frac{-\cos k\pi}{k}\right) + \frac{1}{k\pi}\left[\frac{\sin kx}{k}\right]_0^{\pi} = -\frac{(-1)^k}{k}$$

であるから, $f(x)$ のフーリエ級数展開は次のようになる.

$$S(x) = \frac{\pi}{4} + \sum_{k=1}^{\infty}\left(\frac{(-1)^k - 1}{k^2\pi}\cos kx - \frac{(-1)^k}{k}\sin kx\right). \quad \blacklozenge$$

上の例題において, $f(\pm\pi) = 0$ と定義して, $f(x)$ を $\boldsymbol{R}$ 上へ拡張した関数 $\tilde{f}(x)$ のグラフは図 4.4 のようになる. このような波形はのこぎり波とよばれる. $\tilde{f}(x)$

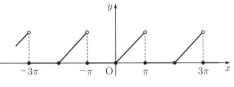

図 4.4 $\tilde{f}(x)$ のグラフ(のこぎり波)

は $x = \pi + 2n\pi$ で不連続である．$S(x)$ を $\boldsymbol{R}$ 上の 2π 周期関数 $\tilde{f}(x)$ のフーリエ級数展開と考えて，フーリエ級数の部分和

$$S_m(x) = \frac{\pi}{4} + \sum_{k=1}^{m}\left(\frac{(-1)^k - 1}{k^2\pi}\cos kx - \frac{(-1)^k}{k}\sin kx\right)$$

が関数 $\tilde{f}(x)$ に収束していく様子を，コンピュータを用いた数値計算によって調べてみる．

図 4.5 は，フーリエ級数の部分和 $S_m(x)$ が，$\tilde{f}(x)$ の不連続点 $x = \pi + 2n\pi$

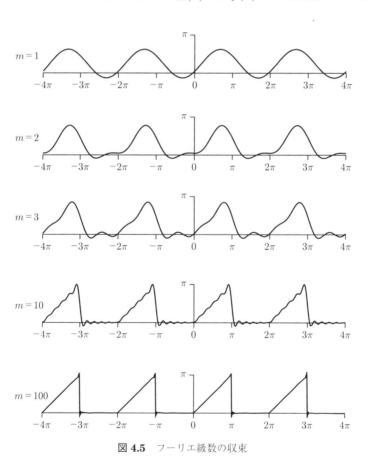

図 **4.5** フーリエ級数の収束

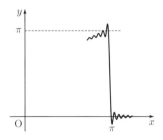

図 4.6 $x=\pi$ 付近での $S_{100}(x)$ の挙動（ギブス現象）

の付近で激しく振動しながら $S(x)$ に収束することを示している．これを**ギブス現象**という．図4.6 は，$x=\pi$ 付近で $S_{100}(x)$ を拡大して表示したものであり，$S_{100}(x)$ が $x=\pi$ 付近で激しく振動していることを示している．

3　フーリエ正弦展開と余弦展開

開区間 $(-\pi, \pi)$ 上で定義された関数 $f(x)$ がフーリエ級数展開可能であるとき，その級数展開式は

$$S(x) = \frac{a_0}{2} + \sum_{k=1}^{\infty}(a_k \cos kx + b_k \sin kx)$$

で与えられる．ここで，

$$a_k = \frac{1}{\pi}\int_{-\pi}^{\pi} f(x)\cos kx\, dx \qquad (k=0,1,2,\cdots)$$

$$b_k = \frac{1}{\pi}\int_{-\pi}^{\pi} f(x)\sin kx\, dx \qquad (k=1,2,3,\cdots)$$

である．よって，$f(x)$ が偶関数，すなわち，$f(-x)=f(x)$ をみたすならば，$f(x)\sin kx$ は奇関数であるから，

$$b_k = \frac{1}{\pi}\int_{-\pi}^{\pi} f(x)\sin kx\, dx = 0$$

となる．また，$f(x)\cos kx$ は偶関数であるから，

$$S(x) = \frac{a_0}{2} + \sum_{k=1}^{\infty} a_k \cos kx, \quad a_k = \frac{2}{\pi} \int_0^{\pi} f(x) \cos kx \, dx$$

が成り立つ．これを（偶関数の）**フーリエ余弦展開**という．同様に，$f(x)$ が奇関数，すなわち，$f(-x) = -f(x)$ をみたすならば，

$$a_k = \frac{1}{\pi} \int_{-\pi}^{\pi} f(x) \cos kx \, dx = 0$$

であり，

$$S(x) = \sum_{k=1}^{\infty} b_k \sin kx, \quad b_k = \frac{2}{\pi} \int_0^{\pi} f(x) \sin kx \, dx$$

が成り立つ．これを（奇関数の）**フーリエ正弦展開**という．

例題 4.4 $f(x) = x \; (-\pi < x < \pi)$ をフーリエ級数展開せよ．

［解］$f(x)$ はフーリエ級数展開可能な奇関数である．フーリエ正弦展開すると

$$\begin{aligned}
b_k &= \frac{2}{\pi} \int_0^{\pi} x \sin kx \, dx \\
&= \frac{2}{\pi} \left\{ \left[x \left(-\frac{\cos kx}{k} \right) \right]_0^{\pi} - \int_0^{\pi} \left(-\frac{\cos kx}{k} \right) dx \right\} \\
&= \frac{2}{\pi} \left\{ -\frac{\pi \cos k\pi}{k} + \frac{1}{k} \int_0^{\pi} \cos kx \, dx \right\} \\
&= \frac{2}{\pi} \left\{ -\frac{\pi (-1)^k}{k} + \frac{1}{k} \left[\frac{\sin kx}{k} \right]_0^{\pi} \right\} = \frac{2(-1)^{k-1}}{k}
\end{aligned}$$

したがって，$f(x)$ のフーリエ正弦展開級数は次の式で与えられる．

$$S(x) = 2 \sum_{k=1}^{\infty} \frac{(-1)^{k-1}}{k} \sin kx. \qquad \blacklozenge$$

例題 4.5 $f(x) = \dfrac{x^2}{2} \; (-\pi < x < \pi)$ をフーリエ級数展開せよ．

[解] $f(x)$ はフーリエ級数展開可能な偶関数である．フーリエ余弦展開すると

$$a_0 = \frac{2}{\pi}\int_0^\pi \frac{x^2}{2}dx = \frac{1}{\pi}\int_0^\pi x^2 dx = \frac{1}{\pi}\left[\frac{1}{3}x^3\right]_0^\pi = \frac{\pi^2}{3}$$

$k \geq 1$ のとき

$$a_k = \frac{2}{\pi}\int_0^\pi \frac{x^2}{2}\cos kx dx = \frac{1}{\pi}\int_0^\pi x^2 \cos kx dx$$
$$= \frac{1}{\pi}\left\{\left[x^2\frac{\sin kx}{k}\right]_0^\pi - \int_0^\pi 2x\frac{\sin kx}{k}dx\right\} = -\frac{2}{\pi k}\int_0^\pi x\sin kx dx$$

ここで，例題 4.4 の計算結果を用いると

$$-\frac{2}{\pi k}\int_0^\pi x\sin kx dx = -\frac{2}{\pi k}\cdot\frac{(-1)^{k-1}\pi}{k} = \frac{2(-1)^k}{k^2}$$

である．したがって，$f(x)$ のフーリエ余弦展開級数は次式で与えられる．

$$S(x) = \frac{\pi^2}{6} + 2\sum_{k=1}^\infty \frac{(-1)^k}{k^2}\cos kx. \tag{1} \blacklozenge$$

例題 4.5 の結果を利用すると

$$\sum_{k=1}^\infty \frac{(-1)^{k-1}}{k^2} = 1 - \frac{1}{2^2} + \frac{1}{3^2} - \frac{1}{4^2} + \cdots = \frac{\pi^2}{12}$$

であることが示せる．実際，$f(x) = x^2/2 \ (-\pi < x < \pi)$ は $x = 0$ で連続であるから，$S(0) = f(0)$ となる．よって，式 (1) で $x = 0$ とおくと

$$0 = \frac{\pi^2}{6} + 2\sum_{k=1}^\infty \frac{(-1)^k}{k^2} = \frac{\pi^2}{6} - 2\sum_{k=1}^\infty \frac{(-1)^{k-1}}{k^2}$$

となる．これを整理すると

$$\sum_{k=1}^\infty \frac{(-1)^{k-1}}{k^2} = \frac{\pi^2}{12}$$

を得る．また，$f(x) = x^2/2 \ (-\pi < x < \pi)$ は，$f(\pm\pi) = \pi^2/2$ と定義するこ

とにより，自然に $\boldsymbol{R}$ 上の 2π 周期関数 $\tilde{f}(x)$ に拡張される．このとき，$x = \pi$ で $\tilde{f}(x)$ は連続であるから，$S(\pi) = \tilde{f}(\pi) = \pi^2/2$ となる．よって，式 (1) で $x = \pi$ とおくと

$$\frac{\pi^2}{2} = \frac{\pi^2}{6} + 2\sum_{k=1}^{\infty} \frac{(-1)^k}{k^2} \cos k\pi$$

$$= \frac{\pi^2}{6} + 2\sum_{k=1}^{\infty} \frac{(-1)^k}{k^2}(-1)^k = \frac{\pi^2}{6} + 2\sum_{k=1}^{\infty} \frac{1}{k^2}$$

となる．これを整理して次の等式を得る．

$$\sum_{k=1}^{\infty} \frac{1}{k^2} = 1 + \frac{1}{2^2} + \frac{1}{3^2} + \frac{1}{4^2} + \cdots = \frac{\pi^2}{6}$$

[問 4.5] 関数 $f(x) = |x|$ $(-\pi < x < \pi)$ をフーリエ余弦展開せよ．

[問 4.6]
$$f(x) = \begin{cases} x & (-\pi/2 \leq x \leq \pi/2) \\ -\pi - x & (-\pi < x < -\pi/2) \\ \pi - x & (\pi/2 < x < \pi) \end{cases}$$

をフーリエ正弦展開せよ．また，次の級数の値を求めよ．

$$\sum_{k=1}^{\infty} \frac{1}{(2k-1)^2} = 1 + \frac{1}{3^2} + \frac{1}{5^2} + \frac{1}{7^2} + \cdots$$

4 複素フーリエ級数

定理 4.2 では，開区間 $(-\pi, \pi)$ 上で定義された関数 $f(x)$ のフーリエ級数を 3 角関数を用いて表した．ここでは，オイラーの公式 $e^{i\theta} = \cos\theta + i\sin\theta$ を用いて，フーリエ級数を複素数の指数関数を用いて表す．$e^{-i\theta} = \cos\theta - i\sin\theta$ に注意すると

$$\cos\theta = \frac{e^{i\theta} + e^{-i\theta}}{2}, \quad \sin\theta = \frac{e^{i\theta} - e^{-i\theta}}{2i}$$

であるから

$$a_k \cos kx + b_k \sin kx = a_k \frac{e^{ikx} + e^{-ikx}}{2} + b_k \frac{e^{ikx} - e^{-ikx}}{2i}$$

$$= \frac{1}{2}\left(a_k + \frac{b_k}{i}\right)e^{ikx} + \frac{1}{2}\left(a_k - \frac{b_k}{i}\right)e^{-ikx}$$

$$= \frac{1}{2}(a_k - ib_k)e^{ikx} + \frac{1}{2}(a_k + ib_k)e^{-ikx}$$

よって,
$$c_0 = \frac{a_0}{2}, \quad c_k = \frac{a_k - ib_k}{2}, \quad c_{-k} = \frac{a_k + ib_k}{2}$$
とおくと
$$S(x) = \frac{a_0}{2} + \sum_{k=1}^{\infty}(a_k \cos kx + b_k \sin kx)$$
$$= c_0 + \sum_{k=1}^{\infty}(c_k e^{ikx} + c_{-k} e^{-ikx}) = \sum_{k=-\infty}^{\infty} c_k e^{ikx}$$
と書ける. また,
$$c_0 = \frac{a_0}{2} = \frac{1}{2\pi}\int_{-\pi}^{\pi} f(x)dx$$
であり,
$$c_k = \frac{a_k - ib_k}{2} = \frac{1}{2}\left(\frac{1}{\pi}\int_{-\pi}^{\pi} f(x)\cos kx dx - \frac{i}{\pi}\int_{-\pi}^{\pi} f(x)\sin kx dx\right)$$
$$= \frac{1}{2\pi}\int_{-\pi}^{\pi} f(x)(\cos kx - i\sin kx)dx = \frac{1}{2\pi}\int_{-\pi}^{\pi} f(x)e^{-ikx}dx$$
である. 同様に,
$$c_{-k} = \frac{a_k + ib_k}{2} = \frac{1}{2\pi}\int_{-\pi}^{\pi} f(x)e^{ikx}dx$$
も確かめられる. したがって, 次の式が成り立つ.
$$S(x) = \sum_{k=-\infty}^{\infty} c_k e^{ikx}, \quad c_k = \frac{1}{2\pi}\int_{-\pi}^{\pi} f(x)e^{-ikx}dx$$

上式は, 複素ベクトル空間と複素内積を利用して, 次のように導くこともで

きる．複素ベクトル $\bm{z} = (z_1, \cdots, z_n)$, $\bm{w} = (w_1, \cdots, w_n)$ に対して，$\bm{z}$ と $\bm{w}$ の複素内積は

$$\langle \bm{z}, \bm{w} \rangle = \sum_{k=1}^n z_k \overline{w}_k$$

で定義される．このとき，複素数の大きさは

$$|\bm{z}| = \sqrt{\langle \bm{z}, \bm{z} \rangle} = \sqrt{\sum_{k=1}^n z_k \overline{z}_k} = \sqrt{\sum_{k=1}^n |z_k|^2}$$

で与えられる[*7]．複素内積の定義において，共役複素数を用いた理由はここにある．同様の理由から，複素数値関数 $f(x)$ と $g(x)$ の内積は

$$\langle f, g \rangle = \int_{-\pi}^{\pi} f(x) \overline{g(x)} dx$$

で定義される．この内積の下で，$f(x)$ の大きさ（ノルム）は

$$\|f\| = \sqrt{\langle f, f \rangle} = \sqrt{\int_{-\pi}^{\pi} f(x) \overline{f(x)} dx}$$

で与えられる．このとき，

$$\|e^{ikx}\| = \sqrt{\int_{-\pi}^{\pi} e^{ikx} \cdot \overline{e^{ikx}} dx} = \sqrt{\int_{-\pi}^{\pi} e^{ikx} \cdot e^{-ikx} dx} = \sqrt{\int_{-\pi}^{\pi} dx} = \sqrt{2\pi}$$

であり，$k \neq m$ のとき

$$\langle e^{ikx}, e^{imx} \rangle = \int_{-\pi}^{\pi} e^{ikx} \cdot \overline{e^{imx}} dx = \int_{-\pi}^{\pi} e^{ikx} \cdot e^{-imx} dx$$

$$= \int_{-\pi}^{\pi} e^{i(k-m)x} dx = \left[\frac{1}{(k-m)i} e^{i(k-m)x} \right]_{-\pi}^{\pi} = 0$$

である．したがって，

$$\frac{1}{\sqrt{2\pi}} e^{ikx} \quad (k = 0, \pm 1, \pm 2, \cdots)$$

は正規直交系で，（本章の第 1 節で述べたように形式的に命題 4.1 を適用して）

[*7] $z = a + bi$ のとき $\bar{z} = a - bi$ であり，$|z|^2 = a^2 + b^2 = z\bar{z}$．

$$f(x) = \sum_{k=-\infty}^{\infty} \left\langle f(x), \frac{1}{\sqrt{2\pi}} e^{ikx} \right\rangle \frac{1}{\sqrt{2\pi}} e^{ikx}$$

のように表される．ここで，

$$\frac{1}{\sqrt{2\pi}} \left\langle f(x), \frac{1}{\sqrt{2\pi}} e^{ikx} \right\rangle = \frac{1}{\sqrt{2\pi}} \int_{-\pi}^{\pi} f(x) \overline{\left(\frac{1}{\sqrt{2\pi}} e^{ikx}\right)} dx$$
$$= \frac{1}{2\pi} \int_{-\pi}^{\pi} f(x) e^{-ikx} dx$$

である．よって，

$$f(x) = \sum_{k=-\infty}^{\infty} c_k e^{ikx}, \quad c_k = \frac{1}{2\pi} \int_{-\pi}^{\pi} f(x) e^{-ikx} dx$$

を得る．以上の結果を定理の形でまとめておく．

定理 4.3 複素数値関数 $f(x)$ は開区間 $(-\pi, \pi)$ 上で区分的に滑らかで，$f'(-\pi+0) = \lim_{h \to +0} f'(-\pi+h)$ と $f'(\pi-0) = \lim_{h \to +0} f'(\pi-h)$ をもつとする．このとき，級数

$$S(x) = \sum_{k=-\infty}^{\infty} c_k e^{ikx}$$

は収束する．ここで，

$$c_k = \frac{1}{2\pi} \int_{-\pi}^{\pi} f(x) e^{-ikx} dx$$

である．また，級数 $S(x)$ の値は次のようになる．

$$S(x) = \begin{cases} f(x) & (f \text{ は } x \text{ で連続}) \\ \dfrac{f(x-0) + f(x+0)}{2} & (f \text{ は } x \text{ で不連続}) \end{cases}$$

上の級数 $S(x)$ を**複素フーリエ級数**といい，複素数値関数 $f(x)$ を複素フーリエ級数の形で表すことを複素フーリエ級数展開という．

5　一般の周期をもつ周期関数のフーリエ級数展開

開区間 $(-\pi, \pi)$ 上で定義された関数 $f(x)$ がフーリエ級数展開可能であるとき，その級数展開式は

$$S(x) = \frac{a_0}{2} + \sum_{k=1}^{\infty}(a_k \cos kx + b_k \sin kx)$$

で与えられる．ここで，

$$a_k = \frac{1}{\pi}\int_{-\pi}^{\pi} f(x)\cos kx\, dx \qquad (k=0,1,2,\cdots)$$

$$b_k = \frac{1}{\pi}\int_{-\pi}^{\pi} f(x)\sin kx\, dx \qquad (k=1,2,3,\cdots)$$

である．同様に，開区間 $(-L, L)$ 上で定義された関数 $f(x)$ がフーリエ級数展開可能であるとき，その級数展開式は

$$S(x) = \frac{a_0}{2} + \sum_{k=1}^{\infty}\left(a_k \cos \frac{k\pi x}{L} + b_k \sin \frac{k\pi x}{L}\right) \qquad (1)$$

で与えられる．ただし，

$$a_k = \frac{1}{L}\int_{-L}^{L} f(x)\cos \frac{k\pi x}{L}\, dx \qquad (k=0,1,2,\cdots)$$

$$b_k = \frac{1}{L}\int_{-L}^{L} f(x)\sin \frac{k\pi x}{L}\, dx \qquad (k=1,2,3,\cdots)$$

である．また，開区間 $(-L, L)$ 上で定義された複素数値関数 $f(x)$ がフーリエ級数展開可能であるとき，その級数展開式は

$$S(x) = \sum_{k=-\infty}^{\infty} c_k e^{\frac{k\pi i x}{L}}, \quad c_k = \frac{1}{2L}\int_{-L}^{L} f(x)e^{-\frac{k\pi i x}{L}}\, dx \qquad (2)$$

で与えられる．

問 4.7　次の手順に従って，定理 4.2 で与えられる周期 2π のフーリエ級数展開式から周期 $2L$ のフーリエ級数展開式 (1) を導け．

(1) 区間 $(-L, L)$ 上の関数 $f(x)$ に対して，変数変換 $x = (L/\pi)y$ を行い，区間 $(-\pi, \pi)$ 上の関数 $g(y) = f((L/\pi)y)$ を考える．$g(y)$ を周期 2π のフーリエ級数に展開せよ．

(2) (1) で求めたフーリエ級数展開式（y の関数）に対して，変数変換 $y = (\pi/L)x$ を行い，周期 $2L$ のフーリエ級数展開式（x の関数）を導け．

問 4.8 次の関数をフーリエ級数展開せよ．

(1) $f(x) = x \quad (-1 < x < 1)$ 　　(2) $f(x) = \begin{cases} 2 & (-2 < x < 0) \\ x & (0 \leq x < 2) \end{cases}$

問 4.9 周期 $2L$ の複素フーリエ級数展開式 (2) を導け．

6 フーリエ変換

以下では，関数は複素数値をとるものとする．前節の式 (2) にもとづいて，

$$f(x) = \sum_{k=-\infty}^{\infty} c_k e^{\frac{k\pi i x}{L}}, \quad c_k = \frac{1}{2L} \int_{-L}^{L} f(x) e^{-\frac{k\pi i x}{L}} dx$$

が成り立つと考えてみよう．$L = \ell\pi$ とおくと，上式は

$$f(x) = \sum_{k=-\infty}^{\infty} c_k e^{\frac{ikx}{\ell}}, \quad c_k = \frac{1}{2\ell\pi} \int_{-\ell\pi}^{\ell\pi} f(x) e^{-\frac{ikx}{\ell}} dx$$

となる．ここで，$f(x)$ は開区間 $(-\ell\pi, \ell\pi)$ 上で定義された関数である．この第 2 式における積分変数を y に変更した後，第 1 式へ代入すると，

$$\begin{aligned} f(x) &= \sum_{k=-\infty}^{\infty} \Big\{ \frac{1}{2\ell\pi} \int_{-\ell\pi}^{\ell\pi} f(y) e^{-\frac{iky}{\ell}} dy \Big\} e^{\frac{ikx}{\ell}} \\ &= \frac{1}{2\ell\pi} \sum_{k=-\infty}^{\infty} e^{\frac{ikx}{\ell}} \int_{-\ell\pi}^{\ell\pi} f(y) e^{-\frac{iky}{\ell}} dy \\ &= \frac{1}{\sqrt{2\pi}} \sum_{k=-\infty}^{\infty} \Big\{ \frac{1}{\sqrt{2\pi}} \int_{-\ell\pi}^{\ell\pi} f(y) e^{-i\left(\frac{k}{\ell}\right)y} dy \Big\} e^{i\left(\frac{k}{\ell}\right)x} \cdot \frac{1}{\ell} \end{aligned}$$

を得る．よって，f が $\boldsymbol{R}$ 上で可積分，すなわち

$$\int_{-\infty}^{\infty} |f(x)| dx < \infty$$

であると仮定して
$$\hat{f}(\xi) = \frac{1}{\sqrt{2\pi}} \int_{-\infty}^{\infty} f(y) e^{-i\xi y} dy$$
とおくと，ℓ が十分大きいとき，
$$f(x) \fallingdotseq \frac{1}{\sqrt{2\pi}} \sum_{k=-\infty}^{\infty} \hat{f}\left(\frac{k}{\ell}\right) e^{i\left(\frac{k}{\ell}\right)x} \frac{1}{\ell} = \frac{1}{\sqrt{2\pi}} \sum_{k=-\infty}^{\infty} \hat{f}(k\Delta\xi) e^{ixk\Delta\xi} \Delta\xi$$
と書ける*8. ここで，$\Delta\xi = 1/\ell$ とおいた．上式は，積分の定義に現れるリーマン和の形であるから*9，$\Delta\xi \to 0 \ (\ell \to \infty)$ とすれば
$$\frac{1}{\sqrt{2\pi}} \sum_{k=-\infty}^{\infty} \hat{f}(k\Delta\xi) e^{ixk\Delta\xi} \Delta\xi \to \frac{1}{\sqrt{2\pi}} \int_{-\infty}^{\infty} \hat{f}(\xi) e^{i\xi x} d\xi$$
よって，文字 ξ を改めて k に書き直せば（形式的には）次式が成り立つ．
$$f(x) = \frac{1}{\sqrt{2\pi}} \int_{-\infty}^{\infty} \hat{f}(k) e^{ikx} dk \tag{1}$$

定義 4.1 R 上で可積分な関数 $f(x)$ に対して
$$\hat{f}(k) = (\mathcal{F}f)(k) = \frac{1}{\sqrt{2\pi}} \int_{-\infty}^{\infty} f(x) e^{-ikx} dx \tag{2}$$
を f の**フーリエ変換**という．また，
$$(\mathcal{F}^{-1}\hat{f})(x) = \frac{1}{\sqrt{2\pi}} \int_{-\infty}^{\infty} \hat{f}(k) e^{ikx} dk \tag{3}$$
を $\hat{f}$ の**逆フーリエ変換**という．

---

*8 ξ はギリシャ文字で「グザイ」と読む．
*9 関数 $f(x)$ は区間 $[a,b]$ 上で連続であるとする．$n \to \infty \ (\max|\Delta x_k| \to 0)$ のとき，$\sum_{k=1}^{n} f(c_k) \Delta x_k \to \int_a^b f(x) dx$ である．とくに，区間 $[a,b]$ を等間隔に分け，$c_k = x_k$ とすると $\sum_{k=1}^{n} f(k\Delta x) \Delta x \to \int_a^b f(x) dx$，$\Delta x = \dfrac{b-a}{n}$．

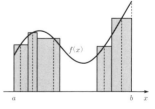

$a = x_0 < x_1 < \cdots < x_n = b$,
$\Delta x_k = x_k - x_{k-1}, \quad c_k \in [x_{k-1}, x_k]$

式 (1) よりフーリエ変換と逆フーリエ変換の間には,

$$f = \mathcal{F}^{-1}\hat{f} = \mathcal{F}^{-1}(\mathcal{F}f)$$

という関係式が成り立つ. また, $\hat{f}(k)$ は $f(x)$ の中に含まれる波数 k の波 e^{ikx} のスペクトルを表す[*10]. 直観的には, 式 (1) は波数 k の波 e^{ikx} を $\hat{f}(k)$ 個ずつ重ね合わせたものが $f(x)$ になることを意味している.

例題 4.6 $f(x) = e^{-ax^2}$ $(a > 0)$ のフーリエ変換を求めよ.

[解] フーリエ変換の定義式 (2) より

$$\begin{aligned}\mathcal{F}(e^{-ax^2}) &= \frac{1}{\sqrt{2\pi}} \int_{-\infty}^{\infty} e^{-ax^2} e^{-ikx} dx = \frac{1}{\sqrt{2\pi}} \int_{-\infty}^{\infty} e^{-a\left(x^2 + \frac{ik}{a}x\right)} dx \\ &= \frac{1}{\sqrt{2\pi}} \int_{-\infty}^{\infty} e^{-a\left\{\left(x + \frac{ik}{2a}\right)^2 + \frac{k^2}{4a^2}\right\}} dx \\ &= \frac{1}{\sqrt{2\pi}} e^{-\frac{k^2}{4a}} \int_{-\infty}^{\infty} e^{-a\left(x + \frac{ik}{2a}\right)^2} dx\end{aligned}$$

ここで, $\sqrt{a}(x + ik/(2a)) = y$ とおくと $\sqrt{a}dx = dy$ であり

$$\begin{aligned}\int_{-\infty}^{\infty} e^{-a\left(x + \frac{ik}{2a}\right)^2} dx &= \int_{-\infty}^{\infty} e^{-y^2} \frac{dy}{\sqrt{a}} = \frac{2}{\sqrt{a}} \int_{0}^{\infty} e^{-y^2} dy \\ &= \frac{2}{\sqrt{a}} \cdot \frac{\sqrt{\pi}}{2} = \sqrt{\frac{\pi}{a}}\end{aligned}$$

である[*11]. よって,

$$\mathcal{F}(e^{-ax^2}) = \frac{1}{\sqrt{2\pi}} e^{-\frac{k^2}{4a}} \cdot \frac{\sqrt{\pi}}{\sqrt{a}} = \frac{1}{\sqrt{2a}} e^{-\frac{k^2}{4a}}.$$ ◆

[*10] 波数とは長さ 2π の区間に含まれる (3 角関数の) 波の個数である. 例えば, $e^{ix} = \cos x + i \sin x$ の波長 (空間周期) は 2π であり, 長さ 2π の区間に 1 個の波が含まれるので, e^{ix} の波数は 1 である.

[*11] 付録の例題 A.7 を参照. また, 正確には, $\int_{-\infty}^{\infty} e^{-a\left(x + \frac{ik}{2a}\right)^2} dx$ は複素積分である. コーシーの積分定理 (第 3 章の第 5 節) により $\int_{-\infty}^{\infty} e^{-a\left(x + \frac{ik}{2a}\right)^2} dx = \int_{-\infty}^{\infty} e^{-ax^2} dx$ が成り立つので, この計算は結果的に正しい (第 3 章補遺 1 の問 3.A.2).

問 4.10 次の関数をフーリエ変換せよ．

(1) $f(x) = \begin{cases} 1 & (|x| \leq 1) \\ 0 & (|x| > 1) \end{cases}$ (2) $f(x) = \begin{cases} 0 & (x < 0,\ \pi < x) \\ x & (0 \leq x < \pi/2) \\ \pi - x & (\pi/2 \leq x \leq \pi) \end{cases}$

フーリエ変換は，多変数の複素数値関数に対しても定義される．すなわち，R^n 上で可積分な関数 $f(x_1, \cdots, x_n)$ に対して

$$\hat{f}(k_1, \cdots, k_n) = (\mathcal{F}f)(k_1, \cdots, k_n)$$
$$= \frac{1}{(2\pi)^{n/2}} \int_{-\infty}^{\infty} \cdots \int_{-\infty}^{\infty} f(x_1, \cdots, x_n) e^{-i(k_1 x_1 + \cdots + k_n x_n)} dx_1 \cdots dx_n$$

を f のフーリエ変換という．また，

$$(\mathcal{F}^{-1}\hat{f})(x_1, \cdots, x_n)$$
$$= \frac{1}{(2\pi)^{n/2}} \int_{-\infty}^{\infty} \cdots \int_{-\infty}^{\infty} \hat{f}(k_1, \cdots, k_n) e^{i(k_1 x_1 + \cdots + k_n x_n)} dk_1 \cdots dk_n$$

を $\hat{f}$ の逆フーリエ変換という．本書では，1 変数関数のフーリエ変換を扱う．

7 フーリエ変換の性質

ここでは，フーリエ変換の基本的な性質を述べる．

命題 4.2 フーリエ変換は線形性をもつ．すなわち，
$$\mathcal{F}(af + bg) = a\mathcal{F}(f) + b\mathcal{F}(g)$$

証明 定義 4.1 の式 (2) より

$$\mathcal{F}(af + bg) = \frac{1}{\sqrt{2\pi}} \int_{-\infty}^{\infty} (af(x) + bg(x)) e^{-ikx} dx$$
$$= a \cdot \frac{1}{\sqrt{2\pi}} \int_{-\infty}^{\infty} f(x) e^{-ikx} dx + b \cdot \frac{1}{\sqrt{2\pi}} \int_{-\infty}^{\infty} g(x) e^{-ikx} dx$$
$$= a\mathcal{F}(f) + b\mathcal{F}(g). \quad \blacksquare$$

> **命題 4.3** $\mathcal{F}\left(\dfrac{d^n f}{dx^n}\right) = (ik)^n \mathcal{F}(f)$ が成り立つ．とくに，
> $$\mathcal{F}\left(\dfrac{df}{dx}\right) = ik\mathcal{F}(f), \quad \mathcal{F}\left(\dfrac{d^2 f}{dx^2}\right) = -k^2 \mathcal{F}(f)$$

命題 4.3 は，フーリエ変換によって，関数の微分演算が波数 k（正確には ik）を掛けるという代数演算におきかえられることを意味している．この性質により，フーリエ変換は微分方程式の解の性質を調べるときに大変役に立つ．例えば，第 5 章の第 2 節で見るように，命題 4.3 を利用して拡散方程式の基本解を求めることができる．

命題 4.3 の証明　部分積分法を用いると

$$\mathcal{F}\left(\frac{df}{dx}\right) = \frac{1}{\sqrt{2\pi}} \int_{-\infty}^{\infty} \frac{df(x)}{dx} e^{-ikx} dx$$
$$= \frac{1}{\sqrt{2\pi}} \left[f(x)e^{-ikx}\right]_{-\infty}^{\infty} - \frac{1}{\sqrt{2\pi}} \int_{-\infty}^{\infty} f(x)\left(\frac{d}{dx}e^{-ikx}\right) dx$$

ここで，$\int_{-\infty}^{\infty} |f(x)| dx < \infty$ より $\lim_{x \to \pm\infty} |f(x)| = 0$ であることと，$|e^{-ikx}| = 1$ より

$$\left[f(x)e^{-ikx}\right]_{-\infty}^{\infty} = 0$$

であるから，

$$\mathcal{F}\left(\frac{df}{dx}\right) = \frac{ik}{\sqrt{2\pi}} \int_{-\infty}^{\infty} f(x) e^{-ikx} dx = ik\mathcal{F}(f)$$

この議論を繰り返せば，$\mathcal{F}\left(\dfrac{d^n f}{dx^n}\right) = (ik)^n \mathcal{F}(f)$ が成り立つこともわかる．∎

問 4.11　$\mathcal{F}\left(\dfrac{d^n f}{dx^n}\right) = (ik)^n \mathcal{F}(f)$ が成り立つことを示せ．

> **命題 4.4** $\mathcal{F}(f*g) = \sqrt{2\pi}\mathcal{F}(f)\mathcal{F}(g)$ が成り立つ．ここで，
> $$(f*g)(x) = \int_{-\infty}^{\infty} f(y)g(x-y)dy = \int_{-\infty}^{\infty} f(x-y)g(y)dy$$
> は f と g の**たたみ込み**（**合成積**）とよばれる．

証明
$$\mathcal{F}(f*g) = \frac{1}{\sqrt{2\pi}} \int_{-\infty}^{\infty} \left(\int_{-\infty}^{\infty} f(x-y)g(y)dy \right) e^{-ikx} dx$$
$$= \frac{1}{\sqrt{2\pi}} \int_{-\infty}^{\infty} \int_{-\infty}^{\infty} f(x-y)g(y)e^{-ikx} dx dy$$

ここで，変数変換 $x-y = u, y = v$ を行うと，$x = u+v, y = v$ より
$$\left| \det \begin{pmatrix} x_u & x_v \\ y_u & y_v \end{pmatrix} \right| = 1$$

であるから，
$$\mathcal{F}(f*g) = \frac{1}{\sqrt{2\pi}} \int_{-\infty}^{\infty} \int_{-\infty}^{\infty} f(u)g(v)e^{-ik(u+v)} du dv$$
$$= \sqrt{2\pi} \left(\frac{1}{\sqrt{2\pi}} \int_{-\infty}^{\infty} f(u)e^{-iku} du \cdot \frac{1}{\sqrt{2\pi}} \int_{-\infty}^{\infty} g(v)e^{-ikv} dv \right)$$
$$= \sqrt{2\pi}\mathcal{F}(f)\mathcal{F}(g). \blacksquare$$

8 ラプラス変換

ラプラス変換は，自然科学や工学などの様々な分野で利用されている．とくに，電気回路，自動制御の分野では必要不可欠な道具となっている．本節では，ラプラス変換の定義と基本的な性質について述べる．

8.1 ラプラス変換の定義

定義 4.2 区分的に連続な t の関数 $f(t)$ $(t \geq 0)$ に対して[*12],

$$F(s) = \int_0^\infty f(t)e^{-st}dt \tag{1}$$

で定義される s の関数 $F(s)$ を $f(t)$ の**ラプラス変換**といい

$$\mathcal{L}(f(t)) = F(s)$$

と表す．ここで，s は複素数である．

$f(t)$ は**原関数**または t 関数とよばれ，小文字で表される．また，$F(s)$ は**像関数**または s 関数とよばれ，大文字で表される．

例題 4.7 次の関数をラプラス変換せよ．
(1) $f(t) = 1$ $(t \geq 0)$ (2) $f(t) = e^{at}$ $(t \geq 0)$

[解] (1) $\mathcal{L}(f) = \mathcal{L}(1) = \int_0^\infty e^{-st}dt = \left[-\frac{1}{s}e^{-st}\right]_0^\infty = \frac{1}{s}$.

(2) $\mathcal{L}(f) = \mathcal{L}(e^{at}) = \int_0^\infty e^{at} \cdot e^{-st}dt = \int_0^\infty e^{-(s-a)t}dt$

$= \left[-\frac{1}{s-a}e^{-(s-a)t}\right]_0^\infty = \frac{1}{s-a}$. ◆

✔ **注意 4.5** ラプラス変換の定義式 (1) における積分は広義積分である．

$$|f(t)| \leq Me^{\mu t} \quad (\mu > 0) \tag{2}$$

と仮定して，式 (1) の積分が収束する s の範囲（収束域）を調べよう[*13]．複素数 s を $s = a + ib$, $a = \text{Re}(s)$, $b = \text{Im}(s)$ とすると，

$$|F(s)| \leq \int_0^\infty |f(t)||e^{-st}|dt \leq \int_0^\infty Me^{\mu t}|e^{-at}||e^{-ibt}|dt = M\int_0^\infty e^{(\mu-a)t}dt$$

[*12] 例題 4.2 の図のように，不連続な点が有限個であり，かつ，不連続な点において左極限値と右極限値が存在するような関数を区分的に連続な関数という．

[*13] 一般に，収束域は $\text{Re}(s) > \alpha$ の形で与えられる．α を**収束座標**という．

この積分は，$\mu - a < 0$ すなわち $\text{Re}(s) > \mu$ のときに収束する．よって，条件 (2) の仮定の下で，収束域は $\text{Re}(s) > \mu$ で与えられる．条件 (2) をみたす関数 $f(t)$ を **指数位の関数** という．例題 4.7 において，収束域を明示すれば次のようになる．

$$\mathcal{L}(1) = \frac{1}{s} \qquad (\text{Re}(s) > 0)$$

$$\mathcal{L}(e^{at}) = \frac{1}{s-a} \qquad (\text{Re}(s-a) > 0)$$

条件 (2) は収束域が存在するための十分条件である．実際，後で見るように，デルタ関数は指数位の関数ではないが，式 (1) の積分は収束すると考えて，ラプラス変換を適用する．

ラプラス変換の定義式 (1) からわかるように，原関数 $f(t)$ の定義域は $t \geq 0$ である．この定義域は明示されないことがある．また，原関数を

$$f(t) = \begin{cases} f(t) & (t > 0) \\ 0 & (t < 0) \end{cases}$$

のように考えている場合もある．以後は，必要がない限り，原関数の定義域を明示しない．また，ラプラス変換における積分は収束するものとし，ラプラス変換の収束域は明示しない．

問 4.12 次の関数をラプラス変換せよ．
(1) $f(t) = te^{at}$ (2) $f(t) = \sin at$ (3) $f(t) = t^n$ （n は自然数）

指数関数，3 角関数などの主要な関数については，そのラプラス変換が次のような表にまとめられている（表 4.1）．ラプラス変換を利用するときは，ラプラス変換表を用いると便利である．

8.2 ラプラス変換の性質

ここでは，ラプラス変換を計算するときに役立つ性質をいくつか述べる．以下では，$F(s) = \mathcal{L}(f(t))$, $G(s) = \mathcal{L}(g(t))$ とする．

命題 4.5 （線形性）

$$\mathcal{L}(af(t) + bg(t)) = a\mathcal{L}(f(t)) + b\mathcal{L}(g(t))$$

表 4.1 ラプラス変換表

$f(t)$	$F(s)$	$f(t)$	$F(s)$
1	$\dfrac{1}{s}$	$\sinh at$	$\dfrac{a}{s^2 - a^2}$
t	$\dfrac{1}{s^2}$	$\cosh at$	$\dfrac{s}{s^2 - a^2}$
t^n	$\dfrac{n!}{s^{n+1}}$	te^{at}	$\dfrac{1}{(s-a)^2}$
e^{at}	$\dfrac{1}{s-a}$	$t \sin at$	$\dfrac{2as}{(s^2+a^2)^2}$
$\sin at$	$\dfrac{a}{s^2+a^2}$	$t \cos at$	$\dfrac{s^2-a^2}{(s^2+a^2)^2}$
$\cos at$	$\dfrac{s}{s^2+a^2}$	$\dfrac{\sin at}{t}$	$\tan^{-1} \dfrac{a}{s}$
$e^{at} \sin bt$	$\dfrac{b}{(s-a)^2 + b^2}$	$\delta(t)$	1
$e^{at} \cos bt$	$\dfrac{s-a}{(s-a)^2 + b^2}$	t^x	$\dfrac{1}{s^{x+1}} \Gamma(x+1)$

証明
$$\mathcal{L}(af(t) + bg(t)) = \int_0^\infty e^{-st}(af(t) + bg(t))dt$$
$$= a \int_0^\infty e^{-st} f(t) dt + b \int_0^\infty e^{-st} g(t) dt$$
$$= a\mathcal{L}(f(t)) + b\mathcal{L}(g(t)).$$ ∎

命題 4.6 (相似則) $a > 0$ のとき
$$\mathcal{L}(f(at)) = \frac{1}{a} F\left(\frac{s}{a}\right), \quad \mathcal{L}\left(\frac{1}{a} f\left(\frac{t}{a}\right)\right) = F(as)$$

証明 変数変換 $\tau = at$ を行う. $t : 0 \to \infty$ は $\tau : 0 \to \infty$ に対応しているから
$$\mathcal{L}(f(at)) = \int_0^\infty e^{-st} f(at) dt = \int_0^\infty e^{-s\tau/a} f(\tau) \frac{1}{a} d\tau$$

$$= \frac{1}{a}\int_0^\infty e^{-(s/a)\tau}f(\tau)d\tau = \frac{1}{a}F\left(\frac{s}{a}\right)$$

また，ラプラス変換の線形性より

$$\mathcal{L}\left(\frac{1}{a}f\left(\frac{t}{a}\right)\right) = \frac{1}{a}\mathcal{L}(f(a^{-1}t)) = \frac{1}{a}\cdot\frac{1}{a^{-1}}F\left(\frac{s}{a^{-1}}\right) = F(as). \blacksquare$$

問 4.13 $\mathcal{L}(\cos t) = \dfrac{s}{s^2+1}$ を用いて $\mathcal{L}(\cos\omega t)$ を求めよ．

命題 4.7 （移動則） $a>0$ のとき

$$\mathcal{L}(e^{-at}f(t)) = F(s+a), \quad \mathcal{L}(f(t-a)H(t-a)) = e^{-as}F(s)$$

ただし，

$$H(t-a) = \begin{cases} 0 & (t\leq a) \\ 1 & (t>a) \end{cases}$$

証明 $H(t-a)$ はヘビサイド関数 $H(t)$ を t 軸の正の方向に a 平行移動したものであり[*14]，そのグラフは図 4.7 のようになる．

$$f(t-a)H(t-a) = \begin{cases} 0 & (t\leq a) \\ f(t-a) & (t>a) \end{cases}$$

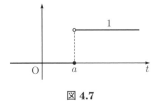

図 4.7

であるから，

$$\mathcal{L}(f(t-a)H(t-a)) = \int_0^\infty f(t-a)H(t-a)e^{-st}dt = \int_a^\infty f(t-a)e^{-st}dt$$

$t-a=u$ とおくと，$dt=du$ であり

$$\int_a^\infty f(t-a)e^{-st}dt = \int_0^\infty f(u)e^{-s(u+a)}du = e^{-sa}\int_0^\infty f(u)e^{-su}du$$

[*14] ヘビサイド関数は次節で扱う．本書では，$H(t-a)\big|_{t=a}=0$ と定義する．その理由は次節で述べる（注意 4.8）．

よって，$\mathcal{L}(f(t-a)H(t-a)) = e^{-as}F(s)$ である．同様に，$\mathcal{L}(e^{-at}f(t)) = F(s+a)$ も示せる．∎

問 4.14 $\mathcal{L}(e^{-at}f(t)) = F(s+a)$ を示せ．また，$\mathcal{L}(e^{-at}\cos\omega t)$ を求めよ．

命題 4.8（微分則）
$$\mathcal{L}\left(\frac{df}{dt}(t)\right) = sF(s) - f(0), \quad \mathcal{L}(-tf(t)) = \frac{dF(s)}{ds}$$

命題 4.8 は，フーリエ変換と同様に，ラプラス変換によって関数の微分演算が代数演算におきかえられるということを意味する．この性質により，ラプラス変換は微分方程式の解の性質を調べるときに大変役に立つ．

命題 4.8 の証明 部分積分法を用いると

$$\mathcal{L}\left(\frac{df}{dt}(t)\right) = \int_0^\infty e^{-st}\frac{df}{dt}(t)dt = \left[e^{-st}f(t)\right]_0^\infty + s\int_0^\infty e^{-st}f(t)dt$$

である．ここで，

$$F(s) = \int_0^\infty e^{-st}f(t)dt$$

の右辺の積分は収束するから，$\lim_{t\to\infty}|e^{-st}f(t)| = 0$ であることに注意すれば

$$\mathcal{L}\left(\frac{df}{dt}(t)\right) = sF(s) - f(0)$$

を得る．また，e^{-st} を s で微分すれば $\frac{d}{ds}e^{-st} = -te^{-st}$ であるから，

$$\mathcal{L}(-tf(t)) = \int_0^\infty e^{-st}(-tf(t))dt = \int_0^\infty \left(\frac{d}{ds}e^{-st}\right)f(t)dt$$
$$= \frac{d}{ds}\int_0^\infty e^{-st}f(t)dt = \frac{dF(s)}{ds}.$$
∎

✔ **注意 4.6** 上の証明において，s に関する微分と t に関する積分の順序を変更した．この微分と積分の順序変更は，s が収束域にあり，$f(t)$ が区分的連続な指数位の関数であれば可能であることが示される．

問 4.15 次の等式が成り立つことを示せ.
$$\mathcal{L}\left(\frac{d^2 f}{dt^2}(t)\right) = s^2 F(s) - sf(0) - \frac{df}{dt}(0), \quad \mathcal{L}((-t)^2 f(t)) = \frac{d^2 F(s)}{ds^2}$$

命題 4.9 (積分則)
$$\mathcal{L}\left(\int_0^t f(\tau)d\tau\right) = \frac{F(s)}{s}, \quad \mathcal{L}\left(\frac{f(t)}{t}\right) = \int_s^\infty F(\sigma)d\sigma$$

証明 $g(t) = \int_0^t f(\tau)d\tau$ とおくと, $\frac{dg(t)}{dt} = f(t)$, $g(0) = 0$ である. よって, $G(s) = \mathcal{L}(g(t))$ とおくと, 微分則より

$$F(s) = \mathcal{L}(f(t)) = \mathcal{L}\left(\frac{dg(t)}{dt}\right) = sG(s) - g(0) = sG(s)$$

ゆえに, $G(s) = \frac{F(s)}{s}$ すなわち, $\mathcal{L}\left(\int_0^t f(\tau)d\tau\right) = \frac{F(s)}{s}$ を得る. また,

$$\int_s^\infty F(\sigma)d\sigma = \int_s^\infty \left(\int_0^\infty e^{-\sigma t} f(t)dt\right)d\sigma = \int_0^\infty f(t)\left(\int_s^\infty e^{-\sigma t}d\sigma\right)dt$$
$$= \int_0^\infty f(t)\left[-\frac{e^{-\sigma t}}{t}\right]_s^\infty dt = \int_0^\infty \frac{f(t)}{t}e^{-st}dt$$
$$= \mathcal{L}\left(\frac{f(t)}{t}\right). \qquad \blacksquare$$

問 4.16 $\mathcal{L}(\sin\omega t) = \frac{\omega}{s^2 + \omega^2}$ を用いて $\mathcal{L}\left(\frac{\sin\omega t}{t}\right)$ を求めよ.

命題 4.10 (合成積則)
$$\mathcal{L}((f*g)(t)) = F(s)G(s)$$

ここで, $f*g$ は f と g のたたみ込み (合成積) である. すなわち,

$$(f*g)(t) = \int_0^t f(\tau)g(t-\tau)d\tau = \int_0^t f(t-\tau)g(\tau)d\tau$$

証明 $D = \{(t,\tau) \,|\, 0 \leq t < +\infty,\ 0 \leq \tau \leq t\}$ とする．

$$\mathcal{L}((f*g)(t)) = \int_0^\infty e^{-st} \left(\int_0^t f(t-\tau)g(\tau)d\tau \right) dt$$

$$= \iint_D e^{-st} f(t-\tau)g(\tau) dt d\tau$$

である．ここで，変数変換 $t-\tau = u,\ \tau = v$ を行うと，$t = u+v,\ \tau = v$ より

$$\left| \det \begin{pmatrix} t_u & t_v \\ \tau_u & \tau_v \end{pmatrix} \right| = 1$$

であるから，$D' = \{(u,v) \,|\, 0 \leq u < +\infty,\ 0 \leq v < +\infty\}$ とすると，

$$\mathcal{L}((f*g)(t)) = \iint_{D'} e^{-s(u+v)} f(u)g(v) du dv$$

$$= \int_0^\infty e^{-su} f(u) du \cdot \int_0^\infty e^{-sv} g(v) dv = F(s)G(s). \quad \blacksquare$$

命題 4.11 （最終値の定理）

$$\lim_{t \to \infty} f(t) = \lim_{s \to 0} sF(s)$$

証明 微分則より $\mathcal{L}\left(\dfrac{df}{dt}(t)\right) = sF(s) - f(0)$ であるから，

$$\int_0^\infty \frac{df(t)}{dt} \cdot e^{-st} dt = sF(s) - f(0)$$

である．ここで，上式の両辺において $s \to 0$ とする．極限操作と積分の順序が変更できるのであれば，左辺は

$$\lim_{s \to 0} \int_0^\infty \frac{df(t)}{dt} \cdot e^{-st} dt = \int_0^\infty (\lim_{s \to 0} e^{-st}) \frac{df(t)}{dt} dt$$

$$= \int_0^\infty \frac{df(t)}{dt} dt = \lim_{t \to \infty} f(t) - f(0)$$

となる．よって，$\lim_{t \to \infty} f(t) = \lim_{s \to 0} sF(s)$ を得る．$\blacksquare$

問 4.17 （初期値の定理）$\lim_{t \to 0} f(t) = \lim_{s \to \infty} sF(s)$ が成り立つことを示せ．

9 デルタ関数と関数の弱微分

$$H(x) = \begin{cases} 0 & (x \leq 0) \\ 1 & (x > 0) \end{cases}$$

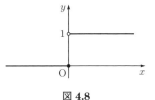

図 4.8

はヘビサイド関数とよばれ，$x = 0$ で瞬間的に値が 1 だけジャンプする関数である（図 4.8）．

$H(x)$ は $x \neq 0$ のとき微分可能で $H'(x) = 0$ であるが，$x = 0$ のとき微分できない．しかし，$x = 0$ で $H(x)$ の値は瞬間的に変化して，$H'(x)\big|_{x=0} = +\infty$ であると考えてみたらどうだろうか．つまり

$$H'(x) = \begin{cases} 0 & (x \neq 0) \\ +\infty & (x = 0) \end{cases}$$

ただし，$x = 0$ における $H'(x)$ は通常の意味の微分（接線の傾き）としては定義できない．そこで，微分可能な関数がみたすべき性質を見直して，微分可能性の定義を拡張しよう．

$f(x)$ は微分可能とする．このとき，微分可能で $\varphi(-\infty) = \varphi(+\infty) = 0$ をみたす任意の関数 $\varphi(x)$ に対して*15，

$$\int_{-\infty}^{\infty} f(x)\varphi'(x)dx = -\int_{-\infty}^{\infty} f'(x)\varphi(x)dx \tag{1}$$

が成立する．実際，$\varphi(-\infty) = \varphi(+\infty) = 0$ に注意して，部分積分法の公式を用いると

$$\int_{-\infty}^{\infty} f(x)\varphi'(x)dx = \Big[f(x)\varphi(x)\Big]_{-\infty}^{+\infty} - \int_{-\infty}^{\infty} f'(x)\varphi(x)dx$$

$$= -\int_{-\infty}^{\infty} f'(x)\varphi(x)dx$$

が成り立つ．このことは，

$f(x)$ が微分可能 $\Longrightarrow$ $f(x)$ は式 (1) をみたす

---

*15 正確には，無限回微分可能でコンパクトな台（$\{x|\varphi(x) \neq 0\}$ を含む最小の閉集合 $\overline{\{x|\varphi(x) \neq 0\}}$ が有界）をもつ関数である．$\varphi(x)$ を**テスト関数**という．

であることを意味する．よって，通常の意味で微分可能な関数を強微分可能な関数とよび，式 (1) をみたす関数を弱微分可能な関数とよぶことにすれば，

$f(x)$ が強微分可能 $\Longrightarrow f(x)$ は弱微分可能

が成り立つ．集合論の記法を用いれば，図 4.9 のように表せる．

図 4.9

$H(x)$ が弱微分可能な関数かどうか調べてみよう．

$$\int_{-\infty}^{\infty} H(x)\varphi'(x)dx = \int_{-\infty}^{0} H(x)\varphi'(x)dx + \int_{0}^{\infty} H(x)\varphi'(x)dx$$
$$= \int_{-\infty}^{0} 0 \cdot \varphi'(x)dx + \int_{0}^{\infty} 1 \cdot \varphi'(x)dx = 0 + \int_{0}^{\infty} \varphi'(x)dx$$
$$= \Big[\varphi(x)\Big]_{0}^{\infty} = -\varphi(0)$$

であるから，$\delta(x)$ を

$$\int_{-\infty}^{\infty} \delta(x)\varphi(x)dx = \varphi(0) \qquad (2)$$

をみたす関数と定義すれば，

$$\int_{-\infty}^{\infty} H(x)\varphi'(x)dx = -\int_{-\infty}^{\infty} \delta(x)\varphi(x)dx$$

となり，$H(x)$ は弱微分可能な関数で，$H'(x) = \delta(x)$ であると考えられる．

$\delta(x)$ がみたすべき性質を調べよう．$\delta(x)$ は $H(x)$ を弱微分したものである．一方，$H(x)$ は $x \neq 0$ において強微分可能で $H'(x) = 0 \ (x \neq 0)$ をみたす．したがって，

$$\delta(x) = 0 \qquad (x \neq 0)$$

が成り立つはずである．このとき，定義式 (2) においてテスト関数 $\varphi(x)$ を

$$\varphi(x) = \begin{cases} 1 & (|x| < 1) \\ 0 & (|x| > 2) \end{cases} \qquad (3)$$

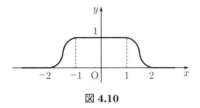

図 4.10

をみたす図 4.10 のような形の微分可能な関数に選ぶと

$$\int_{-\infty}^{\infty} \delta(x)dx = \int_{-1}^{1} \delta(x)dx \qquad (\because |x|>1 \text{ のとき } \delta(x)=0)$$

$$= \int_{-1}^{1} \delta(x)\varphi(x)dx \qquad (\because |x|<1 \text{ のとき } \varphi(x)=1)$$

$$= \int_{-\infty}^{\infty} \delta(x)\varphi(x)dx \qquad (\because |x|>1 \text{ のとき } \delta(x)=0)$$

$$= \varphi(0) = 1$$

となる．よって，$\delta(x)$ は $\delta(x)=0 \ (x \neq 0)$ および

$$\int_{-\infty}^{\infty} \delta(x)dx = 1 \tag{4}$$

をみたす[*16]．$\delta(x)$ はディラックの**デルタ関数**とよばれる．ヘビサイド関数 $H(x)$ は弱微分可能で，その弱い意味での導関数がデルタ関数 $\delta(x)$ である．また，$\delta(x-a)$ は $\delta(x)$ を x 軸方向へ a 平行移動した関数であり，次の性質をもつ．

> **命題 4.12**
>
> $$\int_{-\infty}^{\infty} \delta(x-a)\varphi(x)dx = \varphi(a)$$
>
> $$\delta(x-a) = 0 \quad (x \neq a), \qquad \int_{-\infty}^{\infty} \delta(x-a)dx = 1$$

[*16] イメージとしては，（現実にはありえないが）底辺の長さが 0 で高さが無限大の長方形で，面積が 1 のものだろうか．

ヘビサイド関数は，$x=0$ で値が 1 だけジャンプする関数である．物理的には，$x=0$ において瞬間的に強い力（衝撃力）が加えられて 1 だけジャンプが生じると解釈できるだろう．このとき，瞬間的に加えた衝撃力がデルタ関数で表されると考える．デルタ関数は衝撃力の強さを測るときの単位になる．また，$\delta(x-a)$ は**単位インパルス関数**ともよばれ，$x=a$ において瞬間的に加えられる力のインパルス（衝撃）を表すときに用いられる．

問 4.18 式 (3) で与えられる微分可能な関数 $\varphi(x)$ の例を具体的に構成せよ．

✓ **注意 4.7** 式 (2) や式 (4) は次のような形式的な計算によって得ることができる．

$$\int_{-\infty}^{\infty} \delta(x)dx = \Big[H(x)\Big]_{-\infty}^{\infty} = H(\infty) - H(-\infty) = 1 - 0 = 1$$

$$\int_{-\infty}^{\infty} \delta(x)\varphi(x)dx = \int_{-\infty}^{\infty} H'(x)\varphi(x)dx = \Big[H(x)\varphi(x)\Big]_{-\infty}^{\infty} - \int_{-\infty}^{\infty} H(x)\varphi'(x)dx$$

$$= \varphi(\infty) - \int_{0}^{\infty} \varphi'(x)dx = \varphi(\infty) - \Big[\varphi(x)\Big]_{0}^{\infty} = \varphi(\infty) - \varphi(\infty) + \varphi(0) = \varphi(0)$$

このように，$\delta(x)$ の原始関数が $H(x)$ であると考えて積分計算をしても差し支えない．ただし，デルタ関数は通常の意味の関数ではなく，あくまでも積分計算（部分積分法）を通して理解されるべきものである．

✓ **注意 4.8** ヘビサイド関数の弱い意味での導関数がデルタ関数であると考えたときにも，ラプラス変換の微分則（命題 4.8）が成り立つようにするためには，$H(0)=0$ と定義しなければならない．しかし，本によっては，$H(0)=1/2$ と定義したり，$H(0)$ の値を定義しない場合もある．

◆ **発展 4.1** デルタ関数を数学的に正確に定義する方法の 1 つは，式 (2) を利用することである．すなわち，（テスト）関数 $\varphi(x)$ を実数 $\varphi(0)$ に対応させる線形写像を T_δ と表し，これをデルタ関数と同一視するのである．この考えにもとづいてデルタ関数の数学的な定式化を行うことができる．また，$\delta(x)=0$ $(x\neq 0)$ であるにもかかわらず，$\boldsymbol{R}$ 上で積分すると 1 になる性質に注目して，確率分布（確率密度関数）の概念にもとづいてデルタ関数を理解することもできる（第 5 章の発展 5.1）．さらに，複素関数論を用いてデルタ関数を定式化する方法も知られている．

例題 4.8 $\mathcal{L}(\delta(t)) = 1$ を示せ.

[解]
$$f_k(t) = \begin{cases} \dfrac{1}{k} & (0 \leq t \leq k) \\ 0 & (その他) \end{cases}$$

とおくと,
$$\int_{-\infty}^{\infty} f_k(t)dt = 1, \quad \lim_{k \to 0} f_k(t) = 0 \quad (t \neq 0)$$

であるから, $\lim_{k \to 0} f_k(t) = \delta(t)$ と考えられる. $f_k(t)$ をラプラス変換すると

$$\mathcal{L}(f_k(t)) = \int_0^{\infty} f_k(t)e^{-st}dt = \int_0^k \frac{1}{k}e^{-st}dt$$
$$= \frac{1}{k}\left[-\frac{1}{s}e^{-st}\right]_0^k = \frac{1}{ks}(1-e^{-ks})$$

ここで, $-ks = h$ とおくと, $k \to 0$ のとき $h \to 0$ であるから,

$$\lim_{k \to 0} \frac{1-e^{-ks}}{ks} = \lim_{h \to 0} \frac{e^h - 1}{h} = 1$$

したがって,
$$\mathcal{L}(\delta(t)) = \mathcal{L}(\lim_{k \to 0} f_k(t)) = \lim_{k \to 0} \mathcal{L}(f_k(t)) = 1. \qquad \blacklozenge$$

問 4.19 $a \geq 0$ のとき, $\mathcal{L}(\delta(t-a)) = e^{-as}$ を示せ.

10 ラプラス変換の応用

本節では, ラプラス変換を利用して微分方程式や積分方程式を解く方法について, 具体例を通して説明する.

10.1 微分方程式の解法

例題 4.9 次の微分方程式を解け.
$$\frac{d^2x}{dt^2} - 2\frac{dx}{dt} + x = e^t, \quad x(0) = \frac{dx}{dt}(0) = 0$$

［解］ $x(t)$ の像関数を $X(s) = \mathcal{L}(x(t))$ で表す．方程式の両辺をラプラス変換すると，ラプラス変換表と微分則（問 4.15）より

$$\mathcal{L}\left(\frac{d^2x}{dt^2} - 2\frac{dx}{dt} + x\right) = \mathcal{L}\left(\frac{d^2x}{dt^2}\right) - 2\mathcal{L}\left(\frac{dx}{dt}\right) + \mathcal{L}(x)$$

$$= \left(s^2X - sx(0) - \frac{dx}{dt}(0)\right) - 2(sX - x(0)) + X$$

$$= (s^2X - s \cdot 0 - 0) - 2(sX - 0) + X$$

$$= (s^2 - 2s + 1)X = (s-1)^2 X$$

$$\mathcal{L}(e^t) = \frac{1}{s-1}$$

であるから，$(s-1)^2 X = \dfrac{1}{s-1}$ より $X(s) = \dfrac{1}{(s-1)^3}$ である．移動則（命題 4.7）とラプラス変換表より

$$\mathcal{L}(e^t t^2) = \frac{2!}{(s-1)^{2+1}} = \frac{2}{(s-1)^3}$$

であるから，原関数は $x = t^2 e^t / 2$ であり，これが求める解である．◆

問 4.20 微分方程式 $\dfrac{d^2x}{dt^2} - 3\dfrac{dx}{dt} + 2x = 4e^{3t}$, $x(0) = 0$, $\dfrac{dx}{dt}(0) = 1$ を解け．

問 4.21 （境界値問題）$\dfrac{d^2x}{dt^2} - 3\dfrac{dx}{dt} + 2x = 0$, $x(0) = 0$, $x(1) = 1$ をみたす $x(t)$ を次の手順に従って求めよ．

(1) c を定数とする．$\dfrac{d^2x}{dt^2} - 3\dfrac{dx}{dt} + 2x = 0$, $x(0) = 0$, $\dfrac{dx}{dt}(0) = c$ を解け．

(2) (1) で求めた解に対して，条件 $x(1) = 1$ を用いて c の値を定めることにより，もとの問題の解を求めよ．

この例からわかるように，ラプラス変換を用いることにより，常微分方程式の問題が代数方程式の問題に帰着される．一般に，ラプラス変換を用いて微分方程式を解く手続きは次のようにまとめられる．

(1) 微分方程式をラプラス変換する．
(2) 像関数のみたす代数方程式を解く．
(3) ラプラス変換表を用いて原関数を求める．

例題 4.10 次の連立微分方程式を解け.
$$\frac{dx}{dt} = y - t, \quad \frac{dy}{dt} = -x + 1, \quad x(0) = 1, \quad y(0) = 0$$

[解] $x(t), y(t)$ の像関数をそれぞれ $X(s) = \mathcal{L}(x(t)), Y(s) = \mathcal{L}(y(t))$ で表す. 方程式の両辺をラプラス変換すると, ラプラス変換表と微分則より

$$\mathcal{L}\left(\frac{dx}{dt}\right) = sX - x(0) = sX - 1, \quad \mathcal{L}\left(\frac{dy}{dt}\right) = sY - y(0) = sY,$$
$$\mathcal{L}(1) = \frac{1}{s}, \quad \mathcal{L}(t) = \frac{1}{s^2}$$

であるから
$$sX - 1 = Y - \frac{1}{s^2}, \quad sY = -X + \frac{1}{s}$$

すなわち,
$$s^3 X - s^2 Y = s^2 - 1, \quad sX + s^2 Y = 1$$

を得る. これを X, Y について解いて,

$$X(s) = \frac{s}{s^2 + 1}, \quad Y(s) = \frac{1}{s^2(s^2 + 1)} = \frac{1}{s^2} - \frac{1}{s^2 + 1}$$

を得る. ラプラス変換表を用いて, 原関数を求めると

$$x = \cos t, \quad y = t - \sin t$$

が与えられた微分方程式の解である. ◆

問 4.22 次の連立微分方程式を解け.
$$\frac{dx}{dt} = -x + y, \quad \frac{dy}{dt} = -4x - y, \quad x(0) = 0, \quad y(0) = 2$$

10.2 積分方程式の解法

例題 4.11 次の積分方程式を解け. ただし, c は定数とする.
$$y(t) = c + \int_0^t (t - \tau) y(\tau) d\tau$$

[解] $g(t) = t$ とおくと,与えられた方程式は,

$$y(t) = c + (g*y)(t)$$

と表される.ここで,$(g*y)(t)$ はたたみ込み(合成積)

$$(g*y)(t) = \int_0^t g(t-\tau)y(\tau)d\tau$$

である.上の方程式の両辺をラプラス変換すると,ラプラス変換表と合成積則より

$$Y(s) = \frac{c}{s} + G(s)Y(s) = \frac{c}{s} + \frac{Y(s)}{s^2}$$

となる.これを $Y(s)$ について解くと

$$Y(s) = \frac{c}{2}\left(\frac{1}{s-1} + \frac{1}{s+1}\right)$$

を得る.したがって,ラプラス変換表より

$$y(t) = \frac{c}{2}(e^t + e^{-t}).$$ ◆

✔ **注意 4.9** 例題 4.11 の積分方程式は,次のようにして解くこともできる.与えられた積分方程式を

$$y(t) = c + t\int_0^t y(\tau)d\tau - \int_0^t \tau y(\tau)d\tau$$

のように書き直した後,両辺を微分すると

$$\frac{dy}{dt} = \int_0^t y(\tau)d\tau + ty(t) - ty(t) = \int_0^t y(\tau)d\tau$$

となる.もとの積分方程式とこの方程式において $t=0$ とおくと,初期条件 $y(0) = c$,$dy/dt(0) = 0$ を得る.さらに,この方程式をもう1回微分すると,微分方程式

$$\frac{d^2y}{dt^2} = y$$

を得る.これは,一般解 $y = C_1 e^t + C_2 e^{-t}$(C_1, C_2 は任意定数)をもつ.初期条件 $y(0) = c$,$dy/dt(0) = 0$ より,$C_1 = C_2 = c/2$ となるから

$$y(t) = \frac{c}{2}(e^t + e^{-t}).$$

問 4.23 積分方程式 $y(t) = \cos 2t - \int_0^t e^{t-\tau}y(\tau)d\tau$ を解け.

10.3 衝撃力の問題

例題 4.12 次の微分方程式を解け.

$$\frac{d^2y}{dt^2} + 3\frac{dy}{dt} + 2y = \gamma(t) \tag{1}$$

ただし, $\gamma(t) = \delta(t-1)$ であり, 初期条件は $y(0) = \dfrac{dy}{dt}(0) = 0$ とする.

[解説] 微分方程式 (1) は抵抗力 $-3 \cdot dy/dt$, 復元力 $-2y$, 外力 $\gamma(t)$ の振動の運動方程式である (質量は 1 とする). $\gamma(t) \equiv 0$ は外力を加えないことを意味しているので, 初期条件を考慮すれば, $y(t) \equiv 0$ が解である (静止した状態を保ち続ける). 一方, $\gamma(t) = \delta(t-1)$ は $t=1$ のときに力を瞬間的に加えることを意味する. ここでは, 2 通りの方法で方程式を解いてみる.

方程式 (1) の両辺をラプラス変換すると

$$\mathcal{L}\left(\frac{d^2y}{dt^2} + 3\frac{dy}{dt} + 2y\right) = \mathcal{L}\left(\frac{d^2y}{dt^2}\right) + 3\mathcal{L}\left(\frac{dy}{dt}\right) + 2\mathcal{L}(y)$$

$$= s^2\mathcal{L}(y) - sy(0) - \frac{dy}{dt}(0) + 3(s\mathcal{L}(y) - y(0)) + 2\mathcal{L}(y)$$

$$= (s^2 + 3s + 2)\mathcal{L}(y) = (s^2 + 3s + 2)Y(s)$$

$$\mathcal{L}(\delta(t-1)) = e^{-s}$$

であるから[*17], $(s^2 + 3s + 2)Y(s) = e^{-s}$ を得る. ここで, $Y(s)$ は $y(t)$ の像関数である. よって,

$$Y(s) = \frac{e^{-s}}{s^2 + 3s + 2} = \frac{e^{-s}}{(s+2)(s+1)} = e^{-s}\left\{\frac{1}{s+1} - \frac{1}{s+2}\right\}$$

であり,

$$F(s) = \frac{1}{s+1} - \frac{1}{s+2}$$

とおくと,

[*17] 問 4.19 を参照せよ. 命題 4.12 を用いて $\mathcal{L}(\delta(t-1)) = \int_0^\infty e^{-st}\delta(t-1)dt = \int_{-\infty}^\infty e^{-st}\delta(t-1)dt = e^{-s}$ と考えてもよい.

$$Y(s) = e^{-s}F(s)$$

この式から $y(t)$ を求める方法は 2 通りある．まず，移動則（命題 4.7）を用いる方法を述べる．$f(t) = e^{-t} - e^{-2t}$ とおくと，ラプラス変換表より

$$\mathcal{L}(f(t)) = \frac{1}{s+1} - \frac{1}{s+2} = F(s)$$

したがって，移動則より

$$y(t) = \mathcal{L}^{-1}(Y(s)) = f(t-1)H(t-1)$$

$$= \begin{cases} 0 & (0 \leq t \leq 1) \\ e^{-(t-1)} - e^{-2(t-1)} & (t > 1) \end{cases}$$

次に，合成積則（命題 4.10）を用いる方法を述べる．

$$\mathcal{L}\big(\delta(t-1)\big) = e^{-s}, \quad \mathcal{L}(f(t)) = F(s)$$

であるから，

$$Y(s) = e^{-s}F(s) = \mathcal{L}\big(f(t)\big)\mathcal{L}\big(\delta(t-1)\big)$$

よって，合成積則より

$$y(t) = \int_0^t f(t-\tau)\delta(\tau-1)d\tau$$

$$= \begin{cases} 0 & (0 \leq t \leq 1) \\ e^{-(t-1)} - e^{-2(t-1)} & (t > 1) \end{cases}$$

$y(t)$ のグラフは図 4.11 のようになる．これより，$t = 1$ のとき瞬間的に衝撃力が加えられ，質点の位置が急激に大きく変化した後，ゆっくりと減衰して質点はもとの位置（原点）に戻ることがわかる．◆

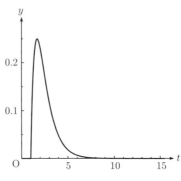

図 4.11

問 4.24
$$\frac{d^2y}{dt^2} + a\frac{dy}{dt} + by = \delta(t), \quad y(0) = \frac{dy}{dt}(0) = 0$$
の解を $w(t)$ で表す．このとき，
$$\frac{d^2y}{dt^2} + a\frac{dy}{dt} + by = x(t), \quad y(0) = \frac{dy}{dt}(0) = 0 \tag{2}$$
の解が次式で与えられることを示せ．
$$y(t) = \int_0^t w(t-\tau)x(\tau)d\tau = \int_0^t w(\tau)x(t-\tau)d\tau$$

✔ **注意 4.10** 微分方程式 (2) は，入力 $x(t)$ に対して，出力 $y(t)$ を得るシステムと考えることができる．このとき，$w(t)$ が入力 $\delta(t)$（単位インパルス関数）に対する出力であることから，$w(t)$ を**単位インパルス応答**という．また，
$$Y(s) = G(s)X(s), \quad Y(s) = \mathcal{L}(y(t)), \quad X(s) = \mathcal{L}(x(t))$$
をみたす $G(s)$ を**伝達関数**という．このシステムでは，
$$G(s) = \frac{1}{W(s)} = \frac{1}{s^2 + as + b}, \quad W(s) = \mathcal{L}(w(t))$$
である．伝達関数はシステムだけで決まり，入力と出力には依存しない．

練習問題

4.1 次の関数を与えられた区間でフーリエ級数展開せよ．

(1) $f(x) = x\cos x \quad (-\pi < x < \pi)$

(2) $f(x) = \begin{cases} 0 & (-1 < x < 0) \\ x^2 & (0 \leq x < 1) \end{cases} \quad (-1 < x < 1)$

4.2 次の関数を区間 $(-\pi, \pi)$ 上で複素フーリエ級数展開せよ．

(1) $f(x) = \begin{cases} 0 & (-\pi < x < 0) \\ 1 & (0 \leq x < \pi) \end{cases}$ \quad (2) $f(x) = |\sin x|$

4.3 次の関数をフーリエ変換せよ．

(1) $f(x) = \begin{cases} 1-x^2 & (|x| \leq 1) \\ 0 & (|x| > 1) \end{cases}$ \quad (2) $f(x) = \begin{cases} e^x & (|x| \leq a) \\ 0 & (|x| > a) \end{cases}$

4.4 (1) n を自然数とするとき，次の等式が成り立つことを示せ．

$$\mathcal{L}\left(\frac{d^n f}{dt^n}(t)\right) = s^n F(s) - s^{n-1} f(0) - s^{n-2}\frac{df}{dt}(0) - \cdots$$
$$- s\frac{d^{n-2} f}{dt^{n-2}}(0) - \frac{d^{n-1} f}{dt^{n-1}}(0)$$

(2) 次の微分方程式を解け．

$$\frac{d^3 x}{dt^3} - 3\frac{d^2 x}{dt^2} + 3\frac{dx}{dt} - x = e^t, \quad x(0) = \frac{dx}{dt}(0) = \frac{d^2 x}{dt^2}(0) = 0$$

4.5 次の連立微分方程式を解け．

$$\begin{cases} \dfrac{dx}{dt} = 4x + 2y - 4z, \quad \dfrac{dy}{dt} = -x + y + 2z, \quad \dfrac{dz}{dt} = x + y \\ x(0) = 0, \quad y(0) = 1, \quad z(0) = -1 \end{cases}$$

4.6 次の微分方程式を解け．また，解 $y(t)$ のグラフを描け．

$$\frac{d^2 y}{dt^2} + y = \delta(t-\pi) - \delta(t-2\pi), \quad y(0) = 0, \quad \frac{dy}{dt}(0) = 1$$

4.7 次の微分積分方程式を解け．

$$\frac{d^2 y}{dt^2} = t + \int_0^t (t-\tau) y(\tau) d\tau, \quad y(0) = \frac{dy}{dt}(0) = 0$$

5 偏微分方程式

本章では，2階の偏微分方程式の代表的な例である波動方程式，拡散方程式，ラプラス方程式を扱う．偏微分方程式は，現在でも主要な研究対象の1つであり，その解析にはルベーグ積分論や関数解析学など多くの数学的知識が活用されている．ここでは，常微分方程式（第1章），ベクトル解析（第2章）およびフーリエ解析（第4章）の基本的な結果だけを利用した古典的な偏微分方程式論を説明する．また，偏微分方程式の数値解法の基本である差分法を取り扱う．

1 波動方程式

1.1 正弦波

図 5.1 のように，正弦波が x 軸の正の方向に一定の速さ c で進んでいるとする．時刻 $t=0$ のときの正弦波の式が

$$u = f(x) = A\sin\frac{2\pi x}{\lambda}$$

で与えられているとする．このとき，時刻 t における正弦波の式は，正弦波のグラフを x 軸方向に ct だけ平行移動すると考えて

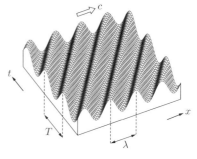

図 5.1

$$u = f(x - ct) = A\sin\frac{2\pi(x-ct)}{\lambda} = A\sin 2\pi\left(\frac{x}{\lambda} - \frac{ct}{\lambda}\right)$$

となる．いま，時間 T の間に正弦波が λ だけ進んだとすると

$$cT = \lambda \quad \therefore \quad T = \frac{\lambda}{c}$$

であるから，時刻 t における正弦波の式は

$$u = u(x,t) = A\sin 2\pi\left(\frac{x}{\lambda} - \frac{t}{T}\right) \tag{1}$$

のように書き直せる．これは一定の速さで進む正弦波を表す基本的な式であり，A，λ，T をそれぞれ正弦波の振幅，波長，周期という．ここで，

$$u(x+\lambda, t) = u(x,t), \quad u(x, t+T) = u(x,t)$$

が成り立つことと，正弦波の速さ c が

$$c = \frac{\lambda}{T}$$

で与えられることに注意しよう．

式 (1) で与えられる 2 変数関数 $u = u(x,t)$ のみたす関係式を調べよう．式 (1) を t で 2 回微分すると，

$$\frac{\partial^2 u}{\partial t^2} = -A\left(\frac{2\pi}{T}\right)^2 \sin 2\pi\left(\frac{x}{\lambda} - \frac{t}{T}\right)$$

となる．同様に，式 (1) を x で 2 回微分すると，

$$\frac{\partial^2 u}{\partial x^2} = -A\left(\frac{2\pi}{\lambda}\right)^2 \sin 2\pi\left(\frac{x}{\lambda} - \frac{t}{T}\right)$$

よって，上の 2 式を比べて

$$\frac{\partial^2 u}{\partial t^2} = \left(\frac{\lambda}{T}\right)^2 \frac{\partial^2 u}{\partial x^2} = c^2 \frac{\partial^2 u}{\partial x^2}$$

が成り立つ．

1.2 波動方程式

c を正の定数とする.
$$\frac{\partial^2 u}{\partial t^2} = c^2 \frac{\partial^2 u}{\partial x^2} \tag{1}$$

は，1次元直線上を一定の速さ c で伝わる波を記述する方程式であり，**波動方程式**とよばれる[*1]．2次元平面や3次元空間内において，一定の速さ c で伝わる波は

$$\frac{\partial^2 u}{\partial t^2} = c^2 \Delta u$$

で記述される．ここで，Δ は**ラプラシアン**とよばれる微分作用素であり，2次元の場合は

$$\Delta u = \frac{\partial^2 u}{\partial x^2} + \frac{\partial^2 u}{\partial y^2}$$

3次元の場合は

$$\Delta u = \frac{\partial^2 u}{\partial x^2} + \frac{\partial^2 u}{\partial y^2} + \frac{\partial^2 u}{\partial z^2}$$

である．本書では，主に空間1次元の波動方程式を扱う．波動方程式は線形性とよばれる次の性質をもつ[*2]．

> **命題 5.1** $u_1(x,t)$ と $u_2(x,t)$ は方程式 (1) をみたすとする．このとき，$c_1 u_1(x,t) + c_2 u_2(x,t)$ も方程式 (1) をみたす．

問 5.1 上の命題が成り立つことを確かめよ.

1.3 ダランベールの方法と初期値問題

空間1次元の波動方程式

$$\frac{\partial^2 u}{\partial t^2} = c^2 \frac{\partial^2 u}{\partial x^2} \tag{1}$$

をみたす関数として，正弦波があることはわかっている．それ以外にもこの方程式をみたす関数があるかどうか調べてみよう．

[*1] 一様な材質の弦の振動をニュートンの運動方程式に従って定式化することにより導出される.

[*2] 波動現象の場合は，重ね合わせの原理とよばれることも多い.

変数変換
$$\xi = x - ct, \quad \eta = x + ct$$
を考える．上式を x, t について解くと
$$x = \frac{\xi + \eta}{2}, \quad t = \frac{\eta - \xi}{2c}$$
である．これより，2つの独立変数の組 (x, t) と (ξ, η) は対等なものであり，式 (1) をみたす u は ξ と η の関数であると考えてよい．そこで，波動方程式 (1) を独立変数 ξ と η の未知関数 u のみたす方程式に書き直す．
$$u = u(\xi, \eta), \quad \xi = x - ct, \quad \eta = x + ct$$
であるから，
$$\frac{\partial u}{\partial x} = \frac{\partial u}{\partial \xi}\frac{\partial \xi}{\partial x} + \frac{\partial u}{\partial \eta}\frac{\partial \eta}{\partial x} = \frac{\partial u}{\partial \xi} + \frac{\partial u}{\partial \eta}$$
$$\frac{\partial^2 u}{\partial x^2} = \frac{\partial}{\partial x}\left(\frac{\partial u}{\partial x}\right) = \frac{\partial}{\partial x}\left(\frac{\partial u}{\partial \xi} + \frac{\partial u}{\partial \eta}\right)$$
となる．ここで，
$$\frac{\partial}{\partial x}\left(\frac{\partial u}{\partial \xi}\right) = \frac{\partial}{\partial \xi}\left(\frac{\partial u}{\partial \xi}\right)\frac{\partial \xi}{\partial x} + \frac{\partial}{\partial \eta}\left(\frac{\partial u}{\partial \xi}\right)\frac{\partial \eta}{\partial x} = \frac{\partial^2 u}{\partial \xi^2} + \frac{\partial^2 u}{\partial \xi \partial \eta}$$
$$\frac{\partial}{\partial x}\left(\frac{\partial u}{\partial \eta}\right) = \frac{\partial}{\partial \xi}\left(\frac{\partial u}{\partial \eta}\right)\frac{\partial \xi}{\partial x} + \frac{\partial}{\partial \eta}\left(\frac{\partial u}{\partial \eta}\right)\frac{\partial \eta}{\partial x} = \frac{\partial^2 u}{\partial \xi \partial \eta} + \frac{\partial^2 u}{\partial \eta^2}$$
であるから，
$$\frac{\partial^2 u}{\partial x^2} = \frac{\partial^2 u}{\partial \xi^2} + 2\frac{\partial^2 u}{\partial \xi \partial \eta} + \frac{\partial^2 u}{\partial \eta^2}$$
となる．同様に，
$$\frac{\partial^2 u}{\partial t^2} = c^2\left(\frac{\partial^2 u}{\partial \xi^2} - 2\frac{\partial^2 u}{\partial \xi \partial \eta} + \frac{\partial^2 u}{\partial \eta^2}\right)$$
を得る（読者は確かめてみよ）．$c > 0$ であるから，上の2式を方程式 (1) に代入して整理すると
$$\frac{\partial^2 u}{\partial \xi \partial \eta} = \frac{\partial}{\partial \xi}\left(\frac{\partial u}{\partial \eta}\right) = 0$$

を得る．これは，$\partial u/\partial \eta$ が ξ に依存しない，すなわち，$\partial u/\partial \eta$ は η だけの式で表されることを意味する．よって，

$$\frac{\partial u}{\partial \eta} = \psi(\eta)$$

である．ここで，$\psi(\eta)$ は任意の関数である．したがって，

$$u = \int \psi(\eta) d\eta + \varphi(\xi)$$

を得る．ここで，$\varphi(\xi)$ は任意の関数である．この不定積分は，変数 η に関する任意の関数であるから，上式を

$$u = \varphi(\xi) + \psi(\eta) \qquad (\varphi, \psi \text{ は任意の関数})$$

と書き直してもよい．$\xi = x - ct, \eta = x + ct$ であるから，最終的には

$$u = u(x,t) = \varphi(x - ct) + \psi(x + ct)$$

を得る．ただし，φ と ψ は任意の関数である．

この結果より，波動方程式 (1) をみたす解は，x 軸上を一定の速さ c で正の方向に進む波と負の方向に進む波を合わせたものからなり，(何の条件も課されていないのであれば) その 2 つの波の形はどんな形であってもよいことがわかる．

問 5.2 $u(x,t) = \varphi(x - ct) + \psi(x + ct)$ が方程式 (1) をみたすことを確かめよ．

次に，方程式 (1) の解で初期条件

$$u(x,0) = f(x), \qquad \frac{\partial u}{\partial t}(x,0) = g(x) \tag{2}$$

をみたすものを調べよう．一般に，初期条件が課されているときに，偏微分方程式の解を求める問題は，**初期値問題**とよばれている．

$$u(x,t) = \varphi(x - ct) + \psi(x + ct)$$

とおくと，

$$\frac{\partial u}{\partial t}(x,t) = -c\varphi'(x - ct) + c\psi'(x + ct)$$

であるから，$t = 0$ とおくと，条件 (2) より

1 波動方程式

$$\varphi(x) + \psi(x) = f(x), \qquad -c\varphi'(x) + c\psi'(x) = g(x)$$

$c \neq 0$ に注意して，上の第 2 式を 0 から x まで積分すると

$$-\varphi(x) + \psi(x) = -\varphi(0) + \psi(0) + \frac{1}{c}\int_0^x g(s)ds$$

を得る．したがって，

$$\varphi(x) = \frac{1}{2}\left\{\varphi(0) - \psi(0) + f(x) - \frac{1}{c}\int_0^x g(s)ds\right\}$$

$$\psi(x) = \frac{1}{2}\left\{-\varphi(0) + \psi(0) + f(x) + \frac{1}{c}\int_0^x g(s)ds\right\}$$

となる．よって，

$$\begin{aligned}
u(x,t) &= \varphi(x-ct) + \psi(x+ct) \\
&= \frac{1}{2}\left\{f(x-ct) - \frac{1}{c}\int_0^{x-ct} g(s)ds\right\} \\
&\quad + \frac{1}{2}\left\{f(x+ct) + \frac{1}{c}\int_0^{x+ct} g(s)ds\right\} \\
&= \frac{f(x-ct) + f(x+ct)}{2} + \frac{1}{2c}\int_{x-ct}^0 g(s)ds + \frac{1}{2c}\int_0^{x+ct} g(s)ds \\
&= \frac{f(x-ct) + f(x+ct)}{2} + \frac{1}{2c}\int_{x-ct}^{x+ct} g(s)ds
\end{aligned}$$

を得る．これは空間 1 次元の波動方程式に関する初期値問題の解であり，**ダランベール解**とよばれている．

これより，時空間（横軸 x，縦軸 t の座標平面）上の点 (x,t) における解の振る舞いは，初期条件 f と g の区間 $[x-ct, x+ct]$ 上の値だけで決まることがわかる．

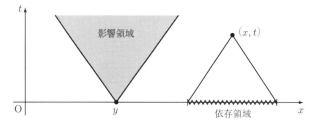

図 5.2 依存領域と影響領域

この区間を解 u の点 (x,t) に関する**依存領域**という（図 5.2, 右側）．一方，初期条件 f と g の点 y における値は，時空間上の領域 $\{(x,t)\,|\,y-ct\leq x\leq y+ct\}$ における解 u の振る舞いにのみ影響を与える．この領域を解 u の点 $(y,0)$ に関する**影響領域**という（図 5.2, 左側）．これら 2 つの領域は，いずれも波の伝わる速さ c によって決定される．

問 5.3 (i) $c>0,\ t\geq 0$ のとき，x の関数 $h(x-ct),\ h(x+ct)$ のグラフを描け．ただし，$h(x)$ は次式で与えられる．

$$h(x) = \begin{cases} 1-|x| & (|x|\leq 1) \\ 0 & (|x|>1) \end{cases}$$

(ii) 初期条件 (2) において $f(x)=h(x),\ g(x)\equiv 0$ であるとき，波動方程式 (1) のダランベール解 $u(x,t)$ の（t を固定したときの）x に関するグラフを描け．

1.4 初期値境界値問題

前節で扱った初期値問題は，無限に広がる 1 次元空間（直線）を伝わる波に関するものである．ここでは，弦の振動のように有限の長さをもつ 1 次元区間上で観察される波の問題を扱う．

空間 1 次元の波動方程式の解で，境界条件

$$u(0,t) = u(L,t) = 0$$

をみたすものを調べよう．ここで，L は区間の長さを表す正の定数である．これは，両端が固定された弦の振動のような現象を扱う場合に現れる条件であり，**ディリクレ境界条件**とよばれている．また，初期条件を

$$u(x,0) = f(x), \qquad \frac{\partial u}{\partial t}(x,0) = g(x)$$

とする．ただし，境界条件を考慮して $f(0)=f(L)=g(0)=g(L)=0$ とする．以上をまとめると，

$$\begin{cases} \dfrac{\partial^2 u}{\partial t^2} = c^2 \dfrac{\partial^2 u}{\partial x^2} \\ u(0,t) = u(L,t) = 0 \\ u(x,0) = f(x), \quad \dfrac{\partial u}{\partial t}(x,0) = g(x) \end{cases} \tag{1}$$

となる．ただし，$f(x) \equiv g(x) \equiv 0$ ではないとする．一般に，初期条件と境界条件が課されているときに，偏微分方程式の解を求める問題を**初期値境界値問題**という．ここでは，フーリエ級数を利用して，初期値境界値問題 (1) の解を求めよう．

$$u(x,t) = F(x)G(t)$$

とおく．これは x と t の 2 変数の関数 $u(x,t)$ が x だけの関数 $F(x)$ と t だけの関数 $G(t)$ の積の形に分解されていることを意味する．このように仮定して問題 (1) を解く方法を**変数分離法**という．

以下では，t に関する微分 d/dt を $\dot{}$ で，x に関する微分 d/dx を $'$ で表す．$u(x,t) = F(x)G(t)$ を問題 (1) の第 1 式へ代入すると，

$$\frac{\partial^2 u}{\partial t^2} = F(x)\frac{d^2 G(t)}{dt^2} = F(x)\ddot{G}(t)$$

$$\frac{\partial^2 u}{\partial x^2} = \frac{d^2 F(x)}{dx^2}G(t) = F''(x)G(t)$$

であるから，$F(x)\ddot{G}(t) = c^2 F''(x)G(t)$ より

$$\frac{1}{c^2} \cdot \frac{\ddot{G}(t)}{G(t)} = \frac{F''(x)}{F(x)}$$

を得る．上式の左辺は t だけの関数，右辺は x だけの関数であるから，上式が成立するためには，その左辺と右辺はともに x,t に依存しない定数でなければならない．よって

$$\frac{1}{c^2} \cdot \frac{\ddot{G}(t)}{G(t)} = \frac{F''(x)}{F(x)} = -\lambda \quad (\lambda は定数)$$

が成り立つ．ここで，λ の値は後で決める．これより

$$F''(x) + \lambda F(x) = 0 \tag{2}$$

$$\ddot{G}(t) + \lambda c^2 G(t) = 0 \tag{3}$$

を得る．式 (2) は定数係数の 2 階線形常微分方程式であるから，第 1 章の定理 1.2 より

$$F(x) = \begin{cases} C_1 \cos(\sqrt{\lambda}\,x) + C_2 \sin(\sqrt{\lambda}\,x) & (\lambda > 0) \\ C_1 x + C_2 & (\lambda = 0) \\ C_1 e^{\sqrt{-\lambda}\,x} + C_2 e^{-\sqrt{-\lambda}\,x} & (\lambda < 0) \end{cases}$$

が一般解である．一方，境界条件 $u(0,t) = u(L,t) = 0$ より $F(0)G(t) = F(L)G(t) = 0$ であるから，

$$F(0) = F(L) = 0$$

でなければならない．これをみたす方程式 (2) の解は

$$\lambda = \lambda_n := \left(\frac{n\pi}{L}\right)^2 \qquad (n = 1, 2, \cdots)$$

のときに限り存在し[*3]

$$F(x) = F_n(x) := a_n \sin\sqrt{\lambda_n}\,x = a_n \sin\frac{n\pi x}{L} \qquad (a_n\text{は定数})$$

であることがわかる．

問 5.4 $F(0) = F(L) = 0$ をみたす方程式 (2) の解が上の 2 式で与えられることを示せ．

同様に，$\lambda = \lambda_n$ のとき，方程式 (3) の解は

$$\begin{aligned} G(t) = G_n(t) &:= b_n \cos(c\sqrt{\lambda_n}\,t) + c_n \sin(c\sqrt{\lambda_n}\,t) \\ &= b_n \cos\frac{n\pi ct}{L} + c_n \sin\frac{n\pi ct}{L} \qquad (b_n, c_n \text{は定数}) \end{aligned}$$

となる．よって，$A_n = a_n b_n$, $B_n = a_n c_n$ とおけば

$$\begin{aligned} u_n(x,t) &= F_n(x)G_n(t) \\ &= \sin\frac{n\pi x}{L}\left(A_n \cos\frac{n\pi ct}{L} + B_n \sin\frac{n\pi ct}{L}\right) \\ &\qquad\qquad\qquad\qquad\qquad (A_n, B_n \text{は定数}) \end{aligned}$$

[*3] $\lambda \leq 0$ のとき，式 (2) と $F(0) = F(L) = 0$ を同時にみたす $F(x)$ は $C_1 = C_2 = 0$ より $F(x) \equiv 0$ に限る．このとき，$u(x,t) = F(x)G(t)$ より $u(x,t) \equiv 0$ となる．これは初期条件が $f(x) \equiv g(x) \equiv 0$ であることを意味する．

は初期値境界値問題 (1) の第 1 式と第 2 式をみたす．また，波動方程式は線形性をもつから，これらの重ね合わせ

$$
\begin{aligned}
u(x,t) &= \sum_{n=1}^{\infty} u_n(x,t) \\
&= \sum_{n=1}^{\infty} \sin\frac{n\pi x}{L} \left(A_n \cos\frac{n\pi ct}{L} + B_n \sin\frac{n\pi ct}{L} \right)
\end{aligned} \quad (4)
$$

も問題 (1) の第 1 式と第 2 式をみたす．

A_n と B_n を求めよう．初期条件より $u(x,0) = f(x)$ であるから，式 (4) において $t=0$ とおくと

$$ f(x) = \sum_{n=1}^{\infty} A_n \sin\frac{n\pi x}{L} $$

となる．A_n は $f(x)$ をフーリエ正弦展開すれば求められる．すなわち，

$$ \int_0^L \sin\frac{n\pi x}{L} \sin\frac{m\pi x}{L} dx = \begin{cases} L/2 & (n=m) \\ 0 & (n \neq m) \end{cases} $$

に注意して，(形式的に) 計算すると

$$
\begin{aligned}
\int_0^L f(x) \sin\frac{m\pi x}{L} dx &= \int_0^L \left(\sum_{n=1}^{\infty} A_n \sin\frac{n\pi x}{L} \right) \sin\frac{m\pi x}{L} dx \\
&= \int_0^L \left(\sum_{n=1}^{\infty} A_n \sin\frac{n\pi x}{L} \sin\frac{m\pi x}{L} \right) dx \\
&= \sum_{n=1}^{\infty} \left(A_n \int_0^L \sin\frac{n\pi x}{L} \sin\frac{m\pi x}{L} dx \right) = A_m \cdot \frac{L}{2}
\end{aligned}
$$

であるから，文字 m を n に書き直して

$$ A_n = \frac{2}{L} \int_0^L f(x) \sin\frac{n\pi x}{L} dx \quad (5) $$

を得る．同様に，初期条件より $\partial u/\partial t(x,0) = g(x)$ であるから，式 (4) の両辺を t で微分して $t=0$ とおくと，

$$g(x) = \sum_{n=1}^{\infty} B_n \cdot \frac{n\pi c}{L} \sin \frac{n\pi x}{L}$$

となり，

$$B_n = \frac{2}{n\pi c} \int_0^L g(x) \sin \frac{n\pi x}{L} dx \tag{6}$$

を得る．以上より，初期値境界値問題 (1) の解は 3 つの式 (4), (5) および (6) で与えられることがわかる．

問 5.5 次の初期値境界値問題を解け．

$$\begin{cases} \dfrac{\partial^2 u}{\partial t^2} = c^2 \dfrac{\partial^2 u}{\partial x^2} \\ \dfrac{\partial u}{\partial x}(0, t) = \dfrac{\partial u}{\partial x}(L, t) = 0 \\ u(x, 0) = f(x), \quad \dfrac{\partial u}{\partial t}(x, 0) = g(x) \end{cases}$$

✔ **注意 5.1** 上の境界条件は**ノイマン境界条件**とよばれる．この場合は，フーリエ余弦展開 ($\cos(n\pi x/L)$, $n = 0, 1, 2, \cdots$) を用いる．この境界条件をみたす解は，$t \to \infty$ のとき発散することがありうる．

2　拡散方程式

2.1　拡散現象

一様な材質の針金の温度分布（熱伝導）を考えよう．ここで，針金は太さをもたない直線であると理想化している．熱は温度の高いところから低いところへ移動するから，時間が経つにつれて温度分布の凹凸はなくなり，空間的に一様になる．よって，場所 x，時刻 t における針金の温度を $u(x, t)$ とすれば，

u は x について上に凸

$\dfrac{\partial^2 u}{\partial x^2}(x, t) < 0$

$\implies$

u は時間が経つと減少

$\dfrac{\partial u}{\partial t}(x, t) < 0$

u は x について下に凸

$\dfrac{\partial^2 u}{\partial x^2}(x, t) > 0$

$\implies$

u は時間が経つと増加

$\dfrac{\partial u}{\partial t}(x, t) > 0$

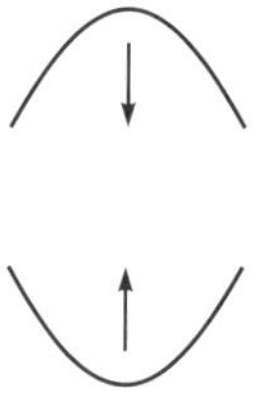

図 **5.3**

が成り立つと考えられる．この性質を成立させる最も単純な関係式は，

$$\frac{\partial u}{\partial t}(x,t) \propto \frac{\partial^2 u}{\partial x^2}(x,t) \quad (\text{正比例})$$

すなわち

$$\frac{\partial u}{\partial t} = D\frac{\partial^2 u}{\partial x^2} \quad (D > 0 \text{ は比例定数}) \tag{1}$$

である．これを**拡散方程式**といい[*4]，比例定数 D を拡散係数という．

方程式 (1) は 1 次元直線上で熱や物質が自然に拡がる過程を記述している．2 次元平面や 3 次元空間内における熱や物質の拡散は

$$\frac{\partial u}{\partial t} = D\Delta u$$

で記述される．ここで，Δ は**ラプラシアン**とよばれる微分作用素で，2 次元の場合は

$$\Delta u = \frac{\partial^2 u}{\partial x^2} + \frac{\partial^2 u}{\partial y^2}$$

3 次元の場合は

$$\Delta u = \frac{\partial^2 u}{\partial x^2} + \frac{\partial^2 u}{\partial y^2} + \frac{\partial^2 u}{\partial z^2}$$

である．本書では，主に空間 1 次元の拡散方程式を扱う．拡散方程式は線形性とよばれる次の性質をもつ．

> **命題 5.2** $u_1(x,t)$ と $u_2(x,t)$ は方程式 (1) をみたすとする．このとき，$c_1 u_1(x,t) + c_2 u_2(x,t)$ も方程式 (1) をみたす．

問 5.6 上の命題が成り立つことを確かめよ．

2.2 初期値問題

無限に長い針金（無限遠点を両端にもつ）の温度分布を考えよう．

$$\begin{cases} \dfrac{\partial u}{\partial t} = D\dfrac{\partial^2 u}{\partial x^2} \\ u(x,0) = u_0(x) \end{cases} \tag{1}$$

[*4] 物質（熱）の移動に関するフィックの法則（フーリエの法則）から導かれる．

ただし，x の範囲は $-\infty < x < \infty$ である．これを拡散方程式の**初期値問題**という．この問題をフーリエ変換を利用して解いてみよう．

$\boldsymbol{R}$ 上で可積分な関数 $f(x)$ に対して

$$\hat{f}(k) = (\mathcal{F}f)(k) = \frac{1}{\sqrt{2\pi}} \int_{-\infty}^{\infty} f(x)e^{-ikx}dx$$

を f のフーリエ変換という．また，

$$(\mathcal{F}^{-1}\hat{f})(x) = \frac{1}{\sqrt{2\pi}} \int_{-\infty}^{\infty} \hat{f}(k)e^{ikx}dk$$

を $\hat{f}$ の逆フーリエ変換という．第 4 章の第 6 節と第 7 節で述べたように，フーリエ変換は次の性質をもつ．

- $f = \mathcal{F}^{-1}\hat{f} = \mathcal{F}^{-1}(\mathcal{F}f)$.
- $\mathcal{F}(f+g) = \mathcal{F}(f) + \mathcal{F}(g), \quad \mathcal{F}(\lambda f) = \lambda \mathcal{F}(f)$.
- $\mathcal{F}(f^{(n)}) = (ik)^n \mathcal{F}(f)$. とくに，$\mathcal{F}(f') = ik\mathcal{F}(f), \quad \mathcal{F}(f'') = -k^2 \mathcal{F}(f)$.

初期値問題 (1) の第 1 式の両辺を x に関してフーリエ変換すると

$$\frac{1}{\sqrt{2\pi}} \int_{-\infty}^{\infty} \frac{\partial u}{\partial t}(x,t)e^{-ikx}dx = \frac{D}{\sqrt{2\pi}} \int_{-\infty}^{\infty} \frac{\partial^2 u}{\partial x^2}(x,t)e^{-ikx}dx$$

となる．ここで，

$$\int_{-\infty}^{\infty} \frac{\partial u}{\partial t}(x,t)e^{-ikx}dx = \frac{\partial}{\partial t} \int_{-\infty}^{\infty} u(x,t)e^{-ikx}dx$$

である．また，フーリエ変換の性質により

$$\frac{1}{\sqrt{2\pi}} \int_{-\infty}^{\infty} \frac{\partial^2 u}{\partial x^2}(x,t)e^{-ikx}dx = (ik)^2 \cdot \frac{1}{\sqrt{2\pi}} \int_{-\infty}^{\infty} u(x,t)e^{-ikx}dx$$

$$= -k^2 \frac{1}{\sqrt{2\pi}} \int_{-\infty}^{\infty} u(x,t)e^{-ikx}dx$$

である．したがって，

$$\frac{\partial}{\partial t}\left(\frac{1}{\sqrt{2\pi}} \int_{-\infty}^{\infty} u(x,t)e^{-ikx}dx\right) = -Dk^2 \cdot \frac{1}{\sqrt{2\pi}} \int_{-\infty}^{\infty} u(x,t)e^{-ikx}dx$$

すなわち，$u(x,t)$ を x に関してフーリエ変換したものを $\hat{u}(k,t)$ で表すと

$$\frac{\partial}{\partial t}\hat{u}(k,t) = -Dk^2\hat{u}(k,t)$$

となる．これを（k を定数と考えて）t についての常微分方程式と見て解くと，

$$\hat{u}(k,t) = e^{-Dk^2 t}\hat{u}(k,0)$$

を得る[*5]．ただし，

$$\hat{u}(k,0) = \frac{1}{\sqrt{2\pi}}\int_{-\infty}^{\infty} u(x,0)e^{-ikx}dx = \frac{1}{\sqrt{2\pi}}\int_{-\infty}^{\infty} u_0(x)e^{-ikx}dx$$

である．したがって，初期値問題 (1) の解は $\hat{u}(k,t)$ をフーリエ逆変換すれば求められる．

$$\begin{aligned}
u(x,t) &= \frac{1}{\sqrt{2\pi}}\int_{-\infty}^{\infty}\hat{u}(k,t)e^{ikx}dk = \frac{1}{\sqrt{2\pi}}\int_{-\infty}^{\infty}e^{-Dk^2 t}\hat{u}(k,0)e^{ikx}dk \\
&= \frac{1}{\sqrt{2\pi}}\int_{-\infty}^{\infty}e^{-Dk^2 t}\left(\frac{1}{\sqrt{2\pi}}\int_{-\infty}^{\infty}u_0(y)e^{-iky}dy\right)e^{ikx}dk \\
&= \int_{-\infty}^{\infty}\left(\frac{1}{2\pi}\int_{-\infty}^{\infty}e^{-Dk^2 t}\cdot e^{ik(x-y)}dk\right)u_0(y)dy
\end{aligned}$$

ところで，

$$\begin{aligned}
\int_{-\infty}^{\infty}e^{-Dk^2 t}\cdot e^{ik(x-y)}dk &= \int_{-\infty}^{\infty}e^{-Dt\left(k^2 - \frac{ik(x-y)}{Dt}\right)}dk \\
&= \int_{-\infty}^{\infty}e^{-Dt\left\{\left(k - \frac{i(x-y)}{2Dt}\right)^2 + \frac{(x-y)^2}{4(Dt)^2}\right\}}dk \\
&= e^{-\frac{(x-y)^2}{4Dt}}\cdot\int_{-\infty}^{\infty}e^{-Dt\left(k - \frac{i(x-y)}{2Dt}\right)^2}dk
\end{aligned}$$

において，$\sqrt{Dt}\left(k - \dfrac{i(x-y)}{2Dt}\right) = s$ とおくと $\sqrt{Dt}dk = ds$ より

$$\int_{-\infty}^{\infty}e^{-Dt\left(k-\frac{i(x-y)}{2Dt}\right)^2}dk = \frac{1}{\sqrt{Dt}}\int_{-\infty}^{\infty}e^{-s^2}ds = \sqrt{\frac{\pi}{Dt}}$$

[*5] $dx/dt = -ax$ 型の常微分方程式である．この解は $x(t) = x(0)e^{-at}$ で与えられる．

であるから[*6],
$$\int_{-\infty}^{\infty} e^{-Dk^2 t} \cdot e^{ik(x-y)} dk = e^{-\frac{(x-y)^2}{4Dt}} \cdot \sqrt{\frac{\pi}{Dt}}$$
が成り立つ．よって，
$$u(x,t) = \int_{-\infty}^{\infty} \frac{1}{2\pi} \cdot \sqrt{\frac{\pi}{Dt}} e^{-\frac{(x-y)^2}{4Dt}} u_0(y) dy$$
$$= \frac{1}{\sqrt{4\pi Dt}} \int_{-\infty}^{\infty} e^{-\frac{(x-y)^2}{4Dt}} u_0(y) dy$$
となる．したがって，
$$G(x,t) = \frac{1}{\sqrt{4\pi Dt}} e^{-\frac{x^2}{4Dt}}$$
とおくと，初期値問題 (1) の解
$$u(x,t) = \int_{-\infty}^{\infty} G(x-y, t) u_0(y) dy$$
を得る．ここで，$G(x,t)$ は
$$\frac{\partial}{\partial t} G(x,t) = D \frac{\partial^2}{\partial x^2} G(x,t) \tag{2}$$
をみたす．$G(x,t)$ を拡散方程式の**基本解**という．

定理 5.1 $G(x,t)$ は次の性質をもつ．

(i) $G(x,t) > 0$

(ii) $\int_{-\infty}^{\infty} G(x,t) dx = 1 \quad (t > 0)$

(iii) $\lim_{t \to +0} G(x,t) = \begin{cases} +\infty & (x = 0) \\ 0 & (x \neq 0) \end{cases}$

[*6] 付録の例題 A.7 を参照．また，正確には，$\int_{-\infty}^{\infty} e^{-Dt\left(k - \frac{i(x-y)}{2Dt}\right)^2} dk$ は複素積分である．コーシーの積分定理（第 3 章の第 5 節）により $\int_{-\infty}^{\infty} e^{-Dt\left(k - \frac{i(x-y)}{2Dt}\right)^2} dk = \int_{-\infty}^{\infty} e^{-Dtk^2} dk$ が成り立つので，この計算は結果的に正しい（第 3 章補遺 1 の問 3.A.2）．

問 5.7 $G(x,t)$ を (t を固定して) x の関数と見て，そのグラフを描け．また，$G(x,t)$ が式 (2) をみたすことを確かめよ．

問 5.8 定理 5.1 が成り立つことを確かめよ．

✓ **注意 5.2**
$$\lim_{t \to +0} G(x,t) = \delta(x)$$
とおくと，$\delta(x)$ は
$$\int_{-\infty}^{\infty} \delta(x)dx = 1, \quad \delta(x) = \begin{cases} +\infty & (x = 0) \\ 0 & (x \neq 0) \end{cases}$$
をみたす．δ はディラックのデルタ関数とよばれる（第 4 章の第 9 節）．また，
$$u(x,t) = \int_{-\infty}^{\infty} G(x-y,t)u_0(y)dy$$
において，$t \to +0$ とすると
$$u_0(x) = \int_{-\infty}^{\infty} \delta(x-y)u_0(y)dy$$
であるから，($\delta(-y) = \delta(y)$ に注意して) 一般に
$$\int_{-\infty}^{\infty} \delta(x)f(x)dx = f(0) \tag{3}$$
であることがわかる．

◆ **発展 5.1** デルタ関数は通常の意味の関数ではない．ここでは，デルタ関数の意味を確率分布の概念を用いて説明する．平均 μ，分散 σ^2 の正規分布 $N(\mu, \sigma^2)$ の確率密度関数は
$$f(x) = \frac{1}{\sqrt{2\pi}\sigma} e^{-\frac{(x-\mu)^2}{2\sigma^2}}$$
で与えられるから，$G(x,t)$ は平均 0，分散 $2Dt$ の正規分布 $N(0, 2Dt)$ の確率密度関数である．この確率分布を X_{2Dt} で表す．$t \to 0$ は 分散 $\to 0$ を意味するから，X を
$$P(X = x) = \begin{cases} 1 & (x = 0) \\ 0 & (x \neq 0) \end{cases}$$
で定義される確率分布とすると，$t \to 0$ のとき $X_{2Dt} \to X$ であると考えられる．X は離散型確率変数であるから，連続型確率変数と同じような意味で X の確率密度関数を定義することはできない．しかし，$\delta(x)$ を X の確率密度関数と考えることにより，$G(x,t)$ の極限としての $\delta(x)$ の意味が明確になり，その性質も理解しやすくなる．例えば，確率変数 $f(X)$ の期待値は，離散型確率変数の期待値の定義より

$$E(f(X)) = \sum_x f(x) P(X = x) = f(0) \cdot 1 = f(0)$$

である．これを連続型確率変数の期待値の定義に従ってデルタ関数を用いて書き直せば

$$E(f(X)) = \int_{-\infty}^{\infty} f(x) \delta(x) dx = f(0)$$

となり，式 (3) を得る．

2.3 初期値境界値問題

　波動方程式の場合と同様に，拡散方程式についても初期値境界値問題を考えることができる．長さ L の針金があり，その両端は一定の温度（$u=0$ とする）に保たれているとする．このときの針金の温度分布 $u(x,t)$ は，拡散方程式

$$\frac{\partial u}{\partial t} = D \frac{\partial^2 u}{\partial x^2}$$

および**ディリクレ境界条件**

$$u(0,t) = u(L,t) = 0$$

をみたす．また，初期条件を

$$u(x,0) = f(x) \not\equiv 0$$

とする．ただし，境界条件を考慮して $f(0) = f(L) = 0$ とする．以上をまとめると

$$\begin{cases} \dfrac{\partial u}{\partial t} = D \dfrac{\partial^2 u}{\partial x^2} \\ u(0,t) = u(L,t) = 0 \\ u(x,0) = f(x) \end{cases}$$

となる．これを拡散方程式の初期値境界値問題という．

　波動方程式の初期値境界値問題の場合と同様に，変数分離法とフーリエ級数展開を利用することにより，この問題を解くことができる．その結果は次のようになる．

$$u(x,t) = \sum_{n=1}^{\infty} C_n \exp(-D\lambda_n t) \sin\frac{n\pi x}{L}, \quad (1)$$
$$C_n = \frac{2}{L}\int_0^L f(x)\sin\frac{n\pi x}{L}dx, \quad \lambda_n = \left(\frac{n\pi}{L}\right)^2$$

ここで，$\exp(x)$ は指数関数 e^x を表す．

問 5.9 式 (1) を導け．

問 5.10 初期値境界値問題（**ノイマン境界条件**）

$$\begin{cases} \dfrac{\partial u}{\partial t} = D\dfrac{\partial^2 u}{\partial x^2} \\ \dfrac{\partial u}{\partial x}(0,t) = \dfrac{\partial u}{\partial x}(L,t) = 0 \\ u(x,0) = f(x) \end{cases}$$

の解をフーリエ級数を用いて与えよ（類推せよ）．これは，長さ L の針金が断熱材に包まれていて，外部との熱の出入りがないときの針金の温度分布を表す．

これまでは，空間 1 次元の波動方程式や拡散方程式の初期値境界値問題を扱ってきた．空間 2 次元や 3 次元の波動方程式や拡散方程式についても，初期値境界値問題を考えることができる．例えば，ディリクレ境界条件の場合，xy 平面上の長方形領域 $[0,L] \times [0,M]$ 上で定義された空間 2 次元の拡散方程式の初期値境界値問題は，

$$\begin{cases} \dfrac{\partial u}{\partial t} = D\Delta u \\ u(0,y,t) = u(L,y,t) = 0, \quad u(x,0,t) = u(x,M,t) = 0 \\ u(x,y,0) = f(x,y) \end{cases} \quad (2)$$

である．ここで，Δ は空間 2 次元のラプラシアン

$$\Delta u = \frac{\partial^2 u}{\partial x^2} + \frac{\partial^2 u}{\partial y^2}$$

であり，初期値 $f(x,y)$ は $f(0,y) = f(L,y) = f(x,0) = f(x,M) = 0$ をみたす．空間 1 次元の場合から類推すると，この初期値境界値問題の解は，2 重フーリエ級数を用いて次式で与えられることがわかるだろう[7]．

---

[7] このような x と y に関する 2 変数の 3 角関数の級数を 2 重フーリエ級数という．

$$u(x,y,t) = \sum_{m=1}^{\infty}\sum_{n=1}^{\infty} C_{mn}\exp(-D\lambda_{mn}t)\sin\frac{m\pi x}{L}\sin\frac{n\pi y}{M},$$

$$C_{mn} = \frac{4}{LM}\int_0^L\int_0^M f(x,y)\sin\frac{m\pi x}{L}\sin\frac{n\pi y}{M}dxdy,$$

$$\lambda_{mn} = \left(\frac{m\pi}{L}\right)^2 + \left(\frac{n\pi}{M}\right)^2$$

問 5.11 上式が初期値境界値問題 (2) の第 1 式をみたすことを確かめよ．

問 5.12 xy 平面上の長方形領域 $[0,L]\times[0,M]$ 上で定義された空間 2 次元の拡散方程式の初期値境界値問題（ノイマン境界条件）

$$\begin{cases} \dfrac{\partial u}{\partial t} = D\Delta u \\ \dfrac{\partial u}{\partial x}(0,y,t) = \dfrac{\partial u}{\partial x}(L,y,t) = 0, \quad \dfrac{\partial u}{\partial y}(x,0,t) = \dfrac{\partial u}{\partial y}(x,M,t) = 0 \\ u(x,y,0) = f(x,y) \end{cases}$$

の解を 2 重フーリエ級数を用いて与えよ（類推せよ）．

3 ラプラス方程式

3.1 調和関数

1 変数関数 $u = u(x)$ が常微分方程式

$$\frac{d^2 u}{dx^2} = 0$$

をみたすとき，$u(x) = \alpha x + \beta$ で，直線を表す．これは次の性質をみたす．

(i) （平均値の性質）　任意の $\rho > 0$ に対して，次式が成り立つ．

$$u(x) = \frac{u(x-\rho) + u(x+\rho)}{2} = \frac{1}{2\rho}\int_{x-\rho}^{x+\rho} u(t)dt$$

(ii) （最大値の原理）[*8]　区間 $[a,b]$ 上における u の最大値は $u(a)$ または $u(b)$ で与えられる．また，定数関数でない限り，u は区間の内部 (a,b) 上で

[*8] 最小値についても同様の主張が成り立つ．

最大値をとらない．

(iii) （リュービル型定理）　$\boldsymbol{R}$ 上で $u \geq 0$ が成り立つのは，u が定数関数である場合に限る．

問 5.13　上の性質 (i)〜(iii) が成り立つことを確かめよ．

上で述べた性質が，2 変数関数についても成り立つかどうか調べてみよう．**ラプラス方程式**とよばれる偏微分方程式

$$\Delta u = \frac{\partial^2 u}{\partial x^2} + \frac{\partial^2 u}{\partial y^2} = 0$$

をみたす 2 変数関数 $u = u(x, y)$ を**調和関数**という．例えば，$u(x, y) = xy$，$u(x, y) = x^2 - y^2$ などが調和関数であることは簡単な計算により確かめられる．調和関数の性質を調べるために，上の方程式を極座標で書き直してみる．

$$x = r \cos \theta, \quad y = r \sin \theta$$

であるから，

$$\frac{\partial u}{\partial r} = \frac{\partial u}{\partial x} \frac{\partial x}{\partial r} + \frac{\partial u}{\partial y} \frac{\partial y}{\partial r} = \frac{\partial u}{\partial x} \cos \theta + \frac{\partial u}{\partial y} \sin \theta,$$

$$\frac{\partial u}{\partial \theta} = \frac{\partial u}{\partial x} \frac{\partial x}{\partial \theta} + \frac{\partial u}{\partial y} \frac{\partial y}{\partial \theta} = -\frac{\partial u}{\partial x} (r \sin \theta) + \frac{\partial u}{\partial y} (r \cos \theta),$$

$$\begin{aligned}\frac{\partial^2 u}{\partial r^2} &= \left\{ \frac{\partial}{\partial x} \left(\frac{\partial u}{\partial x} \right) \frac{\partial x}{\partial r} + \frac{\partial}{\partial y} \left(\frac{\partial u}{\partial x} \right) \frac{\partial y}{\partial r} \right\} \cos \theta \\ &\quad + \left\{ \frac{\partial}{\partial x} \left(\frac{\partial u}{\partial y} \right) \frac{\partial x}{\partial r} + \frac{\partial}{\partial y} \left(\frac{\partial u}{\partial y} \right) \frac{\partial y}{\partial r} \right\} \sin \theta \\ &= \frac{\partial^2 u}{\partial x^2} \cos^2 \theta + 2 \frac{\partial^2 u}{\partial x \partial y} \sin \theta \cos \theta + \frac{\partial^2 u}{\partial y^2} \sin^2 \theta,\end{aligned}$$

$$\begin{aligned}\frac{\partial^2 u}{\partial \theta^2} &= \left\{ \frac{\partial}{\partial x} \left(\frac{\partial u}{\partial x} \right) \frac{\partial x}{\partial \theta} + \frac{\partial}{\partial y} \left(\frac{\partial u}{\partial x} \right) \frac{\partial y}{\partial \theta} \right\} (-r \sin \theta) \\ &\quad + \left\{ \frac{\partial}{\partial x} \left(\frac{\partial u}{\partial y} \right) \frac{\partial x}{\partial \theta} + \frac{\partial}{\partial y} \left(\frac{\partial u}{\partial y} \right) \frac{\partial y}{\partial \theta} \right\} (r \cos \theta) \\ &\quad + \frac{\partial u}{\partial x} (-r \cos \theta) + \frac{\partial u}{\partial y} (-r \sin \theta)\end{aligned}$$

$$= r^2 \frac{\partial^2 u}{\partial x^2} \sin^2\theta - 2r^2 \frac{\partial^2 u}{\partial x \partial y} \sin\theta \cos\theta + r^2 \frac{\partial^2 u}{\partial y^2} \cos^2\theta - r\frac{\partial u}{\partial r}$$

である.よって,

$$\Delta u = \frac{\partial^2 u}{\partial x^2} + \frac{\partial^2 u}{\partial y^2} = \frac{\partial^2 u}{\partial r^2} + \frac{1}{r}\frac{\partial u}{\partial r} + \frac{1}{r^2}\frac{\partial^2 u}{\partial \theta^2} \tag{1}$$

である.また,上式を次のように表すこともできる.

$$\Delta u = \frac{1}{r}\frac{\partial}{\partial r}\left(r\frac{\partial u}{\partial r}\right) + \frac{1}{r^2}\frac{\partial^2 u}{\partial \theta^2} \tag{2}$$

同様に,$\boldsymbol{R}^2$ 上の任意の点 $\boldsymbol{p} = (a, b)$ を中心とする極座標

$$x = a + r\cos\theta, \quad y = b + r\sin\theta$$

を用いても,式 (1) と式 (2) が成り立つことはわかる.

問 5.14 極座標 (r, θ) で表された関数 $\log r$ と $r^n \cos(n\theta)$, $r^n \sin(n\theta)$ (n は自然数) が調和関数 (オイラーの公式を用いると,$r^n e^{\pm in\theta}$ が調和関数) であることを示せ.

調和関数は,**平均値の性質**をみたす.すなわち,次の定理が成り立つ.

定理 5.2 任意の点 $\boldsymbol{p} = (a, b)$ と任意の正の数 ρ をとる.調和関数 $u = u(x, y)$ に対して,次の 2 式が成り立つ.

$$u(\boldsymbol{p}) = \frac{1}{2\pi}\int_0^{2\pi} u(a + \rho\cos\theta, b + \rho\sin\theta)d\theta \tag{3}$$

$$u(\boldsymbol{p}) = \frac{1}{|B(\boldsymbol{p};\rho)|}\iint_{B(\boldsymbol{p};\rho)} u(x,y)dxdy \tag{4}$$

ただし,$B(\boldsymbol{p};\rho)$ は中心 $\boldsymbol{p}$,半径 ρ の円板で,$|B(\boldsymbol{p};\rho)|$ はその面積を表す.

式 (3) は,任意の点 $\boldsymbol{p} = (a, b)$ に対して,$\boldsymbol{p}$ を中心とした半径 ρ の円周上の u の平均値が,$u(\boldsymbol{p})$ に等しいことを意味する[*9].また,式 (4) は,任意の点 $\boldsymbol{p} = (a, b)$ に対して,$\boldsymbol{p}$ を中心とした半径 ρ の円板上の u の平均値が,$u(\boldsymbol{p})$ に等しいことを意味する.

[*9] $u(\boldsymbol{p}) = \dfrac{1}{2\pi\rho}\int_0^{2\pi} u(a + \rho\cos\theta, b + \rho\sin\theta)ds$, ただし,$ds = \rho d\theta$.

定理 5.2 の証明 u は調和関数であるから,

$$v(r,\theta) = u(a + r\cos\theta, b + r\sin\theta)$$

とおくと,

$$\frac{1}{r}\frac{\partial}{\partial r}\left(r\frac{\partial v}{\partial r}\right) + \frac{1}{r^2}\frac{\partial^2 v}{\partial \theta^2} = 0 \quad (r > 0,\ 0 \leq \theta < 2\pi)$$

となる．上式の両辺を θ について 0 から 2π まで積分すると

$$\int_0^{2\pi} \frac{\partial^2 v}{\partial \theta^2} d\theta = \left[\frac{\partial v}{\partial \theta}\right]_0^{2\pi} = \frac{\partial v}{\partial \theta}(r, 2\pi) - \frac{\partial v}{\partial \theta}(r, 0) = 0,$$

$$\int_0^{2\pi} \frac{1}{r}\frac{\partial}{\partial r}\left(r\frac{\partial v}{\partial r}\right) d\theta = \frac{1}{r}\frac{\partial}{\partial r}\left(r\int_0^{2\pi}\frac{\partial v}{\partial r}d\theta\right)$$
$$= \frac{1}{r}\frac{\partial}{\partial r}\left(r\frac{\partial}{\partial r}\int_0^{2\pi} v d\theta\right)$$

であるから,

$$\tilde{v}(r) = \frac{1}{2\pi}\int_0^{2\pi} v(r,\theta) d\theta$$

とおくと

$$2\pi r \frac{d\tilde{v}(r)}{dr} = C \quad (C \text{ は定数})$$

を得る．これより

$$\tilde{v}(r) = C_1 + C_2 \log r \quad (C_1, C_2 \text{ は定数})$$

となる．ここで，u の連続性を用いると

$$\lim_{r \to +0} \tilde{v}(r) = \lim_{r \to +0} \frac{1}{2\pi}\int_0^{2\pi} u(a + r\cos\theta, b + r\sin\theta) d\theta = u(\boldsymbol{p})$$

であるから，$C_1 = u(\boldsymbol{p})$, $C_2 = 0$ である．したがって，

$$u(\boldsymbol{p}) = \frac{1}{2\pi}\int_0^{2\pi} u(a + r\cos\theta, b + r\sin\theta) d\theta$$

を得る．さらに，上式の両辺に r を掛けて，r について 0 から ρ まで積分すると

$$u(\boldsymbol{p}) = \frac{1}{\pi\rho^2} \int_0^{2\pi} \int_0^\rho u(a + r\cos\theta, b + r\sin\theta) r dr d\theta$$
$$= \frac{1}{|B(\boldsymbol{p};\rho)|} \iint_{B(\boldsymbol{p};\rho)} u(x,y) dx dy$$

であることがわかる． ∎

調和関数の平均値の性質を用いると，**最大値の原理**を示すことができる．すなわち，次の定理が成り立つ．

> **定理 5.3** 領域 Ω 上の調和関数 $u(x,y)$ は，定数関数でない限り，Ω の内部で最大値をとらない[*10].

証明 u が Ω の内部にある点 $\boldsymbol{p}$ で最大値 $M = u(\boldsymbol{p})$ をとると仮定する．このとき，$v(x,y) = u(\boldsymbol{p}) - u(x,y)$ は調和関数であるから，平均値の性質より

$$\frac{1}{|B(\boldsymbol{p};\rho)|} \iint_{B(\boldsymbol{p};\rho)} (u(\boldsymbol{p}) - u(x,y)) dx dy$$
$$= \frac{1}{|B(\boldsymbol{p};\rho)|} \iint_{B(\boldsymbol{p};\rho)} v(x,y) dx dy = v(\boldsymbol{p}) = 0$$

となる．ただし，$\rho > 0$ は $B(\boldsymbol{p};\rho)$ が Ω に含まれるような最大のものを選んでおく．仮定より，$v(x,y)$ は連続で $v(x,y) = u(\boldsymbol{p}) - u(x,y) \geq 0$ である．一方，上の積分の値は 0 である．よって，$u(\boldsymbol{p}) - u(x,y) \equiv 0$，すなわち

$$u(x,y) = M, \quad (x,y) \in B(\boldsymbol{p};\rho)$$

となる．これは，u が $B(\boldsymbol{p};\rho)$ 上で一定値 M をとることを意味する．次に，$B(\boldsymbol{p};\rho)$ の境界上にある点 $\boldsymbol{q}$ を中心とした円板をとり，平均値の性質を用いて同様の議論をすれば，その円板上で u が一定値 M をとることが示される．この議論を繰り返せば，u が Ω 上で一定値 M をとることが示される． ∎

証明は省略するが，調和関数に対しても**リュービル型定理**が成り立つ．

> **定理 5.4** 調和関数 $u(x,y)$ が $\boldsymbol{R}^2$ 上で $u \geq 0$ をみたすのは，u が定数関数である場合に限る．

[*10] 最小値の場合も同様である．

3.2 ラプラス方程式の境界値問題

平面上の領域 Ω に対して,Ω の境界 $\partial\Omega$ 上で定義された連続関数 g が与えられているとする.ただし,境界 $\partial\Omega$ は(ある程度)滑らかであるとする.ラプラス方程式 $\Delta u = 0$ の解で境界条件

$$u(x,y) = g(x,y), \quad (x,y) \in \partial\Omega$$

をみたすものを調べよう.一般に境界条件が課されているときに,偏微分方程式の解を求める問題を**境界値問題**という.

ここでは,円板領域 $\Omega = \{(r,\theta) \mid |r| \leq 1\}$ 上のラプラス方程式の境界値問題

$$\Delta u = 0, \quad u(1,\theta) = g(\theta)$$

を考える.ただし,(r,θ) は極座標であり,g は円周 $|r|=1$ 上で定義されている θ の関数である.

波動方程式や拡散方程式を解くときに用いたフーリエの方法と同様に,基本的な形の調和関数 $r^n e^{in\theta}$, $r^n e^{-in\theta}$ (問 5.14) からなる級数

$$u(r,\theta) = a_0 + \sum_{n=1}^{\infty}(a_n e^{in\theta} r^n + b_n e^{-in\theta} r^n)$$

を考える.$u(1,\theta) = g(\theta)$ となるように a_n, b_n の値を定めよう.上式で $r=1$ とおくと

$$g(\theta) = a_0 + \sum_{n=1}^{\infty}(a_n e^{in\theta} + b_n e^{-in\theta})$$

となる[*11].この両辺に $e^{ik\theta}, e^{-ik\theta}$ を掛けて,0 から 2π まで積分すると

$$a_0 = \frac{1}{2\pi}\int_0^{2\pi} g(\theta)d\theta, \quad a_k = \frac{1}{2\pi}\int_0^{2\pi} g(\theta)e^{-ik\theta}d\theta,$$
$$b_k = \frac{1}{2\pi}\int_0^{2\pi} g(\theta)e^{ik\theta}d\theta$$

を得る.ここで,直交関係式

[*11] 複素フーリエ級数の形であることに注意せよ.

$$\int_0^{2\pi} e^{ik\theta}e^{-im\theta}d\theta = \begin{cases} 2\pi & (k=m) \\ 0 & (k \neq m) \end{cases}$$

を用いた．よって，

$$u(r,\theta) = \frac{1}{2\pi}\int_0^{2\pi} g(\varphi)d\varphi + \sum_{n=1}^{\infty}\left(\frac{1}{2\pi}\int_0^{2\pi} g(\varphi)e^{-in\varphi}d\varphi \cdot e^{in\theta}r^n \right.$$
$$\left. + \frac{1}{2\pi}\int_0^{2\pi} g(\varphi)e^{in\varphi}d\varphi \cdot e^{-in\theta}r^n \right)$$
$$= \frac{1}{2\pi}\int_0^{2\pi}\left(1 + \sum_{n=1}^{\infty} r^n e^{in(\theta-\varphi)} + \sum_{n=1}^{\infty} r^n e^{-in(\theta-\varphi)}\right)g(\varphi)d\varphi$$
$$= \frac{1}{2\pi}\int_0^{2\pi}\left(1 + \sum_{n=1}^{\infty}(re^{i(\theta-\varphi)})^n + \sum_{n=1}^{\infty}(re^{-i(\theta-\varphi)})^n\right)g(\varphi)d\varphi$$
$$= \frac{1}{2\pi}\int_0^{2\pi}\left(1 + \frac{re^{i(\theta-\varphi)}}{1-re^{i(\theta-\varphi)}} + \frac{re^{-i(\theta-\varphi)}}{1-re^{-i(\theta-\varphi)}}\right)g(\varphi)d\varphi$$
$$= \frac{1}{2\pi}\int_0^{2\pi} \frac{1-r^2}{1-2r\cos(\theta-\varphi)+r^2} g(\varphi)d\varphi$$

となる（問 5.15）．したがって，

$$P_r(\theta) = \frac{1}{2\pi}\cdot\frac{1-r^2}{1-2r\cos\theta+r^2} \qquad (0 \leq r < 1)$$

とおくと，

$$u(r,\theta) = \int_0^{2\pi} P_r(\theta-\varphi)g(\varphi)d\varphi \tag{1}$$

を得る．$P_r(\theta)$ を**ポアソン核**といい，上式の右辺の積分を**ポアソン積分**という．ポアソン核は θ に関して周期 2π の関数である．したがって，ポアソン積分の積分区間を $[0,2\pi]$ でなく $[a, a+2\pi]$（a は任意の実数）としてもよい．以上により，原点を中心とする半径 1 の円板領域上におけるラプラス方程式の境界値問題の解は式 (1) で与えられる．

問 5.15　オイラーの公式を用いて，次の等式が成り立つことを示せ．

$$1 + \frac{re^{i(\theta-\varphi)}}{1-re^{i(\theta-\varphi)}} + \frac{re^{-i(\theta-\varphi)}}{1-re^{-i(\theta-\varphi)}} = \frac{1-r^2}{1-2r\cos(\theta-\varphi)+r^2}$$

ここでは，原点を中心とする半径 1 の円板領域上でラプラス方程式の境界値問題を解いた．一般の（滑らかな境界をもつ）領域上の境界値問題については，このような具体的な式によって解を与えることはできないが，関数解析的な手法により境界値問題の解が存在することは示されている．

3.3 ポアソン方程式

ラプラス方程式に非同次項（外力項）f を付け加えた，次の形の方程式

$$\Delta u = f$$

は**ポアソン方程式**とよばれている．ここでは，平面上のポアソン方程式をグリーンの方法を用いて解く．

平面上の任意の点 (s,t) に対し，ポアソン方程式

$$\Delta G = \delta_{(s,t)}(x,y) \tag{1}$$

をみたす関数 $G(x,y;s,t)$ が与えられたとしよう．$\delta_{(s,t)}(x,y)$ は平面 $\boldsymbol{R}^2$ 上のデルタ関数であり，（形式的に）$\boldsymbol{R}$ 上のデルタ関数を用いて

$$\delta_{(s,t)}(x,y) = \delta(x-s)\delta(y-t)$$

のように定義されていると考えてよい．ここで，$\delta(x)$ は $\boldsymbol{R}$ 上のデルタ関数を表す．$\delta_{(s,t)}(x,y)$ は次の性質をみたす．

$$\int_{-\infty}^{\infty}\int_{-\infty}^{\infty} \delta_{(s,t)}(x,y)\varphi(s,t)dsdt = \varphi(x,y)$$

実際，命題 4.12 より

$$\begin{aligned}\int_{-\infty}^{\infty}\int_{-\infty}^{\infty} \delta_{(s,t)}(x,y)\varphi(s,t)dsdt &= \int_{-\infty}^{\infty}\int_{-\infty}^{\infty} \delta(x-s)\delta(y-t)\varphi(s,t)dsdt \\ &= \int_{-\infty}^{\infty} \delta(y-t)dt \int_{-\infty}^{\infty} \delta(x-s)\varphi(s,t)ds \\ &= \int_{-\infty}^{\infty} \delta(y-t)\varphi(x,t)dt = \varphi(x,y)\end{aligned}$$

である．このとき，ポアソン方程式 $\Delta u = f$ の解は，

で与えられる．実際，

$$u(x,y) = \int_{-\infty}^{\infty}\int_{-\infty}^{\infty} G(s,t;x,y)f(s,t)dsdt \qquad (2)$$

$$\Delta u(x,y) = \Delta \left(\int_{-\infty}^{\infty}\int_{-\infty}^{\infty} G(x,y;s,t)f(s,t)dsdt\right)$$
$$= \int_{-\infty}^{\infty}\int_{-\infty}^{\infty} \Delta G(x,y;s,t)f(s,t)dsdt$$
$$= \int_{-\infty}^{\infty}\int_{-\infty}^{\infty} \delta_{(s,t)}(x,y)f(s,t)dsdt = f(x,y)$$

となる．ここで，$\Delta = \partial^2/\partial x^2 + \partial^2/\partial y^2$ は x,y に関する偏微分作用素であり，s,t に関する積分と順序交換を行った．よって，平面上のポアソン方程式を解くことは，式 (1) をみたす関数 $G(x,y;s,t)$ を求める問題に帰着される．そこで，

$$\Delta w = \frac{\partial^2 w}{\partial x^2} + \frac{\partial^2 w}{\partial y^2} = \delta(x-s)\delta(y-t) \qquad (3)$$

をみたす関数 $w(x,y)$ を求めよう．(s,t) を中心とする極座標変換

$$x = r\cos\theta + s, \quad y = r\sin\theta + t$$

を行うと，式 (3) は

$$\Delta w = \frac{1}{r}\frac{\partial}{\partial r}\left(r\frac{\partial w}{\partial r}\right) + \frac{1}{r^2}\frac{\partial^2 w}{\partial \theta^2} = \delta(r\cos\theta)\delta(r\sin\theta) \qquad (4)$$

に変換される．ここで，$w = w(r,\theta)$ である．$r > 0$ の範囲で，r だけに依存する解（$\partial w/\partial \theta = 0$ をみたす θ に依存しない解）を求めることにすれば，上式は

$$\frac{1}{r}\frac{\partial}{\partial r}\left(r\frac{\partial w}{\partial r}\right) = 0 \qquad (r > 0)$$

となる．これより，

$$r\frac{\partial w}{\partial r} = C_1 \qquad (C_1 \text{は定数})$$

となる．したがって，

$$w = C_1 \log r + C_2 \qquad (C_1, C_2 \text{は定数})$$

を得る．次に，グリーンの定理から導かれる等式（第 2 章の例題 2.12）

$$\iint_B \Delta w \, dS = \int_{\partial B} \frac{\partial w}{\partial n} \, ds$$

を用いて，C_1, C_2 の値を定めよう．ここで，B は原点を中心とする半径 ε の円である．上式の左辺は，式 (4) とデルタ関数の性質より

$$\iint_B \Delta w \, dS = \iint_B \Delta w \, r dr d\theta = \int_0^\varepsilon \int_0^{2\pi} \delta(r\cos\theta)\delta(r\sin\theta) r dr d\theta$$
$$= \int_0^\infty \int_0^{2\pi} \delta(r\cos\theta)\delta(r\sin\theta) r dr d\theta = \int_{-\infty}^\infty \int_{-\infty}^\infty \delta(x)\delta(y) dx dy = 1$$

となる．ここで，極座標 (r, θ) に関する積分から，通常の xy 座標 (x, y) に関する積分への変数変換を行った．一方，上式の右辺は ∂B が半径 ε の円周であることから，

$$\int_{\partial B} \frac{\partial w}{\partial n} \, ds = \int_0^{2\pi} \frac{\partial}{\partial r}(C_1 \log r + C_2)\Big|_{r=\varepsilon} \varepsilon d\theta = \int_0^{2\pi} \frac{C_1}{\varepsilon} \cdot \varepsilon \, d\theta = 2\pi C_1$$

となる（第 2 章の練習問題 2.4）．これより，$C_1 = 1/(2\pi)$ を得る．ここでは，方程式 (4) をみたす非自明な解を見つければよいので，$C_2 = 0$ とおいて

$$w(r, \theta) = \frac{1}{2\pi} \log r$$

となる．よって，方程式 (3) の解

$$w(x, y) = \frac{1}{2\pi} \log \sqrt{(x-s)^2 + (y-t)^2}$$

を得る．以上より，式 (1) をみたす関数 $G(x, y; s, t)$ は

$$G(x, y; s, t) = \frac{1}{2\pi} \log \sqrt{(x-s)^2 + (y-t)^2}$$

で与えられる．関数 $G(x, y; s, t)$ を平面上のポアソン方程式 $\Delta u = f$ に関する**グリーン関数**という．グリーン関数を用いると，平面上のポアソン方程式の解は式 (2) の形で与えられる．

平面上のポアソン方程式が解けると，ポアソン方程式の境界値問題

$$\begin{cases} \Delta u = f & ((x, y) \in \Omega) \\ u(x, y) = g(x, y) & ((x, y) \in \partial \Omega) \end{cases} \tag{5}$$

を次のように解くことができる．まず，Ω 上の連続関数 f を $\boldsymbol{R}^2$ 上で定義された連続関数 $\tilde{f}$ に拡張して[*12]，平面上のポアソン方程式 $\Delta U = \tilde{f}$ をみたす U を求める．次に，$v = u - U$ とおいて，v に関するラプラス方程式の境界値問題

$$\begin{cases} \Delta v = 0 & ((x,y) \in \Omega) \\ v(x,y) = g(x,y) - U(x,y) & ((x,y) \in \partial\Omega) \end{cases}$$

を解く．このとき，$u = U + v$ は境界値問題 (5) の解になる．

4 差分法

これまで述べてきたように，いくつかの基本的な偏微分方程式については，具体的な計算により，その解を与えることができた．しかし，それらは特別な場合であり，一般には偏微分方程式の解を具体的な計算によって求めることはできない．また，関数解析学的な手法により，偏微分方程式の解が存在することが示されたとしても，その形状や時間発展の様子は容易にわからないのが普通である．そのような場合には，偏微分方程式をコンピュータを利用して数値的に解いて，解の形状や時間発展の様子を調べる必要がある．ここでは，偏微分方程式の数値解法として，最も基本的な差分法について，拡散方程式の初期値境界値問題を例にとって説明する．

次の初期値境界値問題

$$\begin{cases} \dfrac{\partial u}{\partial t} = D \dfrac{\partial^2 u}{\partial x^2} \\ u(0,t) = u(L,t) = 0 \\ u(x,0) = u_0(x) \end{cases} \quad (1)$$

を考える．この解 $u(x,t)$ は，xt 平面上の長方形領域 $\Omega = \{(x,t) \mid 0 \leq x \leq L,\ 0 \leq t \leq T\}$ 上の実数値関数である．ただし，T は経過時間である．ここでは，

[*12] $(x,y) \in \Omega$ に対して $\tilde{f}(x,y) = f(x,y)$ をみたす $\boldsymbol{R}^2$ 上の連続関数 $\tilde{f}$ を構成すればよい．Ω の境界が滑らかな場合は，（数学的な技術を要するが）$\tilde{f}$ を構成することができる．

コンピュータを利用して初期値境界値問題 (1) を数値的に解く方法を述べる．プログラム例と数値計算結果の図については，本章の補遺 2 で簡単に述べる[*13]．

コンピュータはデジタル（離散）データを扱っており，任意の $(x,t) \in \Omega$ に対する関数の値 $u(x,t)$ をディスプレイ上に表示することはできない．そこで，Ω を図 5.4 のように多数の微小な長方形に分割し，各格子点 (x_i, t_j) における関数 u の近似値を表示することを考える．

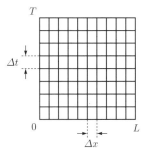

図 5.4 領域 Ω の長方形分割

x 軸上の区間 $[0, L]$ を M 等分し，

$$0 = x_0 < x_1 < x_2 < \cdots < x_M = L, \quad \Delta x = x_i - x_{i-1} = L/M$$

とする．また，t 軸上の区間 $[0, T]$ を N 等分し，

$$0 = t_0 < t_1 < t_2 < \cdots < t_N = T, \quad \Delta t = t_j - t_{j-1} = T/N$$

とする．このとき，図 5.4 において各格子点の座標は

$$(x_i, t_j) = (i\Delta x, j\Delta t) \quad (i = 0, 1, 2, \cdots, M, \ j = 0, 1, 2, \cdots, N)$$

で与えられる．

微分係数の定義より

$$\frac{\partial u}{\partial x}(x,t) = \lim_{h \to 0} \frac{u(x+h,t) - u(x,t)}{h} \tag{2}$$

である．ここで，式 (2) において，$h = \Delta x$ とおくと

$$\frac{\partial u}{\partial x}(x,t) = \lim_{\Delta x \to 0} \frac{u(x+\Delta x, t) - u(x,t)}{\Delta x}$$

よって，Δx が十分小さいとき

[*13] コンピュータを利用して微分方程式を数値的に解いただけでは，単なる数値データファイルが得られるだけである．得られた数値データファイルを図示（可視化）して初めて意味のある結果になる．

$$\frac{\partial u}{\partial x}(x,t) \fallingdotseq \frac{u(x+\Delta x,t)-u(x,t)}{\Delta x}$$

のように近似することができる.

一方,式 (2) において $h=-\Delta x$ とおくと

$$\frac{\partial u}{\partial x}(x,t) = \lim_{\Delta x \to 0} \frac{u(x-\Delta x,t)-u(x,t)}{-\Delta x}$$
$$= \lim_{\Delta x \to 0} \frac{u(x,t)-u(x-\Delta x,t)}{\Delta x}$$

よって,Δx が十分小さいとき

$$\frac{\partial u}{\partial x}(x,t) \fallingdotseq \frac{u(x,t)-u(x-\Delta x,t)}{\Delta x}$$

のように近似することもできる.

定義 5.1

$$\Delta_x^+ u(x,t) = \frac{u(x+\Delta x,t)-u(x,t)}{\Delta x}$$

を $u(x,t)$ の x 方向の**前進差分**

$$\Delta_x^- u(x,t) = \frac{u(x,t)-u(x-\Delta x,t)}{\Delta x}$$

を $u(x,t)$ の x 方向の**後退差分**という.

Δx が十分小さいとき,$\Delta_x^+ u(x,t)$,$\Delta_x^- u(x,t)$ は $u_x(x,t)$ の近似を与える.同様に,$u(x,t)$ の t 方向の前進差分

$$\Delta_t^+ u(x,t) = \frac{u(x,t+\Delta t)-u(x,t)}{\Delta t}$$

および $u(x,t)$ の t 方向の後退差分

$$\Delta_t^- u(x,t) = \frac{u(x,t)-u(x,t-\Delta t)}{\Delta t}$$

も定義できる.

以下では,拡散方程式

$$\frac{\partial u}{\partial t} = D\frac{\partial^2 u}{\partial x^2}$$

をみたす関数 $u(x,t)$ の代わりに

$$\Delta_t^+ \tilde{u}(x,t) = D\Delta_x^- \left(\Delta_x^+ \tilde{u}(x,t)\right)$$

をみたす関数 $\tilde{u}(x,t)$ を考える．この式の左辺は

$$\Delta_t^+ \tilde{u}(x,t) = \frac{\tilde{u}(x, t+\Delta t) - \tilde{u}(x,t)}{\Delta t}$$

となる．一方，右辺は

$$\tilde{v}(x,t) = \Delta_x^+ \tilde{u}(x,t) = \frac{\tilde{u}(x+\Delta x, t) - \tilde{u}(x,t)}{\Delta x}$$

とおくと

$$\begin{aligned}
\Delta_x^- \left(\Delta_x^+ \tilde{u}(x,t)\right) &= \Delta_x^- \tilde{v}(x,t) \\
&= \frac{\tilde{v}(x,t) - \tilde{v}(x-\Delta x, t)}{\Delta x} \\
&= \frac{\dfrac{\tilde{u}(x+\Delta x, t) - \tilde{u}(x,t)}{\Delta x} - \dfrac{\tilde{u}(x,t) - \tilde{u}(x-\Delta x, t)}{\Delta x}}{\Delta x} \\
&= \frac{\tilde{u}(x+\Delta x, t) - 2\tilde{u}(x,t) + \tilde{u}(x-\Delta x, t)}{(\Delta x)^2}
\end{aligned}$$

となる．よって，

$$\frac{\tilde{u}(x, t+\Delta t) - \tilde{u}(x,t)}{\Delta t} = D\frac{\tilde{u}(x+\Delta x, t) - 2\tilde{u}(x,t) + \tilde{u}(x-\Delta x, t)}{(\Delta x)^2}$$

を得る．$x = i\Delta x$，$t = j\Delta t$ とおくと

$$\begin{aligned}
&\frac{\tilde{u}(i\Delta x, (j+1)\Delta t) - \tilde{u}(i\Delta x, j\Delta t)}{\Delta t} \\
&\quad = D\frac{\tilde{u}\bigl((i+1)\Delta x, j\Delta t\bigr) - 2\tilde{u}(i\Delta x, j\Delta t) + \tilde{u}\bigl((i-1)\Delta x, j\Delta t\bigr)}{(\Delta x)^2}
\end{aligned}$$

となる．ここで

$$\tilde{u}_i^j = \tilde{u}(i\Delta x, j\Delta t)$$

とおけば
$$\frac{\tilde{u}_i^{j+1} - \tilde{u}_i^j}{\Delta t} = D\frac{\tilde{u}_{i+1}^j - 2\tilde{u}_i^j + \tilde{u}_{i-1}^j}{(\Delta x)^2}$$
となる．したがって，
$$\lambda = D\frac{\Delta t}{(\Delta x)^2}$$
とおくと
$$\tilde{u}_i^{j+1} - \tilde{u}_i^j = \lambda\bigl(\tilde{u}_{i+1}^j - 2\tilde{u}_i^j + \tilde{u}_{i-1}^j\bigr)$$
より
$$\tilde{u}_i^{j+1} = \lambda\tilde{u}_{i+1}^j + (1 - 2\lambda)\tilde{u}_i^j + \lambda\tilde{u}_{i-1}^j$$
となる．j を $j-1$ に書き直して，$\tilde{u}_i^j$ に関する次の漸化式を得る．
$$\tilde{u}_i^j = \lambda\tilde{u}_{i-1}^{j-1} + (1 - 2\lambda)\tilde{u}_i^{j-1} + \lambda\tilde{u}_{i+1}^{j-1} \qquad (j = 1, 2, \cdots, N)$$

よって，3 つの格子点 (x_{i-1}, t_{j-1}), (x_i, t_{j-1}), $(x_{i+1},\ t_{j-1})$ 上の $\tilde{u}$ の値 $\tilde{u}_{i-1}^{j-1}$, $\tilde{u}_i^{j-1}$, $\tilde{u}_{i+1}^{j-1}$ が既知であれば，この漸化式を用いて格子点 (x_i, t_j) 上の $\tilde{u}$ の値 $\tilde{u}_i^j$ を求めることができる（図 5.5）．

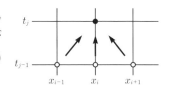

図 5.5

ところで，初期値境界値問題 (1) の初期条件より
$$\tilde{u}_i^0 = \tilde{u}(i\Delta x, 0) = u_0(i\Delta x) \qquad (i = 0, 1, \cdots, M)$$
は既知である．また，境界条件より
$$\tilde{u}_0^j = \tilde{u}(0, j\Delta t) = 0, \qquad \tilde{u}_M^j = \tilde{u}(M\Delta x, j\Delta t) = \tilde{u}(L, j\Delta t) = 0$$
$$(j = 0, 1, \cdots, N)$$
である．以上をまとめて，次の問題を得る．
$$\begin{cases} \tilde{u}_i^j = \lambda\tilde{u}_{i-1}^{j-1} + (1 - 2\lambda)\tilde{u}_i^{j-1} + \lambda\tilde{u}_{i+1}^{j-1} \\ \qquad\qquad (i = 1, 2, \cdots, M-1,\ j = 1, 2, \cdots, N) \\ \tilde{u}_0^j = \tilde{u}_M^j = 0 \qquad (j = 0, 1, \cdots, N) \\ \tilde{u}_i^0 = u_0(i\Delta x) \qquad (i = 0, 1, \cdots, M) \end{cases} \qquad (3)$$

ただし，$\lambda = D\Delta t/(\Delta x)^2$ である．これを初期値境界値問題 (1) の差分法による近似問題という．

近似問題 (3) をみたす $\tilde{u}_i^j$ の値は次のようにして求めることができる．まず，$\tilde{u}_i^0$ ($i = 0, 1, \cdots, M$) は既知であるから

$$\tilde{u}_i^1 = \lambda \tilde{u}_{i+1}^0 + (1-2\lambda)\tilde{u}_i^0 + \lambda \tilde{u}_{i-1}^0 \qquad (i = 1, 2, \cdots, M-1)$$

が求められる．次に，上で求めた $\tilde{u}_i^1$ ($i = 1, 2, \cdots, M-1$) と $\tilde{u}_0^1 = 0$, $\tilde{u}_M^1 = 0$ を用いて，

$$\tilde{u}_i^2 = \lambda \tilde{u}_{i+1}^1 + (1-2\lambda)\tilde{u}_i^1 + \lambda \tilde{u}_{i-1}^1 \qquad (i = 1, 2, \cdots, M-1)$$

を求める．以下，この操作を繰り返して

$$\begin{cases} \tilde{u}_i^3 & (i = 1, 2, \cdots, M-1) \\ \tilde{u}_i^4 & (i = 1, 2, \cdots, M-1) \\ \quad \vdots \\ \tilde{u}_i^N & (i = 1, 2, \cdots, M-1) \end{cases}$$

を順次求めて，格子点 (x_i, t_j) における $\tilde{u}$ の値をすべて決定することができる．証明は省略するが，次の結果が成り立つことが知られている．

定理 5.5 $0 < \lambda \leq 1/2$ のとき，次式が成り立つ．

$$\lim_{\Delta t, \Delta x \to 0} |u(x_i, t_j) - \tilde{u}_i^j| = 0$$

この定理により，$0 < \lambda \leq 1/2$ のとき，Δx, Δt を小さくとれば，近似問題 (3) をみたす $\tilde{u}_i^j$ は初期値境界値問題 (1) の解 $u(x, t)$ を近似していることが保証される．

✓ **注意 5.3** 数値計算上は，$0 < \lambda \leq 1/6$ とすることで計算の精度がよくなる．また，$\lambda > 1/2$ のとき，問題 (3) をみたす $\tilde{u}_i^j$ について

$$\lim_{j \to \infty} \tilde{u}_i^j = +\infty$$

となり，$\tilde{u}_i^j$ は $u(x,t)$ の近似にならない（数値的不安定性）．

近似問題 (3) を利用して初期値境界値問題 (1) の解を近似的に求める方法を陽解法という．陽解法は，条件

$$\lambda = D\frac{\Delta t}{(\Delta x)^2} \leq 1/2 \qquad (4)$$

をみたすように Δt を小さくとる必要がある．このことは，陽解法においては，t 方向の計算ステップ総数 $N = T/\Delta t$ が多くなることを意味している．

上で述べた差分法による近似は，ディリクレ境界条件に対するものである．他の境界条件の場合は近似の仕方が少し異なる．例えば，ノイマン境界条件をもつ初期値境界値問題

$$\begin{cases} \dfrac{\partial u}{\partial t} = D\dfrac{\partial^2 u}{\partial x^2} \\ \dfrac{\partial u}{\partial x}(0,t) = \dfrac{\partial u}{\partial x}(L,t) = 0 \\ u(x,0) = u_0(x) \end{cases}$$

の場合は，$u(x,t)$ を x の関数と見たときのグラフが $x=0$ および $x=L$ に関して対称であると考えてよい．すなわち，$0 \leq x \leq L$ のとき

$$u(-x,t) = u(x,t), \quad u(L+x,t) = u(L-x,t)$$

が成り立つと考えて x のとりうる範囲を拡張することができる．そこで，陽解法の場合は

$$\tilde{u}_{-1}^j = \tilde{u}_1^j, \quad \tilde{u}_{M+1}^j = \tilde{u}_{M-1}^j \qquad (5)$$

と考えて，近似問題 (3) を次のように修正したものを用いる[*14]．

[*14] 近似問題 (6) の第 1 式で $i = 0, M$ とおいて式 (5) を用いると，問題 (6) の第 2 式と第 3 式を得る．

$$\begin{cases} \tilde{u}_i^j = \lambda \tilde{u}_{i-1}^{j-1} + (1-2\lambda)\tilde{u}_i^{j-1} + \lambda \tilde{u}_{i+1}^{j-1} \\ \qquad\qquad\qquad (i=1,2,\cdots,M-1,\ j=1,2,\cdots,N) \\ \tilde{u}_0^j = (1-2\lambda)\tilde{u}_0^{j-1} + 2\lambda \tilde{u}_1^{j-1} \qquad (j=1,2,\cdots,N) \\ \tilde{u}_M^j = 2\lambda \tilde{u}_{M-1}^{j-1} + (1-2\lambda)\tilde{u}_M^{j-1} \qquad (j=1,2,\cdots,N) \\ \tilde{u}_i^0 = u_0(i\Delta x) \qquad (i=0,1,\cdots,M) \end{cases} \qquad (6)$$

偏微分方程式の数値解法には様々なものがある．例えば，ここで取り上げた空間 1 次元の拡散方程式の初期値境界値問題を解くときには，陰解法とよばれる方法も利用できる．陰解法では，条件 (4) のような制限はなく，Δt の値を（陽解法に比べて）ある程度大きくとることができる．偏微分方程式の数値解法については，方程式の種類，領域の次元や形状，境界条件，要求される精度，時間的・経済的なコストなどに応じて，適切なものが選択されている．

練習問題

5.1 初期値境界値問題
$$\begin{cases} \dfrac{\partial u}{\partial t} = \dfrac{\partial^2 u}{\partial x^2} \qquad (0 < x < 1,\ t > 0) \\ u(0,t) = a_0, \qquad u(1,t) = a_1 \\ u(x,0) = f(x) \end{cases}$$
の解 $u(x,t)$ に対して，$v(x,t) = u(x,t) - (a_0 + (a_1 - a_0)x)$ とおく．$v(x,t)$ のみたす初期値境界値問題を解くことにより，もとの初期値境界値問題の解 $u(x,t)$ を求めよ．

5.2 次の初期値問題を解け．
$$\begin{cases} \dfrac{\partial u}{\partial t} = \dfrac{\partial^2 u}{\partial x^2} \qquad (-\infty < x < \infty,\ t > 0) \\ u(x,0) = e^{-x^2} \end{cases}$$

5.3 xy 平面上の長方形領域 $[0,L] \times [0,M]$ 上で定義された空間 2 次元の波動方程式の初期値境界値問題

$$\begin{cases} \dfrac{\partial^2 u}{\partial t^2} = c^2 \left(\dfrac{\partial^2 u}{\partial x^2} + \dfrac{\partial^2 u}{\partial y^2} \right) \\ u(0,y,t) = u(L,y,t) = 0, \quad u(x,0,t) = u(x,M,t) = 0 \\ u(x,y,0) = f(x,y), \quad \dfrac{\partial u}{\partial t}(x,y,0) = g(x,y) \end{cases}$$

の解を 2 重フーリエ級数を用いて与えよ.

5.4 空間上の極座標変換 $x = r\sin\varphi\cos\theta$, $y = r\sin\varphi\sin\theta$, $z = r\cos\varphi$ ($0 \leq \theta < 2\pi$, $0 \leq \varphi \leq \pi$) を行うと, $\Delta w = w_{xx} + w_{yy} + w_{zz}$ は

$$\Delta w = (r^2 w_r)_r + \frac{1}{\sin\varphi}((\sin\varphi) w_\varphi)_\varphi + \frac{1}{\sin^2\varphi} w_{\theta\theta}$$

のように書き直される. この結果と第 2 章の問 2.18 で示した等式を用いて, 空間上のポアソン方程式 $\Delta u = f$ に関するグリーン関数が次式で与えられることを示せ.

$$G(x,y,z;s,t,u) = -\frac{1}{4\pi} \cdot \frac{1}{\sqrt{(x-s)^2 + (y-t)^2 + (z-u)^2}}$$

補遺 1　円形膜の振動とベッセル関数

　太鼓の膜のような円形状の膜が振動する様子は, 空間 2 次元の波動方程式を円板領域上で解くことによって理解することができる. 円板領域を扱うため, 空間 2 次元の波動方程式を極座標を用いて表すと,

$$\frac{\partial^2 u}{\partial t^2} = c^2 \left(\frac{\partial^2 u}{\partial r^2} + \frac{1}{r}\frac{\partial u}{\partial r} + \frac{1}{r^2}\frac{\partial^2 u}{\partial \theta^2} \right)$$

のようになる. ここでは, θ に依存しない解を求める. すなわち,

$$\frac{\partial^2 u}{\partial t^2} = c^2 \left(\frac{\partial^2 u}{\partial r^2} + \frac{1}{r}\frac{\partial u}{\partial r} \right) \quad (0 \leq r \leq R, \ t \geq 0) \tag{1}$$

をみたす関数 $u(r,t)$ を求める. ただし, 境界条件と初期条件は

$$\begin{cases} u(R,t) = 0 \quad (\text{円形膜の端では振動しない}) \\ u(r,0) = f(r), \quad \dfrac{\partial u}{\partial t}(r,0) = g(r) \end{cases}$$

で与えられているとする.

補遺 1　円形膜の振動とベッセル関数　255

$u(r,t) = W(r)G(t)$ とおいて変数分離すると，式 (1) より

$$\frac{d^2G}{dt^2} + \lambda^2 G = 0 \qquad (\lambda = ck) \tag{2}$$

$$\frac{d^2W}{dr^2} + \frac{1}{r}\frac{dW}{dr} + k^2 W = 0 \tag{3}$$

を得る．ここで，境界条件より $W(R) = 0$ であることに注意しておく．式 (3) に対して，変数変換 $x = kr$ を行うと

$$\frac{d^2W}{dx^2} + \frac{1}{x}\frac{dW}{dx} + W = 0 \tag{4}$$

を得る．これは**ベッセルの微分方程式**とよばれている．この解を求めるために，

$$W(x) = \sum_{n=0}^{\infty} a_n x^n$$

とおいて，式 (4) に代入し，a_n の漸化式をつくって調べると

$$W = J_0(x) := 1 - \frac{x^2}{2^2} + \frac{x^4}{2^2 \cdot 4^2} - \frac{x^6}{2^2 \cdot 4^2 \cdot 6^2} + \cdots \tag{5}$$

となる．$J_0(x)$ を 0 階の**ベッセル関数**という．式 (4) は 2 階の線形常微分方程式であるから，2 つの線形独立な解をもつ．すなわち，方程式 (4) は $J_0(x)$ 以外の解をもつ．

$v = J_0(x)$ とおく．$J_0(x)$ 以外のもう 1 つの解 u を求めよう．u と v は式 (4) をみたすから，

$$xu'' + u' + xu = 0, \quad xv'' + v' + xv = 0$$

が成り立つ．上の 2 式において，(第 1 式) $\times v -$ (第 2 式) $\times u$ より

$$x(u''v - uv'') + (u'v - uv') = 0$$

よって，$(u'v - uv')' = u''v - uv''$ に注意すると，

$$\frac{d}{dx}\{x(u'v - uv')\} = 0$$

を得る．したがって，

となる．この両辺を xv^2 で割ると，

$$\frac{d}{dx}\left(\frac{u}{v}\right) = \frac{u'v - uv'}{v^2} = \frac{B}{xv^2}$$

となる．よって，

$$\frac{u}{v} = A + B\int \frac{dx}{xv^2} \quad \therefore \quad u = Av + Bv\int \frac{dx}{xv^2}$$

を得る．ここで，A, B は定数である．ゆえに，方程式 (4) の一般解は

$$W(x) = C_1 J_0(x) + C_2 Y_0(x) \quad (C_1, C_2 \text{ は定数})$$

で表される．ただし，

$$Y_0(x) = J_0(x) \int \frac{dx}{x J_0^2(x)}$$

である．式 (5) を上式に代入して，計算すると

$$Y_0(x) = J_0(x) \log x + \frac{x^2}{4} - \frac{3}{128} x^4 + \cdots$$

となることがわかる．$Y_0(x)$ を 0 階の第 2 種ベッセル関数という．$J_0(0) = 1$ であり，$\lim_{x \to +0} \log x = -\infty$ であるから，$\lim_{x \to +0} Y_0(x) = -\infty$ となる．

以上より，方程式 (4) の有界な解は，$J_0(x)$ のみであることがわかる．$J_0(x)$ のグラフは，3 角関数などのような初等関数と違って，手で簡単に描くことはできないが，図 5.6 のようになることが知られている．これより，$J_0(x)$ は無限個の零点 $\alpha_1, \alpha_2, \cdots$ をもつことがわかる．

ところで，変数変換 $x = kr$ を思い出すと，方程式 (3) の有界な解 $W(r)$ は

$$W(r) = J_0(kr)$$

で与えられることがわかる．境界条件より $W(R) = J_0(kR) = 0$ であるから，

$$kR = \alpha_m \quad (m = 1, 2, \cdots)$$

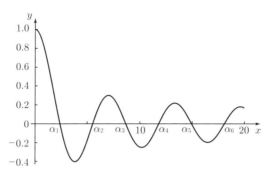

図 5.6

でなければならない．よって，k の値は

$$k_m = \frac{\alpha_m}{R} \qquad (m = 1, 2, \cdots)$$

であり，$k = k_m$ のとき

$$W = W_m(r) = J_0(k_m r) = J_0\left(\frac{\alpha_m}{R} r\right)$$

となる．また，対応する G は方程式 (2)

$$\frac{d^2 G}{dt^2} + \lambda_m{}^2 G = 0 \qquad \left(\lambda_m = ck_m = \frac{c\alpha_m}{R}\right)$$

を解いて，$G = G_m(t) = a_m \cos \lambda_m t + b_m \sin \lambda_m t$ となる．したがって，求める解は

$$u(r,t) = \sum_{m=1}^{\infty} G_m(t) W_m(r) = \sum_{m=1}^{\infty} (a_m \cos \lambda_m t + b_m \sin \lambda_m t) J_0(k_m r)$$

$$\left(k_m = \frac{\alpha_m}{R}, \ \lambda_m = \frac{c\alpha_m}{R}\right)$$

で与えられる．ただし，$\alpha_1, \alpha_2, \cdots$ は 0 階のベッセル関数 $J_0(x)$ の零点である．また，a_m と b_m は初期条件から決定され，それらの値を求めるには，次の直交関係式

$$\begin{cases} \displaystyle\int_0^1 x J_0(\alpha_m x) J_0(\alpha_n x) dx = 0 \qquad (m \neq n) \\ \displaystyle\int_0^1 x J_0{}^2(\alpha_m x) dx = \frac{1}{2} J_1{}^2(\alpha_m) \end{cases}$$

を利用する（証明は省略する）．ここで，

$$J_1(x) = -\frac{d}{dx}J_0(x) = \frac{x}{2} - \frac{x^3}{2^2 \cdot 4} + \frac{x^5}{2^2 \cdot 4^2 \cdot 6} - \cdots$$

は 1 階のベッセル関数とよばれている．この直交関係式を利用すると

$$a_m = \frac{2}{R^2 J_1{}^2(\alpha_m)} \int_0^R r f(r) J_0\left(\frac{\alpha_m r}{R}\right) dr$$

を得る．同様にして b_m も求められる．

問 5.A.1　b_m を求めよ．

問 5.A.2　太鼓の膜が振動するとき，節（振動しない箇所）はどこに現れるか．

補遺 2　拡散方程式の数値解法プログラム

数値計算で利用するプログラムは，基本的に

- 繰り返し処理（for 文）
- 分岐処理（if 文）
- ファイル処理

だけで構成されているといってよい．計算速度を向上させるなどのような特別な工夫をしないのであれば，アルゴリズムも単純である．ここでは，プログラミング言語として C++ を用いる．C++ は C に比べると入出力とファイル処理が簡単であり，複素数が使えるというメリットがある．また，計算結果を図示するツールとして，gnuplot とよばれるフリーソフトウェアを用いる．これらのプログラミング言語やツールについては，すでに多くの解説があるので，必要に応じて参照してほしい．

パソコンを利用して，次の初期値境界値問題（ディリクレ境界条件）

$$\begin{cases} \dfrac{\partial u}{\partial t}(x,t) = \dfrac{\partial^2 u}{\partial x^2}(x,t) \\ u(0,t) = u(1,t) = 0 \\ u(x,0) = \sin(\pi x) - 2\sin(3\pi x) + 6\sin(4\pi x) \end{cases} \quad (1)$$

を xt 平面上の長方形領域 $\Omega = \{(x,t) \mid 0 \leq x \leq 1,\ 0 \leq t \leq T\}$ 上で数値的に解き，計算結果を図示してみよう．

区間 $[0,1]$ を 50 等分する．すなわち，$M = 50$ とする．このとき，$\Delta x = 0.02$ となる．また，本章の第 4 節の条件 (4)

$$\lambda = D\frac{\Delta t}{(\Delta x)^2} = 0.25 < 1/2$$

をみたすように $\Delta t = 0.0001$ として*15，本章の第 4 節の近似問題 (3) の漸化式に従って計算する．このとき，t の値がある一定値分増えるごとに，得られた数値データをファイルに書き出して保存する．ただし，データを gnuplot の入力形式に合わせて保存する必要がある．以上の方針の下でプログラムを作成し，得られたデータを gnuplot で図示する．

ここでは，$T = 0.2$ ($N = 2000$) として計算してみる．t の値が 0.004，すなわち，j の値 (t 方向の計算ステップ数) が $0.004/0.0001 = 40$ 増えるたびに u のデータを保存する．このプログラムの例を本章の最後に示しておく．また，図 5.7 はデータを gnuplot の splot コマンドを用いて表示したものである．これ

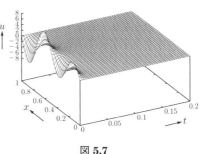

図 **5.7**

より，短時間で解の凸凹は消えて，平らになることがわかる．

問 5.A.3 次の初期値境界値問題（ノイマン境界条件）を陽解法を用いて数値的に解き，その結果を図示せよ．

$$\begin{cases} \dfrac{\partial u}{\partial t} = \dfrac{\partial^2 u}{\partial x^2} \\ \dfrac{\partial u}{\partial x}(0,t) = \dfrac{\partial u}{\partial x}(1,t) = 0 \\ u(x,0) = 2\cos(\pi x) + 4\cos(2\pi x) - 3\cos(5\pi x) \end{cases}$$

---

*15 この方法では，Δx を小さくすればするほど，Δt はよりいっそう小さくなる．

プログラム例

```c
#include <iostream.h>
#include <fstream.h>
#include <math.h>

#define M 50
#define PI 3.141592

void main(void)
{
    int i,j;
    int N, nstep;
    double u[M+1], x[M+1], w[M+1];
    double dt, dx, a;

    N = 2000;    nstep = 40;
    dt = 0.0001;    dx = 0.02;
    a = dt/(dx*dx);

    for( i=0 ; i<=M ; i++ ){
        u[i] = sin(PI*i*dx) - 2.0*sin(3.0*PI*i*dx) + 6.0*sin(4.0*PI*i*dx);
        x[i] = i*dx;
    }
    u[0] = 0.0;
    u[M] = 0.0;

    ofstream output_file("graph_data");

    for( j=0 ; j<=N ; j++ ){

        if( j%nstep == 0 ){
            for( i=0 ; i <= M ; i++ )
                output_file << j*dt << " " << x[i] << " " << u[i] << endl;

            output_file << " " << endl;
        }

        if( j < N ){
            for( i=1 ; i<M ; i++ )
                w[i] = a*u[i-1] + (1.0-2.0*a)*u[i] + a*u[i+1];
```

```
            for( i=1 ; i<M ; i++ )
                u[i] = w[i];
        }
    }
    output_file.close();
}
```

付録 微分積分と線形代数の復習

 本書の各章(補遺を除く)を読むために必要な微分積分と線形代数に関する予備知識のうち,忘れてしまう可能性の高い事項や通常の授業では省略される事項を手短に説明する.詳しくは,適当な微分積分と線形代数の教科書を参照してほしい.

1 ベクトルの外積

 2つの空間ベクトル $\boldsymbol{a} = (a_1, a_2, a_3)$ と $\boldsymbol{b} = (b_1, b_2, b_3)$ に対し,$\boldsymbol{a}$ と $\boldsymbol{b}$ の外積を $\boldsymbol{a} \times \boldsymbol{b}$ と表し,次のように定義する.

$$\boldsymbol{a} \times \boldsymbol{b} = (a_2 b_3 - a_3 b_2,\ a_3 b_1 - a_1 b_3,\ a_1 b_2 - a_2 b_1)$$

内積を計算した結果が「数」であるのに対し,外積を計算した結果は「ベクトル」になることに注意しよう.$\boldsymbol{a} \times \boldsymbol{b}$ は右図のような覚え方をしておくとよい.

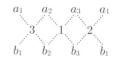

 ベクトル $\boldsymbol{a} \times \boldsymbol{b}$ は次の性質をもっている.

(i) $\boldsymbol{a} \times \boldsymbol{b}$ は $\boldsymbol{a}$ と $\boldsymbol{b}$ の両方に直交するベクトルである(正確には,$\boldsymbol{a}, \boldsymbol{b}, \boldsymbol{a} \times \boldsymbol{b}$ は右手系をなす.数学的には,3次の行列式 $\det(\boldsymbol{a}, \boldsymbol{b}, \boldsymbol{a} \times \boldsymbol{b})$ の値は正である).

(ii) $\boldsymbol{a} \times \boldsymbol{b}$ の大きさは $\boldsymbol{a}$ と $\boldsymbol{b}$ のつくる平行四辺形の面積に等しい.

1 ベクトルの外積

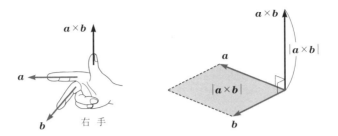

(i) が成り立つことは

$$(\boldsymbol{a} \times \boldsymbol{b}, \boldsymbol{a}) = (a_2b_3 - a_3b_2)a_1 + (a_3b_1 - a_1b_3)a_2 + (a_1b_2 - a_2b_1)a_3 = 0$$

$$(\boldsymbol{a} \times \boldsymbol{b}, \boldsymbol{b}) = (a_2b_3 - a_3b_2)b_1 + (a_3b_1 - a_1b_3)b_2 + (a_1b_2 - a_2b_1)b_3 = 0$$

により確かめられる.また,2つのベクトル $\boldsymbol{a}$ と $\boldsymbol{b}$ のなす角を θ とするとき,$\boldsymbol{a}$ と $\boldsymbol{b}$ でつくられる平行四辺形の面積 S は(途中でやや長い計算をすると)

$$S = |\boldsymbol{a}||\boldsymbol{b}| \sin\theta = |\boldsymbol{a}||\boldsymbol{b}| \sqrt{1 - \cos^2\theta}$$

$$= |\boldsymbol{a}||\boldsymbol{b}| \sqrt{1 - \frac{(\boldsymbol{a}, \boldsymbol{b})^2}{|\boldsymbol{a}|^2|\boldsymbol{b}|^2}} = \sqrt{|\boldsymbol{a}|^2|\boldsymbol{b}|^2 - (\boldsymbol{a}, \boldsymbol{b})^2}$$

$$= \sqrt{(a_1{}^2 + a_2{}^2 + a_3{}^2)(b_1{}^2 + b_2{}^2 + b_3{}^2) - (a_1b_1 + a_2b_2 + a_3b_3)^2}$$

$$= \sqrt{(a_2b_3 - a_3b_2)^2 + (a_3b_1 - a_1b_3)^2 + (a_1b_2 - a_2b_1)^2}$$

であるから,(ii) が成り立つことも確かめられる.

例題 A.1 空間内に 4 点 A, B, C, D がある.この 4 点でつくられる 4 面体 ABCD の体積 V が次式で与えられることを示せ.

$$V = \frac{1}{6} |(\overrightarrow{AB} \times \overrightarrow{AC}, \overrightarrow{AD})|$$

[解] 外積の性質 (ii) より,3 点 A, B, C がつくる 3 角形 ABC の面積 S は,

$$S = \frac{1}{2} |\overrightarrow{AB} \times \overrightarrow{AC}|$$

で与えられる.また,外積の性質 (i) より,$\overrightarrow{AB} \times \overrightarrow{AC}$ は 3 点 A, B, C のつくる平面に対して垂直である.よって,点 D から 3 点 A, B, C のつくる

平面におろした垂線の長さ h は，$\overrightarrow{\mathrm{AD}}$ と $\overrightarrow{\mathrm{AB}} \times \overrightarrow{\mathrm{AC}}$ のなす角を θ とするとき，

$$h = |\overrightarrow{\mathrm{AD}}||\cos\theta| = |\overrightarrow{\mathrm{AD}}| \frac{|(\overrightarrow{\mathrm{AB}} \times \overrightarrow{\mathrm{AC}}, \overrightarrow{\mathrm{AD}})|}{|\overrightarrow{\mathrm{AB}} \times \overrightarrow{\mathrm{AC}}||\overrightarrow{\mathrm{AD}}|}$$

$$= \frac{|(\overrightarrow{\mathrm{AB}} \times \overrightarrow{\mathrm{AC}}, \overrightarrow{\mathrm{AD}})|}{|\overrightarrow{\mathrm{AB}} \times \overrightarrow{\mathrm{AC}}|}$$

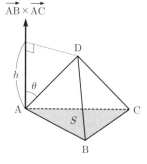

となる．したがって，求める体積 V は，三角錐の体積を与える公式より

$$V = \frac{1}{3} Sh = \frac{1}{6} |(\overrightarrow{\mathrm{AB}} \times \overrightarrow{\mathrm{AC}}, \overrightarrow{\mathrm{AD}})|. \qquad \blacklozenge$$

問 A.1 空間内の 4 点 $(1,0,1)$, $(-1,1,2)$, $(0,1,3)$, $(1,2,0)$ でつくられる 4 面体の体積を求めよ．

2 平面の方程式

空間上の点 $\mathrm{P}_0(x_0, y_0, z_0)$ を通り，ベクトル $\boldsymbol{v} = (a, b, c)$ に対して直交する平面の方程式を求めよう．$\boldsymbol{v}$ は平面の法線ベクトルとよばれている．

この平面上の点を $\mathrm{P}(x, y, z)$ とすると，$\boldsymbol{v}$ と $\overrightarrow{\mathrm{P}_0\mathrm{P}}$ は直交しているから，

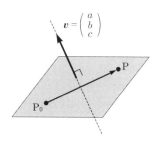

$$(\boldsymbol{v}, \overrightarrow{\mathrm{P}_0\mathrm{P}}) = 0$$

となる．ここで，$(\ ,\ )$ はベクトルの内積を表す．よって，

$$a(x - x_0) + b(y - y_0) + c(z - z_0) = 0$$

を得る．この式を整理すれば

$$ax + by + cz = d \qquad (d \text{ はある定数})$$

となる．これを平面の 1 次方程式という．

問 A.2 空間内の 3 点 $\mathrm{A}(0, 1, 0)$, $\mathrm{B}(0, 0, 1)$, $\mathrm{C}(1, -1, 0)$ を通る平面を考える．

(1) $\overrightarrow{AB} \times \overrightarrow{AC}$ を計算して，この平面の法線ベクトルを求めよ．
(2) この平面の 1 次方程式を求めよ．

3 ベクトルの線形独立性

ベクトルが線形独立であるとは，大まかにいうと，それぞれのベクトルが異なる方向を向いていることを意味する．

> **定義 A.1** ベクトル空間上の k 個のベクトル $\boldsymbol{a}_1, \boldsymbol{a}_2, \cdots, \boldsymbol{a}_k$ は，次の条件をみたすとき線形独立（1次独立）であるという．
> $$s_1 \boldsymbol{a}_1 + s_2 \boldsymbol{a}_2 + \cdots + s_k \boldsymbol{a}_k = \boldsymbol{0} \implies s_1 = s_2 = \cdots = s_k = 0$$

（有限次元の）ベクトル空間に座標系を導入するためには，基底とよばれる線形独立なベクトルの組が必要となる．

> **定義 A.2** 次の条件をみたすベクトルの組 $\{\boldsymbol{v}_1, \boldsymbol{v}_2, \cdots, \boldsymbol{v}_n\}$ をベクトル空間 V の基底という．
> (1) $\boldsymbol{v}_1, \boldsymbol{v}_2, \cdots, \boldsymbol{v}_n$ は線形独立である．
> (2) V 上の任意のベクトル $\boldsymbol{v}$ は $\boldsymbol{v}_1, \boldsymbol{v}_2, \cdots, \boldsymbol{v}_n$ の線形結合で表される．すなわち，
> $$\boldsymbol{v} = s_1 \boldsymbol{v}_1 + s_2 \boldsymbol{v}_2 + \cdots + s_n \boldsymbol{v}_n \quad (s_1, s_2, \cdots, s_n \text{はスカラー})$$
> $(s_1, s_2, \cdots, s_n)$ を基底 $\{\boldsymbol{v}_1, \boldsymbol{v}_2, \cdots, \boldsymbol{v}_n\}$ で定められる $\boldsymbol{v}$ の座標という．

例えば，$\boldsymbol{R}^3$ 上の 3 つのベクトル $\boldsymbol{e}_1 = (1,0,0)$, $\boldsymbol{e}_2 = (0,1,0)$, $\boldsymbol{e}_3 = (0,0,1)$ は線形独立であり，$\boldsymbol{R}^3$ 上の任意のベクトル $\boldsymbol{v} = (x_1, x_2, x_3)$ は

$$\boldsymbol{v} = x_1 \boldsymbol{e}_1 + x_2 \boldsymbol{e}_2 + x_3 \boldsymbol{e}_3$$

と表される．よって，$\{\boldsymbol{e}_1, \boldsymbol{e}_2, \boldsymbol{e}_3\}$ は $\boldsymbol{R}^3$ の基底で，標準基底とよばれる．

問 A.3 $\boldsymbol{a}_1 = (2,1)$, $\boldsymbol{a}_2 = (1,3)$ とする．$\{\boldsymbol{a}_1, \boldsymbol{a}_2\}$ は $\boldsymbol{R}^2$ の基底であることを示せ．

4 行列の標準化

ここでは，簡単のため 2 次正方行列の場合について説明をする．一般の n 次正方行列の場合も同様に扱うことができる．

4.1 行列の対角化

2 次正方行列 A に対して，

$$A\bm{v} = \lambda \bm{v} \qquad (\bm{v} \neq \bm{0})$$

をみたす $\bm{v}$ を A の固有ベクトルといい，λ を A の固有値という．固有値 λ は 2 次方程式 $\det(A - \lambda E) = 0$ の解である．これを A の固有方程式という．A の固有値は複素数になることもあるが，実数の場合と同様に扱うことができる．

> **例題 A.2** 行列 $A = \begin{pmatrix} 3 & -2 \\ 2 & 1 \end{pmatrix}$ を対角化せよ．

[解] A の固有方程式は

$$\det(A - \lambda E) = \begin{vmatrix} 3 - \lambda & -2 \\ 2 & 1 - \lambda \end{vmatrix} = \lambda^2 - 4\lambda + 7 = 0$$

である．これを解くと $\lambda = 2 \pm \sqrt{3}i$ となる．$\lambda_1 = 2 + \sqrt{3}i$ に対応する固有ベクトルは，連立 1 次方程式 $(A - \lambda_1 E)\bm{v} = \bm{0}$，すなわち，

$$\begin{pmatrix} 1 - \sqrt{3}i & -2 \\ 2 & -1 - \sqrt{3}i \end{pmatrix} \begin{pmatrix} x \\ y \end{pmatrix} = \begin{pmatrix} 0 \\ 0 \end{pmatrix}$$

を解いて，$\bm{v}_1 = (2, 1 - \sqrt{3}i)$ である[*1]．また，$\lambda_2 = \overline{\lambda}_1 = 2 - \sqrt{3}i$ に対する固有ベクトルは，$(A - \lambda_2 E)\bm{v} = \overline{(A - \lambda_2 E)\bm{v}} = (A - \lambda_1 E)\overline{\bm{v}} = \bm{0}$ に注意すると，$\bm{v}_2 = \overline{\bm{v}}_1 = (2, 1 + \sqrt{3}i)$ であることがわかる．よって，

$$P = (\bm{v}_1 \ \bm{v}_2) = \begin{pmatrix} 2 & 2 \\ 1 - \sqrt{3}i & 1 + \sqrt{3}i \end{pmatrix}$$

[*1] 本来は縦書きにすべきであるが，紙面の制約上，横書きにするときもある．

とおくと，

$$P^{-1}AP = \begin{pmatrix} 2+\sqrt{3}i & 0 \\ 0 & 2-\sqrt{3}i \end{pmatrix}.$$

◆

4.2 ジョルダン標準形

2次正方行列 A の固有方程式 $\det(A - \lambda E) = 0$ が重解 α をもつときは，A を対角化できないことがある．そのときは，正則行列 $P = (\boldsymbol{v}_1 \ \boldsymbol{v}_2)$ を用いて

$$P^{-1}AP = D', \quad D' = \begin{pmatrix} \alpha & 1 \\ 0 & \alpha \end{pmatrix}$$

のように変換する．行列 D' を A のジョルダン標準形という．このとき，上式より

$$AP = PD' \quad \therefore \quad A(\boldsymbol{v}_1 \ \boldsymbol{v}_2) = (\boldsymbol{v}_1 \ \boldsymbol{v}_2)\begin{pmatrix} \alpha & 1 \\ 0 & \alpha \end{pmatrix}$$

であるから

$$A\boldsymbol{v}_1 = \alpha\boldsymbol{v}_1, \quad A\boldsymbol{v}_2 = \alpha\boldsymbol{v}_2 + \boldsymbol{v}_1$$

$$\therefore \quad (A - \alpha E)\boldsymbol{v}_1 = \boldsymbol{0}, \quad (A - \alpha E)\boldsymbol{v}_2 = \boldsymbol{v}_1$$

が成立しているはずである．したがって，$\boldsymbol{v}_1$ は A の固有値 α に対する固有ベクトルであるが，$\boldsymbol{v}_2$ はそうではない．$\boldsymbol{v}_2$ を A の一般化固有ベクトルという．

例題 A.3 行列 $A = \begin{pmatrix} 5 & 1 \\ -1 & 3 \end{pmatrix}$ をジョルダン標準形に変換せよ．

[解] A の固有方程式は，$\det(A - \lambda E) = |A - \lambda E| = \lambda^2 - 8\lambda + 16 = 0$ であるから，$\lambda = 4$（2重解）が A の固有値である．$(A - 4E)\boldsymbol{v}_1 = \boldsymbol{0}$ より

$$\begin{pmatrix} 1 & 1 \\ -1 & -1 \end{pmatrix}\begin{pmatrix} x \\ y \end{pmatrix} = \boldsymbol{0}$$

これを解いて，$\boldsymbol{v}_1 = (1, -1)$ を得る．また，$(A - 4E)\boldsymbol{v}_2 = \boldsymbol{v}_1$ より，

$$\begin{pmatrix} 1 & 1 \\ -1 & -1 \end{pmatrix} \begin{pmatrix} x \\ y \end{pmatrix} = \begin{pmatrix} 1 \\ -1 \end{pmatrix}$$

であるから，$x+y=1$ となり，例えば，$\boldsymbol{v}_2=(0,1)$ を得る．よって，

$$P = (\boldsymbol{v}_1\ \boldsymbol{v}_2) = \begin{pmatrix} 1 & 0 \\ -1 & 1 \end{pmatrix}$$

とおくと

$$P^{-1}AP = D', \quad D' = \begin{pmatrix} 4 & 1 \\ 0 & 4 \end{pmatrix}.$$ ◆

このように，対角化できない正方行列は，一般化固有ベクトルを利用してジョルダン標準形に変換できることが知られている．行列を対角行列もしくはジョルダン標準形に変換することを，行列の標準化という．

問 A.4 次の行列を標準化せよ．

(1) $\begin{pmatrix} 2 & 1 \\ 3 & 4 \end{pmatrix}$ (2) $\begin{pmatrix} 7 & 3 \\ -3 & 1 \end{pmatrix}$ (3) $\begin{pmatrix} 1 & -3 \\ 3 & 1 \end{pmatrix}$

5 テイラー展開とオイラーの公式

テイラー展開の公式を用いると，オイラーの公式を（形式的に）導くことができる．

命題 A.1 関数 $f(x)$ は，$x=a$ の付近で（形式的に）

$$f(x) = f(a) + f'(a)(x-a) + \frac{1}{2!}f''(a)(x-a)^2 + \frac{1}{3!}f'''(a)(x-a)^3 + \cdots$$
$$= \sum_{k=0}^{\infty} \frac{f^k(a)}{k!}(x-a)^k$$

のように級数展開される．とくに $a=0$ のときは，

$$f(x) = f(0) + f'(0)x + \frac{1}{2!}f''(0)x^2 + \frac{1}{3!}f'''(0)x^3 + \cdots$$
$$= \sum_{k=0}^{\infty} \frac{f^k(0)}{k!} x^k$$

指数関数 e^x を $x = 0$ のまわりでテイラー展開すると,

$$e^x = 1 + x + \frac{1}{2!}x^2 + \frac{1}{3!}x^3 + \cdots$$

となる.上式に $x = i\theta$(i は虚数単位)を代入すると,$i^2 = -1$ より

$$e^{i\theta} = 1 + i\theta - \frac{1}{2!}\theta^2 - i\frac{1}{3!}\theta^3 + \cdots$$
$$= \left(1 - \frac{1}{2!}\theta^2 + \cdots\right) + i\left(\theta - \frac{1}{3!}\theta^3 + \cdots\right)$$

一方,3角関数 $\cos\theta$ と $\sin\theta$ を $\theta = 0$ のまわりでテイラー展開すると

$$\cos\theta = 1 - \frac{1}{2!}\theta^2 + \cdots, \quad \sin\theta = \theta - \frac{1}{3!}\theta^3 + \cdots$$

となる.したがって,次の等式(**オイラーの公式**)を得る.

$$e^{i\theta} = \cos\theta + i\sin\theta$$

✓ **注意 A.1** 級数の収束性は(複素数の範囲で)第 3 章の第 3 節で扱う.

問 A.5 命題 A.1 の公式を(形式的に)導け.

6 偏微分

6.1 偏微分係数と偏導関数

2 変数関数 $z = f(x, y)$ が点 (a, b) で x について偏微分可能であるとは,$y = b$ とおいて得られる x の関数 $f(x, b)$ が $x = a$ で微分可能であるとき,すなわち,

$$\lim_{h \to 0} \frac{f(a+h, b) - f(a, b)}{h}$$

が存在するときをいう.この極限値を

$$f_x(a,b), \quad \frac{\partial f}{\partial x}(a,b), \quad z_x(a,b), \quad \frac{\partial f}{\partial x}\Big|_{(a,b)}$$

のように表し，$z=f(x,y)$ の点 (a,b) における x についての偏微分係数という．

y についての偏微分可能性も同様に考えることができる．すなわち，

$$\lim_{k\to 0}\frac{f(a,b+k)-f(a,b)}{k}$$

が存在するとき，$z=f(x,y)$ は点 (a,b) で y について偏微分可能であるといい，この極限値を

$$f_y(a,b), \quad \frac{\partial f}{\partial y}(a,b),$$

$$z_y(a,b), \quad \frac{\partial f}{\partial y}\Big|_{(a,b)}$$

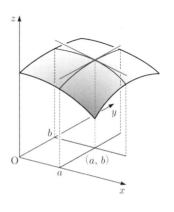

のように表す．

$f_x(a,b)$ は x の関数 $f(x,b)$ の $x=a$ での微分係数である．図形的には，曲面 $z=f(x,y)$ と平面 $y=b$ の交わりを表す曲線 $z=f(x,b)$ の $x=a$ における接線の傾きを意味する．同様に，$f_y(a,b)$ は y の関数 $f(a,y)$ の $y=b$ での微分係数であり，曲面 $z=f(x,y)$ と平面 $x=a$ の交わりを表す曲線 $z=f(a,y)$ の $y=b$ における接線の傾きを意味する．

関数 $z=f(x,y)$ が定義域 D 上のすべての点 (x,y) で x について偏微分可能であるとき，$z=f(x,y)$ は D で x について偏微分可能であるという．このとき，D 上の各点 (x,y) における x についての偏微分係数 $f_x(x,y)$ は x,y の2変数関数である．この関数を $f(x,y)$ の x についての偏導関数といい

$$f_x(x,y), \quad \frac{\partial f}{\partial x}(x,y), \quad z_x(x,y), \quad f_x, \quad \frac{\partial f}{\partial x}, \quad z_x$$

のような記号で表す．y についての偏導関数も同様に定義され

$$f_y(x,y), \quad \frac{\partial f}{\partial y}(x,y), \quad z_y(x,y), \quad f_y, \quad \frac{\partial f}{\partial y}, \quad z_y$$

のような記号で表される．

偏導関数を求めることを，$f(x,y)$ を偏微分するという．f_x を求めるには，y を定数と見なして $f(x,y)$ を x について微分すればよい．また，f_y を求めるには，x を定数と見なして $f(x,y)$ を y について微分すればよい．

例題 A.4 次の関数を偏微分せよ．また，点 $(2,1)$ における偏微分係数を求めよ．
(1) $f(x,y) = x^3 + x^2 y - y^2$　　(2) $f(x,y) = \log(x^2 - y)$

[解] (1) y を定数と見なして $f(x,y)$ を x について微分して $f_x = 3x^2 + 2xy$．また，x を定数と見なして $f(x,y)$ を y について微分して $f_y = x^2 - 2y$．このとき，

$$f_x(2,1) = 3 \cdot 2^2 + 2 \cdot 2 \cdot 1 = 16, \quad f_y(2,1) = 2^2 - 2 \cdot 1 = 2.$$

(2) 合成関数の微分法を用いる．

$$f_x = \frac{1}{x^2 - y} \cdot \frac{\partial}{\partial x}(x^2 - y) = \frac{1}{x^2 - y} \cdot (2x) = \frac{2x}{x^2 - y}$$

$$f_y = \frac{1}{x^2 - y} \cdot \frac{\partial}{\partial y}(x^2 - y) = \frac{1}{x^2 - y} \cdot (-1) = -\frac{1}{x^2 - y}$$

$$f_x(2,1) = \frac{2 \cdot 2}{2^2 - 1} = \frac{4}{3}, \quad f_y(2,1) = -\frac{1}{2^2 - 1} = -\frac{1}{3}. \quad \blacklozenge$$

問 A.6 次の関数を偏微分せよ．
(1) $z = 4x^3 y - 6x^2 y^4$　　(2) $z = \log(2x - 5y)$　　(3) $z = \dfrac{3x - y}{x + 2y}$
(4) $z = e^{-4x} \sin 2y$

6.2 高次偏導関数

関数 $z = f(x,y)$ の x に関する偏導関数 $z_x = f_x(x,y)$ が x, y について偏微分可能であるとき，その偏導関数

$$(z_x)_x = (f_x)_x = \frac{\partial}{\partial x}\left(\frac{\partial f}{\partial x}\right), \quad (z_x)_y = (f_x)_y = \frac{\partial}{\partial y}\left(\frac{\partial f}{\partial x}\right)$$

をそれぞれ

$$z_{xx} = f_{xx} = \frac{\partial^2 f}{\partial x^2}, \quad z_{xy} = f_{xy} = \frac{\partial^2 f}{\partial y \partial x}$$

のように表す．同様に

$$z_{yy} = f_{yy} = \frac{\partial^2 f}{\partial y^2}, \quad z_{yx} = f_{yx} = \frac{\partial^2 f}{\partial x \partial y}$$

も考えることができる．これらを $f(x,y)$ の第 2 次偏導関数という．関数 $f(x,y)$ の第 2 次偏導関数が存在するとき，$f(x,y)$ は 2 回偏微分可能であるという．

例題 A.5 関数 $f(x,y) = x^3 \sin y$ について，$f_{xx}, f_{xy}, f_{yx}, f_{yy}$ を求めよ．

[解] $f_x = 3x^2 \sin y$, $f_y = x^3 \cos y$ であるから，

$$f_{xx} = \frac{\partial}{\partial x}(3x^2 \sin y) = 6x \sin y, \quad f_{yx} = \frac{\partial}{\partial x}(x^3 \cos y) = 3x^2 \cos y,$$

$$f_{xy} = \frac{\partial}{\partial y}(3x^2 \sin y) = 3x^2 \cos y, \quad f_{yy} = \frac{\partial}{\partial y}(x^3 \cos y) = -x^3 \sin y. \blacklozenge$$

上の例題で，$f_{xy} = f_{yx}$ が成り立つことに注意しよう．f_{xy} は f を x で偏微分し，次に y で偏微分したものであるが，f_{yx} は x と y の偏微分の順序を逆にしたもので，両者が等しいとは限らないからである．しかしながら，f_{xy} または f_{yx} のいずれかが連続ならば，$f_{xy} = f_{yx}$ が成り立つことが知られている．したがって，普通に用いられている関数については，$f_{xy} = f_{yx}$ が成り立つと思っておけばよいだろう．また，

$$\frac{\partial}{\partial y}\left(\frac{\partial f}{\partial x}\right) = \frac{\partial^2 f}{\partial y \partial x}, \quad \frac{\partial}{\partial x}\left(\frac{\partial f}{\partial y}\right) = \frac{\partial^2 f}{\partial x \partial y}$$

は多くの場合，区別せずに使用される．習慣として，$\dfrac{\partial^2 f}{\partial y \partial x}$ より $\dfrac{\partial^2 f}{\partial x \partial y}$ を利用することが多い．

3 次以上の高次偏導関数も考えていくことができる．例えば，第 2 次偏導関数 $f_{xx}, f_{xy}, \cdots$ がさらに偏微分可能であるとき，第 3 次偏導関数

$$f_{xxx} = \frac{\partial^3 f}{\partial x^3}, \quad f_{xxy} = \frac{\partial^3 f}{\partial x^2 \partial y}, \quad f_{xyy} = \frac{\partial^3 f}{\partial x \partial y^2}, \quad f_{yyy} = \frac{\partial^3 f}{\partial y^3}$$

なども同様に定義される．一般に，第 n 次偏導関数

$$f_{xx\cdots xyy\cdots y} = \frac{\partial^n f}{\partial x^k \partial y^{n-k}} \quad (k = 0, 1, 2, \cdots, n)$$

(f を x で k 回, y で $n-k$ 回偏微分する) が定義され, これらのすべてが連続であるとき, 関数 f は n 回連続微分可能, または, C^n 級関数であるという. また, 何回でも偏微分できる関数を C^∞ 級関数という.

問 A.7 次の関数の第 2 次偏導関数をすべて求めよ.
(1) $z = -2x^4y^3 + 5y^2$ (2) $z = e^{x^2-y^2}$ (3) $z = \cos 2x \sin 3y$

6.3 合成関数の微分法

2 変数関数 $z = f(x,y)$ と 2 つの 1 変数関数 $x = x(t), y = y(t)$ があるとき, $z = f(x(t), y(t))$ は t の関数である. $z = f(x,y)$ が C^1 級関数で, $x = x(t), y = y(t)$ が微分可能のとき, $z = f(x(t), y(t))$ の導関数は

$$\frac{dz}{dt} = \frac{\partial z}{\partial x}\frac{dx}{dt} + \frac{\partial z}{\partial y}\frac{dy}{dt}$$

で与えられる. 同様に, 関数 $z = f(x,y)$ が C^1 級関数で, $x = x(u,v), y = y(u,v)$ が偏微分可能のとき, $z = f(x(u,v), y(u,v))$ は u, v の 2 変数関数であり, その偏導関数は

$$\frac{\partial z}{\partial u} = \frac{\partial z}{\partial x}\frac{\partial x}{\partial u} + \frac{\partial z}{\partial y}\frac{\partial y}{\partial u}, \quad \frac{\partial z}{\partial v} = \frac{\partial z}{\partial x}\frac{\partial x}{\partial v} + \frac{\partial z}{\partial y}\frac{\partial y}{\partial v}$$

で与えられる.

問 A.8 $z = f(x,y)$ が C^1 級関数であり, x, y が r, θ の関数 $x = r\cos\theta, y = r\sin\theta$ で与えられるとき, 次の等式が成り立つことを示せ.

$$\left(\frac{\partial z}{\partial r}\right)^2 + \frac{1}{r^2}\left(\frac{\partial z}{\partial \theta}\right)^2 = \left(\frac{\partial z}{\partial x}\right)^2 + \left(\frac{\partial z}{\partial y}\right)^2$$

7 重積分

7.1 2 重積分の定義

関数 $z = f(x,y)$ は, xy 平面上の長方形領域 $D = \{(x,y) \mid a \leq x \leq b, c \leq y \leq d\}$ 上で定義され, $f(x,y) \geq 0$ とする. 曲面 $z = f(x,y)$, 領域 D および 4 つの平面 $x = a, x = b, y = c, y = d$ で囲まれた立体 V の体積を考える.

領域 D の 2 つの辺をそれぞれ m 個と n 個の小区間に分け, 領域 D を mn 個の小さな長方形に分割する. すなわち,

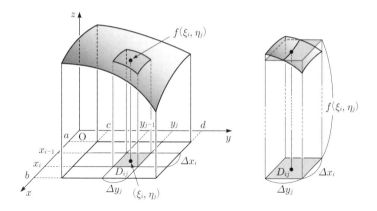

$$a = x_0 < x_1 < x_2 < \cdots < x_m = b, \quad c = y_0 < y_1 < y_2 < \cdots < y_n = d$$

$$D_{ij} = \{(x, y) \mid x_{i-1} \leq x \leq x_i, \ y_{j-1} \leq y \leq y_j\}$$

$$(i = 1, 2, \cdots, m, \ j = 1, 2, \cdots, n)$$

とする．D_{ij} 内の1つの点を任意に選び (ξ_i, η_j) とすると，上図（右側）で示された部分の体積 V_{ij} は，底面が D_{ij}，高さが $f(\xi_i, \eta_j)$ である直方体の体積で近似される．

$$V_{ij} \fallingdotseq f(\xi_i, \eta_j)(x_i - x_{i-1})(y_j - y_{j-1}) = f(\xi_i, \eta_j)\Delta x_i \Delta y_j$$

ただし，$\Delta x_i = x_i - x_{i-1}$，$\Delta y_j = y_j - y_{j-1}$ である．これらの mn 個の直方体を寄せ集めると，その体積の和（リーマン和）は

$$V_\Delta = \sum_{i=1}^{m}\sum_{j=1}^{n} f(\xi_i, \eta_j)\Delta x_i \Delta y_j$$

となる．ここで，m, n の値を限りなく大きくし，すべての i, j について Δx_i，Δy_j を限りなく0に近づけるとき，V_Δ がある一定の値 V に限りなく近づくならば，関数 $f(x, y)$ は領域 D 上で積分可能であるといい，この極限値 V を

$$\iint_D f(x, y)dxdy$$

で表し，$f(x, y)$ の D における2重積分という．

領域 D 上で連続な関数 $f(x,y)$ は積分可能であることが知られている．また，領域 D が長方形でない場合や，$f(x,y)$ が領域 D 上で $f(x,y) \geq 0$ でない場合でも，同様に（リーマン和を考えて）2重積分を定義することができる．

7.2 累次積分

2重積分を計算する方法について説明しよう．まず，領域 D が長方形のとき，すなわち，$D = \{(x,y) \mid a \leq x \leq b,\ c \leq y \leq d\}$ である場合を考えよう．

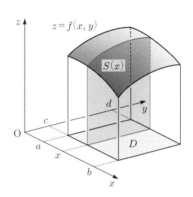

$a \leq x \leq b$ とし，この立体 V を点 $(x, 0, 0)$ を通り yz 平面に平行な平面で切ったときの切り口の面積を $S(x)$ とする．$S(x)$ はこの切り口が yz 平面にあると考えたときの面積に等しいから，

$$S(x) = \int_c^d f(x,y) dy$$

一方，立体 V の体積は $S(x)$ を用いて

$$V = \int_a^b S(x) dx$$

と表されるから，次の等式が得られる．

$$\iint_D f(x,y) dxdy = \int_a^b \left\{ \int_c^d f(x,y) dy \right\} dx$$

上式の右辺の形の積分を累次積分という．これは，次のように書き表されることも多い．

$$\iint_D f(x,y) dxdy = \int_a^b dx \int_c^d f(x,y) dy$$

同様に，立体 V を点 $(0, y, 0)$ $(c \leq y \leq d)$ を通り xz 平面に平行な平面で切ったときの切り口を $T(y)$ とすると

$$T(y) = \int_a^b f(x,y) dx, \quad V = \int_c^d T(y) dy$$

が成り立つから

$$\iint_D f(x,y)dxdy = \int_c^d \left\{ \int_a^b f(x,y)dx \right\} dy$$

または

$$\iint_D f(x,y)dxdy = \int_c^d dy \int_a^b f(x,y)dx$$

次に，領域 D が長方形でなく，$D = \{(x,y) \mid a \leq x \leq b,\ \varphi_1(x) \leq y \leq \varphi_2(x)\}$ で与えられる場合を考える．ただし，関数 $\varphi_1(x)$ と $\varphi_2(x)$ は，閉区間 $[a,b]$ 上で $\varphi_1(x) \leq \varphi_2(x)$ をみたすとする．長方形領域の場合と同様に立体 V を点 $(x, 0, 0)$ を通り yz 平面に平行な平面で切ったときの切り口の面積を $S(x)$ とすると

$$S(x) = \int_{\varphi_1(x)}^{\varphi_2(x)} f(x,y)dy, \quad V = \int_a^b S(x)dx$$

であるから

$$\iint_D f(x,y)dxdy = \int_a^b \left\{ \int_{\varphi_1(x)}^{\varphi_2(x)} f(x,y)dy \right\} dx = \int_a^b dx \int_{\varphi_1(x)}^{\varphi_2(x)} f(x,y)dy$$

領域 $D = \{(x,y) \mid c \leq y \leq d,\ \psi_1(y) \leq x \leq \psi_2(y)\}$ の場合も同様に

$$\iint_D f(x,y)dxdy = \int_c^d \left\{ \int_{\psi_1(y)}^{\psi_2(y)} f(x,y)dx \right\} dy = \int_c^d dy \int_{\psi_1(y)}^{\psi_2(y)} f(x,y)dx$$

例題 A.6 次の 2 重積分の値を求めよ．

(1) $I_1 = \iint_D (x^2 - xy)dxdy, \quad D = \{(x,y) \mid 0 \leq x \leq 2,\ 0 \leq y \leq 1\}$

(2) $I_2 = \iint_D x\,dxdy, \quad D = \{(x,y) \mid 0 \leq y \leq \pi,\ 0 \leq x \leq \sin y\}$

[**解**] (1) $I_1 = \displaystyle\int_0^2 dx \int_0^1 (x^2 - xy)dy$

$$= \int_0^2 dx \left[x^2 y - \frac{xy^2}{2} \right]_0^1 = \int_0^2 \left(x^2 - \frac{x}{2} \right) dx = \frac{5}{3}.$$

(2) $I_2 = \displaystyle\int_0^\pi dy \int_0^{\sin y} x\,dx = \int_0^\pi dy \left[\frac{1}{2}x^2 \right]_{x=0}^{x=\sin y} = \frac{1}{2} \int_0^\pi \sin^2 y\, dy$

$$= \frac{1}{2}\int_0^\pi \frac{1-\cos 2y}{2}dy = \frac{\pi}{4}.$$ ◆

2 変数関数 $f(x,y)$ に対して 2 重積分が定義された場合と同様に，xyz 空間内の領域 V 上の 3 変数関数 $f(x,y,z)$ に対して，3 重積分

$$\iiint_V f(x,y,z)dxdydz$$

が定義される．3 重積分も 2 重積分と同様に，累次積分を行うことによって計算できる．

問 A.9 次の重積分の値を求めよ．

(1) $\iint_D (x+y)dxdy, \quad D = \{(x,y) \mid x \geq 0,\ y \geq 0,\ 2x+y \leq 2\}$

(2) $\iiint_V \sin(x-y+3z)dxdydz, \quad V = \{(x,y,z) \mid 0 \leq x,y,z \leq \pi\}$

7.3 変数変換の公式

1 変数関数の置換積分法では，$x = g(t)$ のとき $\dfrac{dx}{dt} = g'(t)$ より $dx = g'(t)dt$ であり，

$$\int f(x)dx = \int f(g(t))g'(t)dt$$

が成り立つ．2 変数関数の場合は，次のような公式が成り立つ．

定理 A.1 uv 平面上の領域 Ω が

$$\begin{cases} x = \varphi(u,v) \\ y = \psi(u,v) \end{cases}$$

によって，xy 平面上の領域 D の上に 1 対 1 に写されるとき，

$$\iint_D f(x,y)dxdy = \iint_\Omega f(\varphi(u,v),\psi(u,v))\left|\frac{\partial(\varphi,\psi)}{\partial(u,v)}\right|dudv$$

が成り立つ．ここで

$$\frac{\partial(\varphi,\psi)}{\partial(u,v)} = \det\begin{pmatrix} \varphi_u & \varphi_v \\ \psi_u & \psi_v \end{pmatrix} = \varphi_u\psi_v - \varphi_v\psi_u \neq 0$$

は関数行列式またはヤコビアンとよばれる.

xy 平面上の点 $\mathrm{P}(x,y)$ に対して,$r = |\overrightarrow{\mathrm{OP}}| = \sqrt{x^2+y^2}$ とし,θ を x 軸とベクトル $\overrightarrow{\mathrm{OP}}$ のなす角とすると,

$$x = r\cos\theta, \quad y = r\sin\theta$$

が成り立つ.逆に,r, θ を与えると,この式により点 P が定まる.このように,P に対して r と θ を定めることを P の極座標表示といい,(r,θ) を P の極座標という.P が原点ではないとき,θ を偏角という.このとき,r, θ は $r > 0, 0 \leq \theta < 2\pi$ と制限すればただ 1 通りに定まる.極座標については,

$$x_r = \cos\theta, \quad x_\theta = -r\sin\theta, \quad y_r = \sin\theta, \quad y_\theta = r\cos\theta,$$

$$\frac{\partial(x,y)}{\partial(r,\theta)} = \det\begin{pmatrix} x_r & x_\theta \\ y_r & y_\theta \end{pmatrix} = x_r y_\theta - x_\theta y_r = r(\cos^2\theta + \sin^2\theta) = r$$

のように計算できるから,

$$dxdy = rdrd\theta$$

すなわち,

$$\iint_D f(x,y)dxdy = \iint_\Omega f(r\cos\theta, r\sin\theta)rdrd\theta$$

が成り立つ.

例題 A.7 $I = \int_0^\infty e^{-x^2}dx = \dfrac{\sqrt{\pi}}{2}$ を示せ.

[解] $I^2 = \int_0^\infty e^{-x^2} dx \cdot \int_0^\infty e^{-x^2} dx = \int_0^\infty e^{-x^2} dx \cdot \int_0^\infty e^{-y^2} dy$
$= \int_0^\infty \int_0^\infty e^{-(x^2+y^2)} dxdy$

に注意しよう．極座標変換 $x = r\cos\theta,\ y = r\sin\theta$ を行うと，xy 平面上の無限領域 $D = \{(x,y)\,|\,0 < x < \infty,\ 0 < y < \infty\}$ は，極座標を用いて $\Omega = \{(r,\theta)\,|\,0 < r < \infty,\ 0 < \theta < \pi/2\}$ のように表される．

$$dxdy = rdrd\theta, \quad x^2+y^2 = r^2$$

であるから

$$I^2 = \int_0^\infty \int_0^{\pi/2} e^{-r^2} rdrd\theta = \int_0^\infty re^{-r^2} dr \int_0^{\pi/2} d\theta$$
$$= \left[-\frac{1}{2} e^{-r^2}\right]_0^\infty \cdot \frac{\pi}{2} = \frac{\pi}{4}$$

より $I = \sqrt{\pi}/2$ となる．◆

問 A.10 適当な変数変換を用いて，次の 2 重積分を求めよ．

(1) $\iint_D (x^2 - y^2) e^{-x-y}\, dxdy, \quad D = \{(x,y)\,|\,0 \leq x+y \leq 1,\ 0 \leq x-y \leq 1\}$

(2) $\iint_D \log(x^2+y^2)\, dxdy, \quad D = \{(x,y)\,|\,1 \leq x^2+y^2 \leq 4\}$

問題の略解とヒント

参考にすべき例題がない問題や，単純な計算で処理できないものについては，なるべく詳しい解答やヒントを与えた．そうでない場合は解答を省略したり，答えのみを与えた．解答は各章ごとにまとめている．

── 第 1 章の問 ──

問 1.1 (1) $y = C/x$ (2) $y = 1/(1 + Ce^{-x})$ (3) $y = Ce^{-x^2/2} + 1$

問 1.2 $x^2 + y^2 = 5$

問 1.3 (1) $y = x^2/3 + x/2 + C/x$ (2) $y = (x + C)e^{-x}$

問 1.4 $y = (\sin x - \cos x)/2$

問 1.5 $30(2/3)^2 + 20 = 33.3°C$

問 1.6 $y = x^2$

問 1.7 (1) $y = 3e^{-x} - 2e^{2x}$ (2) $y = (x-1)e^{-3x}$
(3) $y = 2/\sqrt{3} \cdot e^{-x/2} \sin(\sqrt{3}x/2)$

問 1.8 (1) $y_1 = -3e^{2x} + 4e^{3x}$, $y_2 = -6e^{2x} + 4e^{3x}$ (2) $y_1 = (1-2x)e^{3x}$, $y_2 = -xe^{3x}$ (3) $y_1 = e^x(\sin x + \cos x)$, $y_2 = e^x(\sin x - \cos x)$

問 1.10 $y_1 = 2e^x \cos x - 1$, $y_2 = 2e^x \sin x$

問 1.11 (1) $y = C_1 e^{-2x} + C_2 e^x - (\cos 2x + 3\sin 2x)/4$
(2) $y = C_1 e^{-x} + C_2 x e^{-x} + x^2 e^{-x}/2 + x - 2$

問 1.13 (2) $y = C_1 e^x + C_2(x+2) + 2$

問 **1.14** (1) $y = Ce^{x^2} - 1/2$ (2) $y = C/x + x^3/4$

問 **1.15** (1) $y = \sum_{n=1}^{\infty} \frac{(-1)^{n-1}}{n}(x-1)^n$ (2) $y' + (x-1)y' = y + (x-1) + 1$
の形に書き直して $y = \sum_{n=0}^{\infty} a_n(x-1)^n$ とおく．$y = Cx + x \log x$．

問 **1.16** 任意の y_0 に対して $L = 4|y_0| + 2$, $\eta = |y_0| + 1$ とおく．$u, v \in (y_0 - \eta, y_0 + \eta)$ に対して $|u|, |v| < |y_0| + \eta$ より $|u + v| \leq |u| + |v| < 2(|y_0| + \eta) = L$ であるから $|f(x, u) - f(x, v)| = |u^2 - v^2| = |u + v||u - v| < L|u - v|$．$L$ と η の値が y_0 に依存して決まることに注意せよ．

問 **1.17** 平均値の定理より $|\sin u - \sin v| = |\cos \theta||u - v|$ (θ は u と v の間の数) であるから，$|\sin u - \sin v| \leq |u - v|$ となり，定義 1.3 の条件が成り立つ（$L = 1$, u, v は任意）．よって，$(-\infty, \infty)$ 上で定義された一意的な大域解が存在する．

問 **1.18** $dz/dt = z$, $dz/dt = -2z$

問 **1.19** $x = (2n - 1)\pi$ は安定な平衡点，$x = 2n\pi$ は不安定な平衡点．ただし，n は整数．

問 **1.20** 解が $t = T$ のときに平衡点 p を横切ったとすると，$x(T) = p$ をみたす解として $x(t) \equiv p$ 以外のものが存在することになり，解の一意性に反する．

第 1 章の練習問題

1.1 (1) $y = e^{Ce^x}$ (2) $y = e^{-x}(\cos x + \sin x)/2 + Ce^{-2x}$
(3) $y = xe^{3x}\log x + (C_1 + C_2 x)e^{3x}$ (4) $y_1 = -(3C_1 + C_2)/5 \cdot \cos x + (C_1 - 3C_2)/5 \cdot \sin x - e^x + 3x + 1$, $y_2 = C_1 \cos x + C_2 \sin x + 3e^x/2 - 5x$

1.2 $y = C(x^2 + y^2)$

1.3 $y^{-3} = Ce^{3x^2} + 1/2$

1.4 (2) $\boldsymbol{y} = C_1 e^x(2, -1, 1) + C_2 e^{2x}(-1, 1, 0) + C_3 e^{2x}(2, 0, 1)$

1.5　$y = C/(1 - Cx)$

1.6　$y = x^2$

1.7　$D = \mu^2 - 4km$ とおく．$D > 0$ のとき $x = \dfrac{mv_0}{\sqrt{D}} \cdot \left\{ \exp\left(\dfrac{(-\mu + \sqrt{D})t}{2m}\right) - \exp\left(\dfrac{(-\mu - \sqrt{D})t}{2m}\right) \right\}$, $D = 0$ のとき $x = v_0 t \exp\left(-\dfrac{\mu t}{2m}\right)$, $D < 0$ のとき $x = \dfrac{2mv_0}{\sqrt{-D}} \cdot \exp\left(-\dfrac{\mu t}{2m}\right) \sin\left(\dfrac{\sqrt{-D}t}{2m}\right)$. ただし, $\exp(x)$ は指数関数 e^x を表す．

1.8　$a \leq 0$ のとき $x(t) \to 0$, $a > 0$ のとき $x_0 > 0$ ならば $x(t) \to \sqrt{a}$, $x_0 = 0$ ならば $x(t) \to 0$, $x_0 < 0$ ならば $x(t) \to -\sqrt{a}$.

1.9　$a_1 = a_2$ のときは解の一意性により $y_1(x) \equiv y_2(x)$ である．$a_1 < a_2$ のときは $y_1(x) < y_2(x)$ である．実際，ある x_0' に対して $y_1(x_0') \geq y_2(x_0')$ と仮定すると，解の連続性により $y_1(x_0'') = y_2(x_0'')$ となる x_0'' が存在する（$x_0'' = x_0'$ もありうる）．よって，解の一意性により $y_1(x) \equiv y_2(x)$ となる．これより $a_1 = a_2$ となり，$a_1 < a_2$ に反する．

───── **補遺の問** ─────────────────────

問 1.A.1　(1)　$\begin{pmatrix} e^a & 0 \\ 0 & e^b \end{pmatrix}$

(2)　$A^k = \begin{pmatrix} a^k & kca^{k-1} \\ 0 & a^k \end{pmatrix}$ と $\displaystyle\sum_{k=0}^{\infty} \dfrac{kca^{k-1}}{k!} = c \sum_{k=1}^{\infty} \dfrac{a^{k-1}}{(k-1)!} = ce^a$ に注意して $\exp(A) = \begin{pmatrix} e^a & ce^a \\ 0 & e^a \end{pmatrix}$

(3)　(2) を利用して $\begin{pmatrix} 0 & -e^3 \\ e^3 & 2e^3 \end{pmatrix}$

問 1.A.3　$x^2 + xy + y^3 = C$

問 1.A.5　$x^2 y - 2xy^2 + Cy = 2$

問 **1.A.6**　一般解 $y = Cx + \sqrt{1+C^2}$，特異解 $x^2 + y^2 = 1$

第 2 章の問

問 **2.1**　(1)　xy 平面：原点を中心とする半径 $b \pm a$ の円，xz 平面：$(\pm b, 0)$ を中心とする半径 a の円　　(2)　トーラス（ドーナツの形）

問 **2.2**　$\nabla \varphi = (2x+z, -2, x)$，$\partial \varphi / \partial \boldsymbol{n} = \sqrt{3}$

問 **2.4**　等高面 S が $\boldsymbol{r}(u,v) = (x(u,v), y(u,v), z(u,v))$ で表されるとき，$\varphi(\boldsymbol{r}(u,v)) = \varphi(x(u,v), y(u,v), z(u,v)) = c$ が成り立つ．この両辺を u, v でそれぞれ偏微分すると $\nabla \varphi \cdot \boldsymbol{r}_u = \nabla \varphi \cdot \boldsymbol{r}_v = 0$ となる．$\boldsymbol{r}_u, \boldsymbol{r}_v$ は S の接ベクトルであるから，$\nabla \varphi$ と S は直交する．

問 **2.5**　(1)　$\mathrm{div}\,\boldsymbol{V} = 0$，$\mathrm{rot}\,\boldsymbol{V} = (\sin z, 0, -\cos y)$　　(2)　$\mathrm{div}\,\boldsymbol{V} = x+y+z$，$\mathrm{rot}\,\boldsymbol{V} = (z, x, y)$　　(3)　$\mathrm{div}\,\boldsymbol{V} = x+2z$，$\mathrm{rot}\,\boldsymbol{V} = (0, 0, 3y)$

問 **2.8**　(3)

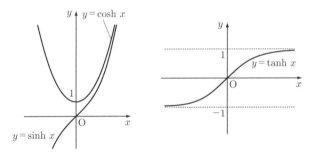

問 **2.9**　$s = \int_0^a \sqrt{1+\sinh^2 t}\,dt = \int_0^a \cosh t\,dt = \Big[\sinh t\Big]_0^a = \sinh a$ に注意する．

問 **2.10**　(1)　放物線 $x = y^2/4 + 1$ $(0 \leq y \leq 2)$ のグラフ　　(2)　$4(1-2\sqrt{2})/3$　　(3)　$\int_C f\,dx = -4/3$，$\int_C f\,dy = -2$

問 **2.11**　(1)　$\pi/4 - 1/3$　　(2)　9

問 2.12　$C : \boldsymbol{r} = \boldsymbol{r}(t)\ (a \leq t \leq b)$ に対して，$\displaystyle\int_C \boldsymbol{F} \cdot d\boldsymbol{r} = -\int_a^b \nabla U \cdot \frac{d\boldsymbol{r}}{dt}\, dt = -\int_a^b \frac{dU(\boldsymbol{r}(t))}{dt}\, dt = -U(\boldsymbol{r}(b)) + U(\boldsymbol{r}(a)) = U(\mathrm{P}) - U(\mathrm{Q})$．$U = mgz$ を考える．

問 2.14　$\sqrt{14}/15$

問 2.15　16π

問 2.16　(1)　$9(e^2 - 1) - 8(e^3 - 1)/3$　　(2)　$-\pi/2$

問 2.17　(1)　$16\pi/3$　　(2)　$2/3$

問 2.19　(1)　36π　　(2)　0

問 2.20　(1)　なし　　(2)　$\varphi = yx - \cos(xz)$

問 2.21　(1)　$\boldsymbol{A} = (-yz, -2xz, 0)$　　(2)　なし

────── **第 2 章の練習問題** ──────

2.1　(1)　$\nabla f = (2xy,\ x^2 + ze^y,\ e^y)$　　(2)　$1/\sqrt{2}$　　(3)　1
(4)　$\mathrm{rot}\,\boldsymbol{A} = (-3 - x,\ 0,\ -1 + z)$

2.2　(1)　π　　(2)　$-1 - 1/e + 2e$

2.3　(1)　$3\sqrt{2}\pi/4$　　(2)　6

2.4　(2)　(1) より $f_x = (\cos\theta)f_r - (\sin\theta/r)f_\theta$，$f_y = (\sin\theta)f_r + (\cos\theta/r)f_\theta$ に注意して，$\nabla f(\mathrm{P}) \cdot \boldsymbol{n} = f_x \cdot \cos\theta + f_y \cdot \sin\theta = (\cos^2\theta + \sin^2\theta)f_r = f_r$．

────── **補遺の問** ──────

問 2.A.6　${\boldsymbol{e}_1}'(s) = \boldsymbol{p}''(s) \equiv 0$ より $\boldsymbol{p}(s) = \boldsymbol{a}s + \boldsymbol{b}$．これは直線を表す．

問 2.A.8　$\kappa(s) \equiv a/c^2$，$\tau(s) \equiv b/c^2$

問題の略解とヒント　285

問 2.A.9　$K = \dfrac{\cos u}{r(R + r\cos u)}$, $H = \dfrac{\cos u}{2(R + r\cos u)} + \dfrac{1}{2r}$

――― 第 3 章の問 ―――

問 3.4　(1), (4) は正則，(2), (3), (5) は正則でない．

問 3.5　$S_n = \sum_{k=1}^{n} a_k$, $S = \sum_{k=1}^{\infty} a_k$ とおくと，$\lim_{n\to\infty} \sum_{k=n}^{\infty} a_k = \lim_{n\to\infty}(S - S_{n-1}) = S - S = 0$.

問 3.6　n が十分大きいとき，$|a_n| \fallingdotseq (1/R)^n$ より，$|a_n(z-z_0)^n| \fallingdotseq (|z-z_0|/R)^n$ であると考えられる．

問 3.7　$\left(1 + z + \dfrac{z^2}{2!} + \cdots\right)\left(1 + w + \dfrac{w^2}{2!} + \cdots\right) = 1 + (z+w) + \dfrac{z^2 + 2zw + w^2}{2!} + \cdots = 1 + (z+w) + \dfrac{(z+w)^2}{2!} + \cdots$

問 3.8　$\lim_{n\to\infty} \left|\dfrac{na_n}{(n+1)a_{n+1}}\right| = \lim_{n\to\infty} \left|\dfrac{n}{n+1}\right| \cdot \lim_{n\to\infty} \left|\dfrac{a_n}{a_{n+1}}\right| = R$

問 3.12　どちらも $-2/3 + 2i/3$

問 3.13　C_1, C_2, C_3 に沿う積分はそれぞれ $-\pi i/4 + (\log 2)/2$, $-\pi i/2$, $-\pi i/4 - (\log 2)/2$ であるから，C に沿う積分は $-\pi i$．

問 3.15　$(e^{-\pi} - e^{\pi})i/(2\pi)$　　　**問 3.17**　$\pi/(3e)$

問 3.18　$r_1 < \rho_1 < \rho_2 < r_2$ とする．$C_1 : |z-a| = \rho_1$ と $C_2 : |z-a| = \rho_2$ に対して，問 3.14 の結果を適用する．

問 3.20　(1)　$z=1$ は 3 位の極，$z=-1$ は 2 位の極　　(2)　$z=0$ は $1-\cos z$ の 2 位の零点であるから，$z=0$ は 1 位の極

問 3.21　$\mathrm{Res}(f, \pm i) = \pm i/2$

問 3.22　(1)　$\pi/2$　　(2)　$2\pi/\sqrt{1-a^2}$

問 3.23 (1) $2\pi/\sqrt{3}$ (2) $\sqrt{2}\pi/4$

問 3.25 例えば，2 点 $1-i, 1+i$ を結ぶ線分 $z(t) = 1 + ti$ $(-1 \leq t \leq 1)$ を f で写すと $f(z(t)) = 1 - t^2 + 2it$ となる．これは，3 点 $-2i, 1, 2i$ を通る曲線である．

第 3 章の練習問題

3.1 (1) $\boldsymbol{C}$ 上で正則 (2) 正則でない (3) $z \neq 0$ 上で正則
(4) 正則でない

3.2 n は整数とする．(1) $\log\sqrt{2} + i(2n+1/4)\pi$ (2) $\pi/6 + 2n\pi, 5\pi/6 + 2n\pi$
(3) $2n\pi - i\log(2 \pm \sqrt{3})$

3.4 $f(z) = \dfrac{1}{2}(z-i)^{-1} + \displaystyle\sum_{n=0}^{\infty} \dfrac{i^{n-1}}{2^{n+2}}(z-i)^n$

3.5 C_1, C_2, C_3 に沿う積分の順に (1) $0, 1/2, (1+i)/2$
(2) $i/3, 4/3, 2(1+i)/3$ (3) $1/4, -5/4, -1$

3.6 C_1, C_2, C_3 に沿う積分の順に $0, \pi i, -\pi i$

3.7 (1) πi (2) $\pi(e - e^{-1})i/2$ (3) $a > 2$ のとき 0, $0 < a < 2$ のとき，n が偶数ならば 0, n が奇数ならば $(-1)^{(n-1)/2} 2\pi a^{n-1} i$

3.8 (1) $\pi/\sqrt{2}$ (2) $\pi/6$ (3) $\pi/4$

3.9 (1) $u = (r+1/r)\cos\theta, \; v = (r-1/r)\sin\theta$
(2) $a = r+1/r, \; b = |r-1/r|$ とおくと $u^2/a^2 + v^2/b^2 = 1$ である．$r > 1$ のとき $T_f(C) = 1$, $r < 1$ のとき $T_f(C) = -1$.

補遺の問

問 3.A.2 (i) コーシーの積分定理より $\displaystyle\int_{C_1} f(z)dz + \int_{C_2} f(z)dz + \int_{C_3} f(z)dz + \int_{C_4} f(z)dz = 0$ であることを用いる．$\displaystyle\int_{-R}^{R} e^{-a(x+ib)^2} dx = -\int_{C_3} f(z)dz$ に注意せよ．
(ii) $z = R + iy$ $(0 \leq y \leq b)$ のとき $|e^{-az^2}| = |e^{-a(R+iy)^2}| = |e^{-a(R^2-y^2)}||e^{-2iaRy}| \leq e^{-a(R^2-b^2)}$ に注意する．$z = -R + i(b-y)$ $(0 \leq y \leq b)$ についても同様．

問 **3.A.3** 線分 z_2z_3 は $z(t) = z_2 + (z_3 - z_2)t$ $(0 \leq t \leq 1)$ で表される．これを f で写すと $F(t) = f(z(t)) = (z_2 + (z_3 - z_2)t)^2 = z_2{}^2 + 2z_2(z_3 - z_2)t + (z_3 - z_2)^2 t^2$ で，$F'(0) = 2z_2(z_3 - z_2)$. これは線分 z_2z_3 を f で写して得られる曲線の点 $f(z_2)$ における接線の方向ベクトルを表す．同様に，線分 z_2z_1 を f で写して得られる曲線の点 $f(z_2)$ における接線の方向ベクトルは $2z_2(z_1 - z_2)$ で表される．この 2 つの方向ベクトルのなす角は，$z_3 - z_2$ と $z_1 - z_2$ のなす角 $\pi/3$ に等しい．$2z_2 = f'(z_2) \neq 0$ に注意せよ．

問 **3.A.5** $dx/dt = -2x$, $dy/dt = 2y$ で定義される流れであり，その解軌道は曲線 $xy = c$ で与えられる．これは角のまわりの流れを表す．

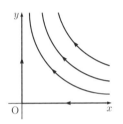

第 4 章の問

問 **4.1** $x_1\boldsymbol{u}_1 + x_2\boldsymbol{u}_2 + \cdots + x_k\boldsymbol{u}_k = \boldsymbol{0}$ とおく．この式の両辺と $\boldsymbol{u}_1$ の内積をとると，$x_1\langle\boldsymbol{u}_1, \boldsymbol{u}_1\rangle + x_2\langle\boldsymbol{u}_2, \boldsymbol{u}_1\rangle + \cdots + x_k\langle\boldsymbol{u}_k, \boldsymbol{u}_1\rangle = 0$ より $x_1 = 0$ となる．同様に $\boldsymbol{u}_2, \cdots, \boldsymbol{u}_k$ との内積をとれば $x_2 = \cdots = x_k = 0$ がわかる．よって，$\boldsymbol{u}_1, \boldsymbol{u}_2, \cdots, \boldsymbol{u}_k$ は線形独立．

問 **4.4** (1) $S(x) = \dfrac{1}{2} + \dfrac{2}{\pi}\displaystyle\sum_{n=1}^{\infty}\dfrac{\sin(2n-1)x}{2n-1}$

(2) $S(x) = \dfrac{2}{\pi}\displaystyle\sum_{n=1}^{\infty}\dfrac{(-1)^n}{2n-1}\cos(2n-1)x - \dfrac{1}{\pi}\displaystyle\sum_{n=1}^{\infty}\dfrac{\{1-(-1)^n\}}{n}\sin 2nx = \dfrac{2}{\pi}\displaystyle\sum_{n=1}^{\infty}\dfrac{(-1)^n}{2n-1}\cos(2n-1)x - \dfrac{2}{\pi}\displaystyle\sum_{n=1}^{\infty}\dfrac{\sin(4n-2)x}{2n-1}$

問 **4.5** $S(x) = \dfrac{\pi}{2} - \dfrac{4}{\pi}\displaystyle\sum_{n=1}^{\infty}\dfrac{\cos(2n-1)x}{(2n-1)^2}$

問 **4.6** $S(x) = \dfrac{4}{\pi}\displaystyle\sum_{n=1}^{\infty}\dfrac{(-1)^{n-1}}{(2n-1)^2}\sin(2n-1)x$, $\displaystyle\sum_{k=1}^{\infty}\dfrac{1}{(2k-1)^2} = \dfrac{\pi^2}{8}$

問 **4.8** (1) $S(x) = \dfrac{2}{\pi}\displaystyle\sum_{n=1}^{\infty}\dfrac{(-1)^{n-1}}{n}\sin n\pi x$

(2) $S(x) = \dfrac{3}{2} - \dfrac{4}{\pi^2} \displaystyle\sum_{n=1}^{\infty} \dfrac{1}{(2n-1)^2} \cos \dfrac{(2n-1)\pi x}{2} - \dfrac{2}{\pi} \sum_{n=1}^{\infty} \dfrac{1}{n} \sin \dfrac{n\pi x}{2}$

問 4.10 (1) $\hat{f}(k) = \sqrt{\dfrac{2}{\pi}} \dfrac{\sin k}{k}$ (2) $\hat{f}(k) = \dfrac{1}{\sqrt{2\pi} k^2} (2e^{-i\pi k/2} - e^{-i\pi k} - 1)$

問 4.12 ラプラス変換表を参照せよ.

問 4.13 $s/(s^2 + \omega^2)$

問 4.14 $(s+a)/((s+a)^2 + \omega^2)$

問 4.16 一般に, $\tan^{-1}(x) + \tan(x^{-1}) = \pi/2$ であることに注意して, $\tan^{-1}(\omega/s)$.

問 4.17 $\displaystyle\int_0^\infty \dfrac{df(t)}{dt} \cdot e^{-st} dt = sF(s) - f(0)$ において $s \to \infty$ とする.

問 4.18 例えば, $\varphi(x) = (|x|-2)^2(2|x|-1)$ ($1 \leq |x| \leq 2$), 1 ($|x|<1$), 0 ($|x|>2$) とする. $\varphi(\pm 1) = 1$, $\varphi(\pm 2) = 0$ である. また, 左微分係数と右微分係数が一致することから $\varphi'(\pm 1) = \varphi'(\pm 2) = 0$ もわかる.

問 4.19 移動則より $\mathcal{L}(\delta(t-a)) = \mathcal{L}(\delta(t-a)H(t-a)) = e^{-as}\mathcal{L}(\delta(t)) = e^{-as}$.

問 4.20 $x = e^t - 3e^{2t} + 2e^{3t}$

問 4.21 (1) $x = c(e^{2t} - e^t)$ (2) $c = 1/(e^2 - e)$, $x = (e^{2t} - e^t)/(e^2 - e)$

問 4.22 $x = e^{-t} \sin 2t$, $y = 2e^{-t} \cos 2t$

問 4.23 $y = \cos 2t - (\sin 2t)/2$

──── **第 4 章の練習問題** ────

4.1 (1) $S(x) = -\dfrac{1}{2} \sin x + 2 \displaystyle\sum_{n=2}^{\infty} \dfrac{n(-1)^n}{n^2 - 1} \sin nx$ (2) $S(x) = \dfrac{1}{6} + \dfrac{2}{\pi^2} \displaystyle\sum_{n=1}^{\infty} \dfrac{(-1)^n}{n^2} \cos n\pi x - \dfrac{1}{\pi} \sum_{n=1}^{\infty} \left\{ \dfrac{(-1)^n}{n} + \dfrac{2(1-(-1)^n)}{n^3 \pi^2} \right\} \sin n\pi x$

問題の略解とヒント　289

4.2 (1) $S(x) = \dfrac{1}{2} + \dfrac{1}{\pi i}\sum_{n=1}^{\infty}\dfrac{1}{2n-1}\{e^{i(2n-1)x} - e^{-i(2n-1)x}\}$

(2) $S(x) = \dfrac{2}{\pi} - \dfrac{2}{\pi}\sum_{n=1}^{\infty}\dfrac{1}{4n^2-1}\{e^{2nix} + e^{-2nix}\}$

4.3 (1) $\hat{f}(k) = 2\sqrt{\dfrac{2}{\pi}}\dfrac{\sin k - k\cos k}{k^3}$　　(2) $\hat{f}(k) = \dfrac{e^{a-iak} - e^{-a+iak}}{\sqrt{2\pi}(1-ik)}$

4.4 (2) $x = t^3 e^t/6$

4.5 $x = -6e^t + 6e^{2t},\ y = 3e^t - 2e^{2t},\ z = -3e^t + 2e^{2t}$

4.6 $y = \sin t\ (0 \le t \le \pi),\ 0\ (\pi < t < 2\pi),\ -\sin t\ (2\pi \le t)$

4.7 $y = e^t/4 - e^{-t}/4 - (\sin t)/2$

───── **第5章の問** ─────

問 5.3 (ii) $0 < t \le 1/(2c),\ 1/(2c) < t \le 1/c,\ t > 1/c$ の3通りに場合分けする.

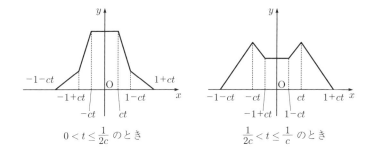

$0 < t \le \dfrac{1}{2c}$ のとき　　　　$\dfrac{1}{2c} < t \le \dfrac{1}{c}$ のとき

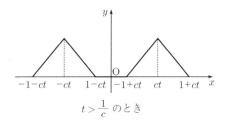

$t > \dfrac{1}{c}$ のとき

問 5.4 $\lambda > 0$ のとき, $F(0) = 0$ より $C_1 = 0$. よって, $F(L) = 0$ より $C_2 \sin(\sqrt{\lambda}L) = 0$ を得る. $C_2 = 0$ とすると $C_1 = C_2 = 0$ より $F(x) \equiv 0$ となるから, $\sin(\sqrt{\lambda}L) = 0$ でなければならない. ゆえに, $\lambda = (n\pi/L)^2$ で, $F(x) = a_n \sin(n\pi x/L)$.

問 5.5 ディリクレ条件の場合と同様に考える. ただし, $\lambda = \lambda_0 = 0$ のとき, $F'(0) = F'(L) = 0$ をみたす方程式 (2) の解は $F_0 = a_0$ (定数) であり, 方程式 (3) の解は $G_0 = b_0 t + c_0$ であることに注意. $u(x,t) = A_0 + B_0 t + \sum_{n=1}^{\infty} \cos \frac{n\pi x}{L} \left(A_n \cos \frac{n\pi c t}{L} + B_n \sin \frac{n\pi c t}{L} \right)$, $\quad A_0 = \frac{1}{L} \int_0^L f(x) dx, \quad B_0 = \frac{1}{L} \int_0^L g(x) dx,$
$A_n = \frac{2}{L} \int_0^L f(x) \cos \frac{n\pi x}{L} dx, \quad B_n = \frac{2}{n\pi c} \int_0^L g(x) \cos \frac{n\pi x}{L} dx$

問 5.8 (ii) $\dfrac{x}{\sqrt{4Dt}} = y$ とおくと, $\int_{-\infty}^{\infty} G(x,t) dx = \dfrac{1}{\sqrt{\pi}} \int_{-\infty}^{\infty} e^{-y^2} dy = 1$
(iii) $x = 0$ のとき $\lim_{t \to +0} G(x,t) = \lim_{t \to +0} \dfrac{1}{\sqrt{4\pi Dt}} = +\infty$ となる. $x \neq 0$ のとき $\dfrac{x^2}{4Dt} = y$ とおくと, $\lim_{t \to +0} G(x,t) = \dfrac{1}{\sqrt{\pi}|x|} \lim_{y \to +\infty} \sqrt{y} e^{-y} = 0$ となる.

問 5.10 問 5.5 と同様に $u(x,t) = C_0 + \sum_{n=1}^{\infty} C_n e^{-D\lambda_n t} \cos \dfrac{n\pi x}{L}$,
$C_0 = \dfrac{1}{L} \int_0^L f(x) dx, \; C_n = \dfrac{2}{L} \int_0^L f(x) \cos \dfrac{n\pi x}{L} dx, \; \lambda_n = \left(\dfrac{n\pi}{L} \right)^2$

問 5.12 $u(x,y,t) = C_{00} + \sum_{m=1}^{\infty} C_{m0} e^{-D\lambda_m t} \cos \dfrac{m\pi x}{L}$
$+ \sum_{n=1}^{\infty} C_{0n} e^{-D\lambda_n t} \cos \dfrac{n\pi y}{M} + \sum_{m=1}^{\infty} \sum_{n=1}^{\infty} C_{mn} e^{-D\lambda_{mn} t} \cos \dfrac{m\pi x}{L} \cos \dfrac{n\pi y}{M}$,
$C_{00} = \dfrac{1}{LM} \int_0^L \int_0^M f(x,y) dx dy$,
$C_{m0} = \dfrac{2}{LM} \int_0^L \int_0^M f(x,y) \cos \dfrac{m\pi x}{L} dx dy, \; \lambda_m = \left(\dfrac{m\pi}{L} \right)^2$,
$C_{0n} = \dfrac{2}{LM} \int_0^L \int_0^M f(x,y) \cos \dfrac{n\pi y}{L} dx dy, \; \lambda_n = \left(\dfrac{n\pi}{M} \right)^2$,

$$C_{mn} = \frac{4}{LM}\int_0^L \int_0^M f(x,y)\cos\frac{m\pi x}{L}\cos\frac{n\pi y}{M}dxdy, \quad \lambda_{mn} = \lambda_m + \lambda_n$$

第5章の練習問題

5.1 $u(x,t) = \sum_{n=1}^{\infty} c_n e^{-(n\pi)^2 t}\sin(n\pi x) + a_0 + (a_1 - a_0)x,$

$c_n = 2\int_0^1 \{f(x) - a_0 - (a_1-a_0)x\}\sin(n\pi x)dx$

5.2 $u(x,t) = \int_{-\infty}^{\infty} G(x-y,t)u(y,0)dy = \dfrac{1}{\sqrt{1+4t}}e^{-\frac{x^2}{1+4t}}$

5.3 $u(x,y,t) = \sum_{m=1}^{\infty}\sum_{n=1}^{\infty}\{a_{mn}\cos(c\lambda_{mn}t)$
$\qquad\qquad\qquad + b_{mn}\sin(c\lambda_{mn}t)\}\sin\dfrac{m\pi x}{L}\sin\dfrac{n\pi y}{M},$

$a_{mn} = \dfrac{4}{LM}\int_0^L\int_0^M f(x,y)\sin\dfrac{m\pi x}{L}\sin\dfrac{n\pi y}{M}dxdy,$

$b_{mn} = \dfrac{4}{cLM\lambda_{mn}}\int_0^L\int_0^M g(x,y)\sin\dfrac{m\pi x}{L}\sin\dfrac{n\pi y}{M}dxdy,$

$\lambda_{mn} = \sqrt{\left(\dfrac{m\pi}{L}\right)^2 + \left(\dfrac{n\pi}{M}\right)^2}$

5.4 平面上のポアソン方程式の場合と同様に考える．

補遺の問

問 5.A.1 $b_m = \dfrac{2}{c\alpha_m R J_1^{\,2}(\alpha_m)}\int_0^R rg(r)J_0\left(\dfrac{\alpha_m r}{R}\right)dr$

問 5.A.2 各 $m = 1, 2, 3, \cdots$ に対し，$W_m(r) = 0 \ (0 < r < R)$ を解く．$r = R\alpha_k/\alpha_m \ (k = 1, 2, \cdots, m-1)$ を半径とする $m-1$ 個の円が節である．

付録の問

問 A.1 $7/6$

問 A.2 (1) $\overrightarrow{AB} \times \overrightarrow{AC} = (2,1,1)$ (2) $2x + y + z = 1$

292 問題の略解とヒント

問 A.3 $s_1\boldsymbol{a}_1 + s_2\boldsymbol{a}_2 = \boldsymbol{0}$ とおくと, $2s_1 + s_2 = 0$, $s_1 + 3s_2 = 0$. この s_1, s_2 に関する連立 1 次方程式を解いて $s_1 = s_2 = 0$. よって, $\boldsymbol{a}_1, \boldsymbol{a}_2$ は線形独立. 任意の $\boldsymbol{v} = (v_1, v_2)$ に対して, $\boldsymbol{v} = s_1\boldsymbol{a}_1 + s_2\boldsymbol{a}_2$ とおくと, $2s_1 + s_2 = v_1$, $s_1 + 3s_2 = v_2$. この s_1, s_2 に関する連立 1 次方程式を解いて $s_1 = (3v_1 - v_2)/5$, $s_2 = (-v_1 + 2v_2)/5$. よって $\boldsymbol{v}$ は $\boldsymbol{a}_1, \boldsymbol{a}_2$ の線形結合で表される. 以上より $\{\boldsymbol{a}_1, \boldsymbol{a}_2\}$ は $\boldsymbol{R}^2$ の基底.

問 A.4 (1) $P = \begin{pmatrix} 1 & 1 \\ -1 & 3 \end{pmatrix}$, $P^{-1}AP = \begin{pmatrix} 1 & 0 \\ 0 & 5 \end{pmatrix}$ (2) $P = \begin{pmatrix} 3 & 1 \\ -3 & 0 \end{pmatrix}$, $P^{-1}AP = \begin{pmatrix} 4 & 1 \\ 0 & 4 \end{pmatrix}$ (3) $P = \begin{pmatrix} 1 & 1 \\ -i & i \end{pmatrix}$, $P^{-1}AP = \begin{pmatrix} 1+3i & 0 \\ 0 & 1-3i \end{pmatrix}$

問 A.5 $x = 0$ のまわりの展開公式を導く. $f(x) = c_0 + c_1 x + c_2 x^2 + \cdots$ とおく. $x = 0$ とすると $c_0 = f(0)$ を得る. 次に, $f'(x) = c_1 + 2c_2 x + 3c_3 x^2 + \cdots$ において $x = 0$ とすると $c_1 = f'(0)$ を得る. さらに, $f''(x) = 2c_2 + 6c_3 x + \cdots$ において $x = 0$ とすると $c_2 = f''(0)/2$ を得る. 以後, この操作を繰り返せば $c_n = f^{(n)}(0)/n!$ を得る. 同様に, $x = a$ のまわりの展開公式は, $f(x) = c_0 + c_1(x-a) + c_2(x-a)^2 + \cdots$ とおいて, 「微分して $x = a$ とする」という操作を繰り返すことによって, $c_n = f^{(n)}(a)/n!$ を得ることから導かれる.

問 A.6 (1) $z_x = 12x^2 y - 12xy^4$, $z_y = 4x^3 - 24x^2 y^3$ (2) $z_x = \dfrac{2}{2x - 5y}$, $z_y = -\dfrac{5}{2x - 5y}$ (3) $z_x = \dfrac{7y}{(x+2y)^2}$, $z_y = -\dfrac{7x}{(x+2y)^2}$
(4) $z_x = -4e^{-4x}\sin 2y$, $z_y = 2e^{-4x}\cos 2y$

問 A.7 (1) $z_{xx} = -24x^2 y^3$, $z_{xy} = -24x^3 y^2$, $z_{yy} = -12x^4 y + 10$
(2) $z_{xx} = (2 + 4x^2)e^{x^2 - y^2}$, $z_{xy} = -4xy e^{x^2 - y^2}$, $z_{yy} = (-2 + 4y^2)e^{x^2 - y^2}$
(3) $z_{xx} = -4\cos 2x \sin 3y$, $z_{xy} = -6\sin 2x \cos 3y$, $z_{yy} = -9\cos 2x \sin 3y$

問 A.9 (1) 1 (2) 8/3

問 A.10 (1) $(1 - 2e^{-1})/4$ (2) $(8\log 2 - 3)\pi$

索　引

【欧文】

wedge 積　wedge product　94

【あ】

安定　stable　33

【い】

依存領域　domain of dependence　224
一般解　general solution　1

【え】

影響領域　domain of influence　224

【お】

オイラーの公式
　　Euler's formula　117, 269

【か】

階数低下法
　　method of reduction of order　21
解析接続　analytic continuation　167
回転　rotation　61, 64
外微分作用素
　　exterior differential operator　97
ガウス曲率　Gaussian curvature　108
ガウスの発散定理
　　Gauss' divergence theorem　83
拡散方程式　diffusion equation　229
型作用素　shape operator　108
完全正規直交系
　　complete orthonormal system　177

完全微分方程式
　　exact differential equation　44

【き】

ギブス現象　Gibbs phenomenon　185
基本解　fundamental solution
　　拡散方程式の——
　　—— of the diffusion equation　232
基本解行列
　　fundamental solution matrix　42
逆フーリエ変換
　　inverse Fourier transformation　194
境界値問題　boundary value problem
　　ポアソン方程式の——
　　—— for the Poisson equation　245
　　ラプラス方程式の——
　　—— for the Laplace equation　241
共役調和関数
　　conjugate harmonic function　163
極　pole　144
局所リプシッツ連続
　　locally Lipschitz continuous　27
曲率　curvature　102, 104

【く】

区分的に滑らか　piecewise smooth　179
グリーン関数　Green's function　245
グリーンの定理　Green's theorem　81
クレーロー型微分方程式
　　Clairaut's differential equation　46

【け】

型作用素　shape operator　108
原関数　original function　199

【こ】

合成積　convolution　198, 204
後退差分　backward difference　248
勾配　gradient　56, 57
コーシー・アダマールの公式
　Cauchy–Hadamard's formula　123
コーシーの積分公式
　Cauchy's integral formula　142
コーシーの積分定理
　Cauchy's integral theorem　135
コーシー・リーマンの関係式
　Cauchy–Riemann equations　119
弧長パラメータ
　arc length parameter　66
孤立特異点　isolated singularity, isolated singular point　144

【さ】

最終値の定理　final value theorem　205
最大値の原理
　maximum principle　236, 240
差分法　(finite) difference method　246

【し】

指数関数　exponential function
　行列の——　matrix ——　37
　複素数の——　complex ——　124
指数位の関数　200
収束座標　199
収束半径　convergence radius　122
主曲率　principal curvature　109
主値　principal value
　対数関数の——
　　—— of a logarithmic function　127
　べき関数の——
　　—— of a power function　127
常微分方程式
　ordinary differential equation　1
常微分方程式の解の一意存在定理　26
初期条件　initial condition　2
初期値境界値問題
　initial boundary value problem
　拡散方程式の——
　　—— for the diffusion equation　234
　波動方程式の——
　　—— for the wave equation　224
初期値の定理
　initial value theorem　205
初期値問題　initial value problem
　拡散方程式の——
　　—— for the diffusion equation　230
　常微分方程式の——　—— for an ordinary differential equation　26
　波動方程式の——
　　—— for the wave equation　222
除去可能な特異点　removable singularity, removable singular point　144
初等関数　elementary function　120
真性特異点　essential singularity, essential singular point　144

【す】

スカラー場　scalar field　51
スカラーポテンシャル
　scalar potential　88
ストークスの定理　Stokes' theorem　87

【せ】

正規直交系　orthonormal system　174
正則関数　holomorphic function, regular function　118
積分因子　integrating factor　45
積分定理　integral theorems　79, 98
接ベクトル　tangent vector　50, 51

零点　zero　146
漸近安定　asymptotically stable　33
前進差分　forward difference　248
線積分　line integral
　　スカラー場の――
　　　――of a scalar field　68
　　ベクトル場の――
　　　――of a vector field　70

【そ】

像関数　image function　199

【た】

第1基本量
　　first fundamental quantities　106
第2基本量
　　second fundamental quantities　107
たたみ込み　convolution　198, 204
ダランベール解
　　d'Alembert's solution　223
単位インパルス応答
　　unit impulse response　216
単位インパルス関数
　　unit impulse function　209
単純閉曲線　simple closed curve　80
単連結　simply connected　89, 137

【ち】

調和関数　harmonic function　163, 237

【て】

定数変化法
　　method of variation of constants　5
ディリクレ境界条件
　　Dirichlet boundary condition
　　　　　　　　　　　　224, 234
ディリクレ積分　Dirichlet integral　158
テスト関数　test functions　206
デルタ関数　delta function　208

電磁ポテンシャル
　　electromagnetic potential　110, 113
伝達関数　transfer function　216

【と】

等位面　equipotential surface　52
等角写像　conformal mapping　161
等高線　contour　57
同次方程式　homogeneous equation　18
特異解　singular solution　47
特殊解　particular solution　2
特性方程式　characteristic equation　9

【な】

内積空間　inner product space　173

【の】

ノイマン境界条件
　　Neumann boundary condition
　　　　　　　　　　　　228, 235
ノルム　norm　173
ノルム空間　normed space　173

【は】

発散　divergence　58, 61
波動方程式　wave equation　220

【ひ】

非同次線形微分方程式　nonhomogeneous linear ordinary differential equation　16
微分形式　differential form　93

【ふ】

不安定　unstable　33
複素積分　complex integration　128
複素微分　complex differentiation　118
複素フーリエ級数
　　complex Fourier series　191

複素ポテンシャル
  complex potential　　　　　164, 166
フーリエ級数　Fourier series　　　180
フーリエ正弦展開
  Fourier sine expansion　　　　186
フーリエ変換　Fourier transform　194
フーリエ余弦展開
  Fourier cosine expansion　　　186
分枝　branch　　　　　　　　　167

【へ】

平均曲率　mean curvature　　　108
平均値の性質
  mean–value property　　236, 238
平衡点　equilibrium　　　　　　33
べき級数　power series　　　　122
ベクトル場　vector field　　　　52
ベクトルポテンシャル
  vector potential　　　　　　　88
ベッセル関数　Bessel function　255
ベッセルの微分方程式
  Bessel differential equation　255
ヘビサイド関数　Heaviside function　206
ヘルムホルツの分解定理
  Helmholtz's decomposition theorem
　　　　　　　　　　　　　　92
偏角の原理　argument principle　155
変数分離法
  method of separation of variables
　　　　　　　　　　　　　3, 225
偏微分方程式
  partial differential equations　218

【ほ】

ポアソン核　Poisson kernel　　　242
ポアソン積分　Poisson integral　242
ポアソン方程式　Poisson's equation　243
方向微分　directional derivative　54

法線ベクトル　normal vector　　51
包絡線　envelope　　　　　　　48

【め】

面積分　surface integral
  スカラー場の——
    —— of a scalar field　　　　76
  ベクトル場の——
    —— of a vector field　　　　77

【ゆ】

有理型関数　meromorphic function　154

【ら】

ラプラシアン　Laplacian　86, 220, 229
ラプラス変換　Laplace transforms　199
ラプラス変換表　　　　　　　　201
ラプラス方程式
  Laplace's equation　　　　　237

【り】

リプシッツ連続
  Lipschitz continuous　　　　　28
リーマン面　Riemann surface　167, 169
留数　residue　　　　　　　　147
留数定理　residue theorem　　　152
流線　streamlines　　　　　　　53
リューヴィル型定理
  Liouville–type theorem　237, 240

【れ】

零点　zero　　　　　　　　　146
捩率　torsion　　　　　　　　104
連続の方程式　continuity equation　85

【ろ】

ローラン展開　Laurent expansion　144
ロンスキアン　Wronskian　　　42

著者略歴

桑村　雅隆（くわむら　まさたか）

1964年山口県生まれ．1988年広島大学理学部卒業，1994年広島大学大学院理学研究科博士課程修了．同年広島商船高等専門学校講師，1995年和歌山大学システム工学部講師，2002年神戸大学発達科学助教授，2007年神戸大学大学院人間発達環境学研究科准教授，2013年より神戸大学大学院人間発達環境学研究科教授，現在に至る．博士（理学）．

応用解析概論

2018年11月25日　第1版1刷発行

検印省略	著作者	桑　村　雅　隆
	発行者	吉　野　和　浩
定価はカバーに表示してあります．	発行所	東京都千代田区四番町8-1 電　話　03-3262-9166（代） 郵便番号　102-0081 株式会社　裳　華　房
	印刷所	三美印刷株式会社
	製本所	牧製本印刷株式会社

社団法人
自然科学書協会会員

JCOPY〈(社)出版者著作権管理機構 委託出版物〉

本書の無断複写は著作権法上での例外を除き禁じられています．複写される場合は，そのつど事前に，(社)出版者著作権管理機構（電話03-3513-6969，FAX 03-3513-6979, e-mail: info@jcopy.or.jp）の許諾を得てください．

ISBN 978-4-7853-1580-1

© 桑村雅隆, 2018　　Printed in Japan

微分方程式と数理モデル　現象をどのようにモデル化するか

遠藤雅守・北林照幸 共著　Ａ５判／236頁／定価（本体2500円＋税）

　読者が微分方程式の「解き方」でなく，「使い方」がわかったという実感を持っていただけるように，思い切って理論的背景を省略し，ある物理や工学の問題は微分方程式でどのように表されるのか，そしてその微分方程式を解くことにより何がわかるのか，といった応用面を主眼にした入門書.

【主要目次】1. 微分方程式とは何か　2. 微分方程式の解法　3. 直接積分形微分方程式　4. １階斉次微分方程式　5. １階非斉次微分方程式　6. ２階斉次微分方程式　7. ２階非斉次微分方程式　8. 連立微分方程式　9. 特殊な解法

複素関数論の基礎

山本直樹 著　Ａ５判／200頁／定価（本体2400円＋税）

　複素関数論は実関数論の拡張であることを踏まえ，実関数について復習する章を設け，さらに，各章の冒頭に章全体のストーリーを記して，「これから何を学ぶのか」「どのように話を進めていくのか」が把握できるようにした．また，定義の動機や概念の本質的意味などの解説に重点を置き，「なぜそのように考えるのか」「なぜそのようなことを考えるのか」ということを明確に説明した．

【主要目次】0. 複素関数論のための実関数論　1. 複素数とは何か　2. 複素関数　3. 複素関数の微分　4. 複素関数の積分　5. 級数展開と留数

微分積分リアル入門　－イメージから理論へ－

髙橋秀慈 著　Ａ５判／256頁／定価（本体2700円＋税）

　本書では微分積分学について「どうしてそのようなことを考えるのか」という動機から始め，数式や定理のもつ意味合いや具体例までを述べ，一方，今日完成された理論のなかでは必ずしも必要とならないような事柄も説明することによって，ひとつの数学理論が出来上がっていく過程や背景を追跡した．

　ε-δ論法のような難解とされる数学表現も「言葉」で解説し，直観的イメージを伝えながら，数式や定理の意義，重要性を述べた．

【主要目次】
第Ⅰ部 基礎と準備（不定形と無限小／微積分での論理／ε-δ論法）
第Ⅱ部 本論（実数／連続関数／微分／リーマン積分／連続関数の定積分／広義積分／級数／テーラー展開）

本質から理解する　数学的手法

荒木 修・齋藤智彦 共著　Ａ５判／210頁／定価（本体2300円＋税）

　大学理工系の初学年で学ぶ基礎数学について，「学ぶことにどんな意味があるのか」「何が重要か」「本質は何か」「何の役に立つのか」という問題意識を常に持って考えるためのヒントや解答を記した．話の流れを重視した「読み物」風のスタイルで，直感に訴えるような図や絵を多用した．

【主要目次】1. 基本の「き」　2. テイラー展開　3. 多変数・ベクトル関数の微分　4. 線積分・面積分・体積積分　5. ベクトル場の発散と回転　6. フーリエ級数・変換とラプラス変換　7. 微分方程式　8. 行列と線形代数　9. 群論の初歩

裳華房ホームページ　https://www.shokabo.co.jp/